图书在版编目（CIP）数据

少年数学实验 / 张景中，王鹏远著. -- 武汉:湖北科学技术出版社，2017.6（2022.1 重印）
ISBN 978-7-5352-9537-8

Ⅰ. ①少… Ⅱ. ①张… ②王… Ⅲ. ①数学一少年读物 Ⅳ. ①01-49

中国版本图书馆 CIP 数据核字(2017)第 172469 号

责任编辑：王小芳	封面设计：喻　杨
出版发行：湖北科学技术出版社	电话：027-87679468
地　　址：武汉市雄楚大街 268 号（湖北出版文化城 B 座 13-14 层）	邮编：430070
网　　址：http：//www.hbstp.com.cn	
印　　刷：湖北画中画印刷有限公司	邮编：441300

700×1000　1/16　18.25 印张　310 千字

2017 年 8 月第 1 版　2022 年 1 月第 2 次印刷

定价：64.00 元

总 序

ZONGXU

感谢湖北科学技术出版社督促我将这30多年里写的科普作品回顾整理一下。我想人的天性是懒的，就像物体有惰性。要是没什么鞭策，没什么督促，很多事情就做不成。我的第一本科普书《数学传奇》，就是在中国少年儿童出版社的文赞阳先生督促下写成的。那是1979年暑假，他到成都，到我家里找我。他说你还没有出过书，就写一本数学科普书吧。这么说了几次，盛情难却，我就试着写了，自己一读又不满意，就撕掉重新写。那时没有电脑或打字机，是老老实实用笔在稿纸上写的。几个月下来，最后写了6万字。他给我删掉了3万，书就出来了。为什么要删？文先生说，他看不懂的就删，连自己都看不懂，怎么忍心印出来给小朋友看呢？书出来之后，他高兴地告诉我，很受欢迎，并动员我再写一本。

后来，其他的书都是被逼出来的。湖南教育出版社出版的《数学与哲学》，是我大学里高等代数老师丁石孙先生主编的套书中的一本。开策划会时我没出席，他们就留了"数学与哲学"这个题目给我。我不懂哲学，只好找几本书老老实实地学了两个月，加上自己的看法，凑出来交卷。书中对一些古老的话题如"飞矢不动""白马非马""先有鸡还是先有蛋""偶然与必然"，冒昧地提出自己的看法，引起了读者的兴趣。此书后来被3家出版社出版。又被选用改编为数学教育方向的《数学哲学》教材。其中许多材料还被收录于一些中学的校本教材之中。

《数学家的眼光》是被陈效师先生逼出来的。他说，您给文先生写了书，他退休了，我接替他的工作，您也得给我写。我经不住他一再劝说，就答应下来。一答应，就像是欠下一笔债似的，只好想到什么就写点什么。5年积累下来，写成了6万字的一本小册子。

这是外因，另外也有内因。自己小时候接触了科普书，感到帮助很大，印象很深。比如苏联伊林的《十万个为什么》《几点钟》《不夜天》《汽车怎样会跑路》；我国顾均正的《科学趣味》和他翻译的《乌拉·波拉故事集》，刘薰宇的《马先生谈算学》和《数学的园地》，王峻岑的《数学列车》。这些书不仅读起来有趣，读后还能够带来悠长的回味和反复的思索。还有法布尔的《蜘蛛的故事》和《化学奇谈》，很有思想，有启发，本来看上去很普通的事情，竟有那么多意想不到的奥妙在里面。看了这些书，就促使自己去学习更多的科学知识，也激发了创作的欲望。那时我就想，如果有人给我出版，我也要写这样好看的书。

法布尔写的书，以十大卷的《昆虫记》为代表，不但是科普书，也可以看成是科学专著。这样的书，小朋友看起来趣味盎然，专家看了也收获颇丰。他的科学研究和科普创作是融为一体的，令人佩服。

写数学科普，想学法布尔太难了。也许根本不可能做到像《昆虫记》那样将科研和科普融为一体。但在写的过程中，总还是禁不住想把自己想出来的东西放到书里，把科研和科普结合起来。

从一开始，写《数学传奇》时，我就努力尝试让读者分享自己体验过的思考的乐趣。书里提到的“五猴分桃”问题，在世界上流传已久。20世纪80年代，诺贝尔奖获得者李政道访问中国科学技术大学，和少年班的学生们座谈时提到这个问题，少年大学生们一时都没有做出来。李政道介绍了著名数学家怀德海的一个巧妙解答，用到了高阶差分方程特解的概念。基于函数相似变换的思想，我设计了“先借后还”的情景，给出一个小学生能够懂的简单解法。这个小小的成功给了我很大的启发：写科普不仅仅是搬运和解读知识，也要深深地思考。

在《数学家的眼光》书中，提到了祖冲之的密率355/113有什么好处的问题。数学大师华罗庚在《数论导引》一书中用丢番图理论证明了，所有分母不超过366的分数中，355/113最接近圆周率π。另一位数学家夏道行，在他的《e和π》一书中用连分数理论推出，分母不超过8000的分数中，355/113最接近圆周率π。在学习了这些方法的基础上我做了进一步探索，只用初中数学中的不等式知识，不多几行的推导就能证明，分母不超过 16586 的分数中，355/113 是最接近 π 的冠军。而 52163/16604 比 355/113 在小数后第七位上略精确一点，但分母却大了上百倍！

我的老师北京大学的程庆民教授在一篇书评中，特别称赞了五猴分桃的新解法。著名数学家王元院士，则在书评中对我在密率问题的处理表示欣赏。学术前辈的鼓励，是对自己的鞭策，也是自己能够长期坚持科普创作的动力之一。

在科普创作时做过的数学题中，我认为最有趣的是生锈圆规作图问题。这个问题是美国著名几何学家佩多教授在国外刊物上提出来的，我们给圆满地解决了。先在国内作为科普文章发表，后来写成英文刊登在国外的学术期刊《几何学报》上。这是数学科普与科研相融合的不多的例子之一。佩多教授就此事发表过一篇短文，盛赞中国几何学者的工作，说这是他最愉快的数学经验之一。

1974 年我在新疆当过中学数学教师。一些教学心得成为后来科普写作的素材。文集中多处涉及面积方法解题，如《从数学教育到教育数学》《新概念几何》《几何的新方法和新体系》等，源于教学经验的启发。面积方法古今中外早已有了。我所做的，主要是提出两个基本工具（共边定理和共角定理），并发现了面积方法是具有普遍意义的几何解题方法。1992 年应周咸青邀请访美合作时，从共边定理的一则应用中提炼出消点算法，发展出几何定理机器证明的新思路。接着和周咸青、高小山合作，系统地建立了几何定理可读证明自动生成的理论和算法。杨路进一步把这个方法推广到非欧几何，并发现了一批非欧几何新定理。国际著名计算机科学家保伊尔（Robert S. Boyer）将此誉为计算机处理几何问题发展道路上的里程碑。这一工作获 1995 年中国科学院自然科学一等奖和 1997 年国家自然科学二等奖。从教学到科普又到科学研究，20 年的发展变化实在出乎自己的意料！

在《数学家的眼光》中，用一个例子说明，用有误差的计算可能获得准确的结果。基于这一想法，最近几年开辟了“零误差计算”的新的研究方向，初步有了不错的结果。例如，用这个思想建立的因式分解新算法，对于两个变元的情形，比现有方法效率有上千倍的提高。这个方向的研究还在发展之中。

1979—1985年，我在中国科学技术大学先后为少年班和数学系学生讲微积分。在教学中对极限概念和实数理论做了较深入的思考，提出了一种比较容易理解的极限定义方法——“非ε语言极限定义”，还发现了类似于数学归纳法的“连续归纳法”。这些想法，连同面积方法的部分例子，构成了1989年出版的《从数学教育到教育数学》的主要内容。这本书是在四川教育出版社余秉本女士督促下写出来的。书中第一次提出了“教育数学”的概念，认为教育数学的任务是“为了数学教育的需要，对数学的成果进行再创造。”这一理念渐渐被更多的学者和老师们认同，导致2004年教育数学学会（全名是“中国高等教育学会教育数学专业委员会”）的诞生。此后每年举行一次教育数学年会，交流为教育而改进数学的心得。这本书先后由三家出版社出版，从此面积方法在国内被编入多种奥数培训读物。师范院校的教材《初等几何研究》（左铨如、季素月编著，上海科技教育出版社1991年出版）中详细介绍了系统面积方法的基本原理。已故的著名数学家和数学教育家，西南师大陈重穆教授在主持编写的《高效初中数学实验教材》中，把面积方法的两个基本工具“共边定理”和“共角定理”作为重要定理，教学实验效果很好。1993年，四川都江教育学院刘宗贵老师根据此书中的想法编写的教材《非ε语言一元微积分学》在贵州教育出版社出版在教学实践中效果明显，后来他还发表了论文。此后，重庆师范学院陈文立先生和广州师范学院萧治经先生所编写的微积分教材，也都采用了此书中提出的“非ε语言极限定义”。

10多年之后，受林群先生研究工作的启发带动，我重启了关于微积分教学改革的思考。文集中有关不用极限的微积分的内容，是2005年以来的心得。这方面的见解，得到著名数学教育家张奠宙先生的首肯，使我坚定了投入教学实践的信心。我曾经在高中尝试过用5个课时讲不用极限的微积分初步。又在南方科技大学试讲，用16个课时不用极限讲一元微积分，严谨论证了所有的基本定理。初步实验的效果尚可，系统的教学实践尚待开展。

也是在2005年后，自己对教育数学的具体努力方向有了新的认识。长期以来，几何教学是国际上数学教育关注的焦点之一，我也因此致力于研究更为简便有力的几何解题方法。后来看到大家都在删减传统的初等几何内容，促使我作战略调整的思考，把关注的重点从几何转向三角。2006 年发表了有关重建三角的两篇文章，得到张奠宙先生热情的鼓励支持。这方面的想法，就是《一线串通的初等数学》一书的主要内容。书里面提出，初中一年级就可以学习正弦，然后以三角带动几何，串联代数，用知识的纵横联系驱动学生的思考，促进其学习兴趣与数学素质的提高。初一学三角的方案可行吗？宁波教育学院崔雪芳教授先吃螃蟹，做了一节课的反复试验。她得出的结论是可行！但是，学习内容和国家教材不一致，统考能过关吗？做这样的教学实验有一定风险，需要极大的勇气，也要有行政方面的保护支持。2012 年，在广州市科协开展的“千师万苗工程”支持下，经广州海珠区教育局立项，海珠实验中学组织了两个初中班全程地实验。两个实验班有 105 名学生，入学分班平均成绩为 62 分和 64 分，测试中有三分之二的学生不会作三角形的钝角边上的高，可见数学基础属于一般水平。实验班由一位青年教师张东方负责备课讲课。她把《一线串通的初等数学》的内容分成 5 章 92 课时，整合到人教版初中数学教材之中。整合的结果节省了 60 个课时，5 个学期内不仅讲完了按课程标准 6 个学期应学的内容，还用书中的新方法从一年级下学期讲正弦和正弦定理，以后陆续讲了正弦和角公式，余弦定理这些按常规属于高中课程的内容。教师教得顺利轻松，学生学得积极愉快。其间经历了区里的 3 次期末统考，张东方老师汇报的情况如下：

从成绩看效果

期间经过三次全区期末统考。实验班学生做题如果用了教材以外的知识，必须对所用的公式给出推导过程。在全区 80 个班级中，实验班的成绩突出，比区平均分高很多。满分为 150 分，实验一班有 4 位同学获满分，其中最差的个人成绩 120 多分。

	实验 1 班平均分	实验 2 班平均分	区平均分	全区所有班级排名
七年级下期末	140	138	91	第一名和第八名
八年级上期末	136	133	87.76	第一名和第五名
八年级下期末	145	141	96.83	第一名和第三名

这样的实验效果是出乎我意料的。目前，广州市教育研究院正在总结研究经验，并组织更多的学校准备进行更大规模的教学实验。

科普作品，以“普”为贵。科普作品中的内容若能进入基础教育阶段的教材，被社会认可为青少年普遍要学的知识，就普得不能再普了。当然，一旦成为教材，科普书也就失去了自己作为科普的意义，只是作为历史记录而存在。这是作者的希望，也是多年努力的目标。

文集编辑工作即将完成之际，湖北科学技术出版社刘虹老师建议我写个总序。我从记忆中检索出一些与文集中某些内容有关的往事杂感，勉强塞责。书中不当之处，欢迎读者指正。

湖北科学技术出版社何龙社长和谢俊波主任热心鼓励我出版文集；还有华中师范大学国家数字化学习工程中心彭翕成老师（《绕来绕去的向量法》作者之一，该书中绝大多数例题和题解由他提供）为文集的出版付出了辛勤劳动，在此谨表示衷心的感谢。

2017 年 4 月

目 录 MULU

软件安装

【操作说明 0—1】 安装启动《超级画板》和打开课件.

进入思米教育网(www.thinkme.cn)或中少在线网(WWW.ccppg.com.cn),在主页上可看到图标“少年数学实验”.点击进入可以下载“少年数学实验配套资源”压缩文档,把它解压后,里面有动态数学软件《超级画板》和《立体几何》的免费版本以及“少年数学实验课件和方便面”三个文件夹.先启动超级画板,用超级画板可以打开“少年数学实验课件和方便面”里面与本书各节对应的课件,课件编号和名称与书的小节目录一致,每一个课件有若干页面,用超级画板的翻页图标或计算机的上下翻页键可以自由选看.

这份超级画板软件不用安装,把它复制到你的硬盘上即可运行.打开软件的文件夹,就能看到一个文件 MathZjz.exe 的图标(图 0—1).

用鼠标左键双击它,就可以启动超级画板.为了以后的使用方便,你可以按下右键把这个图标拖到桌面上,创造一个快捷方式图标,以后只要双击这个快捷方式图标,就可以启动超级画板了.启动后屏幕画面上部如图 0—2.

图 0—1 超级画板图标

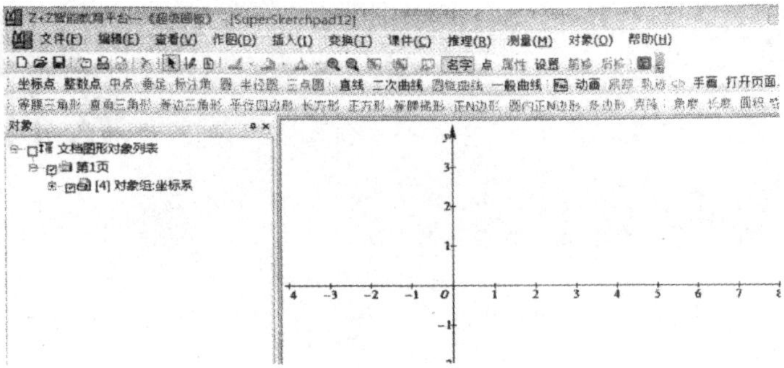

图 0—2 超级画板界面

画有一个坐标系的大窗口是展示课件或我们写字画图的地方，简称“作图区”. 作图区左方有一个较小的窗口，窗口左上角有“对象”两字. 这个窗口叫做“图形对象工作区”.

图形对象工作区里已经有几行字了，其中有一行是这样的：

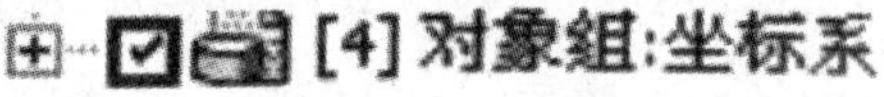

图 0—3 图形对象工作区里的一行

单击带钩的小方框. 钩不见了，作图区里的坐标系也消失了，再单击这个小方框，钩又有了，坐标系又出现了.

再单击带十号的小方框，十号立刻变成了一号. 同时，这一行变成了下面的 5 行：

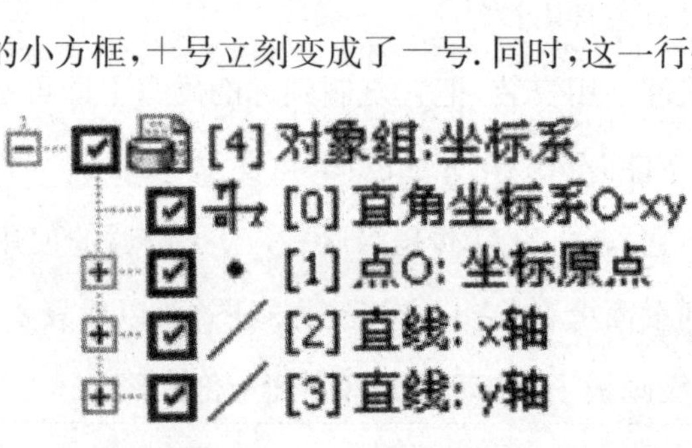

图 0—4 一行变成了 5 行

每行前面都有带钩的小方框.单击第一行的带钩的小方框,5个钩就都消失了.当然,如我们所料,作图区的坐标系也隐藏了.再单击它,隐藏的东西又显示出来.分别单击下面的几个钩,就知道它们都有什么作用了.

注意到这几行前面有数字[0][1][2][3],就明白了数字[4]的来历.原来,坐标系是一个对象组,它由0号对象、1号对象、2号对象和3号对象组成.顺序排下来,它就是4号对象了.这样把对象编号编组,为今后的操作带来不少方便.

单击"对象组"所在一行前面的一号,它变回+号,5行又变成一行,在作图区画图写字时,超级画板会自动地把你创造的新对象进行编号,记录到对象工作区.

执行菜单命令"文件|打开"或直接单击上方自左向右的第2个图标按钮,即"打开文件"的按钮,打开"少年数学实验课件和方便面"文件夹,即可选择打开所要用的文件.

第一部分

漫游数学百花园

01　跟你的眼睛开个小玩笑

世界是客观存在的.公园里的小桥流水，亭台水榭，花草树木，这一切都是客观存在的.小桥亭台的形状大小不会因为是你看还是我看而有所变化，但花园的美景却只能经过我们的感知而被欣赏.我们通过感官才能得到外部世界的信息，而视觉是人们认识外部世界最重要的途径.

现在的问题是，我们的眼睛总可靠吗？它提供的外部世界的视觉信息总准确吗？让我们先进行一个小测试.

【实验1—1】 下面这张图(图1—1)中 AB 和 BC 哪条线段长？

1—1 AB 长还是 BC 长？ 1 2

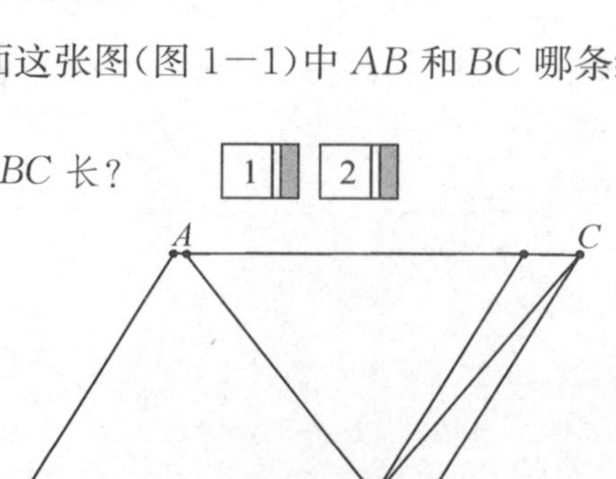

图1—1　哪条线段长

你的第一反应可能和我一样，感到 AB 比 BC 长.

如何检验自己的感觉是否正确呢？你会想到各种方法. 例如用刻度尺度量一下. 结果你可能发现 AB 比 BC 还短一点！因为两条线段相差无几，也许是测量得不够精确？有没有其他更可靠的检验方法呢？除了刻度尺，文具盒里还有圆规. 以 B 为圆心过 A 作个圆看看，结果如下图(图 1－2)，C 在圆外. 看来确实 AB 比 BC 还短. 这个测试跟我们的眼睛开了个小玩笑！

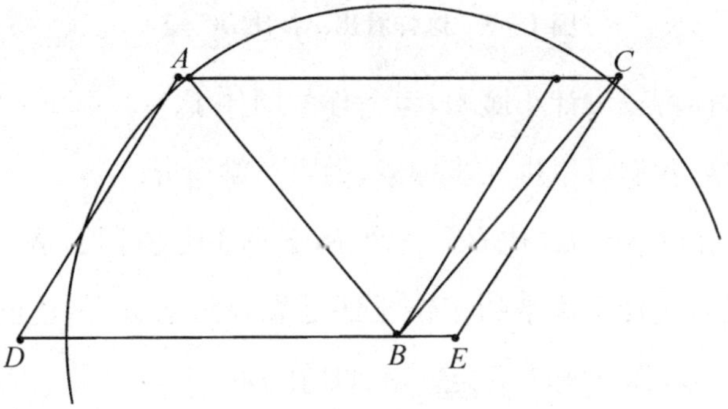

图 1－2　结果 C 在圆外

英国著名的生物学家、进化论的奠基人达尔文有一句幽默的名言："大自然是一有机会就要说谎的."所以我们要正确地认识世界，不能只凭直观的感觉，有时还需要设计实验. 用尺测量线段的长就是在进行实验，以 B 为圆心过 A 作个圆也是实验，用实验可以纠正直观可能产生的错觉.

你可能感到纳闷，怎么上面的图一眼看去会觉得 AB 比 BC 长呢？其实这里是"障眼"法，是图中那个平行四边形干扰了我们对两条线段的观察. 把它隐藏掉就能看出庐山真面目了.

打开课件"01 跟你的眼睛开个小玩笑"，看第 1 页"1－1AB 长还是 BC 长?". 用鼠标单击上面的按钮"1"，平行四边形消失了，就能看出 AB 比 BC 短(图 1－3). 再单击同一个按钮，平行四边形出现了，就觉得 AB 比 BC 长！两次观察都是自己的眼睛看出来的，凭什么说平行四边形消失了看到的是真相？用鼠标单击按钮"2"，圆出现了(图 1－2)，这说明确实是 AB 比 BC 短.

1—1 *AB* 长还是 *BC* 长？ 1 2

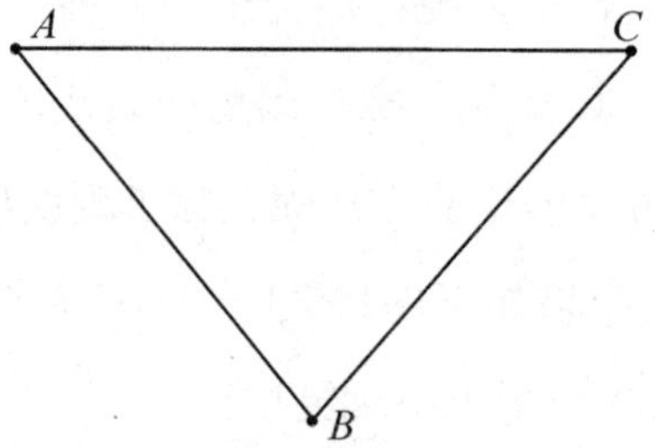

图 1—3 这样看出 *AB* 比 *BC* 短

用这个题目，你可以设计小魔术，考考你的同伴了.

更有意义的是，我们可以进一步探索，做点科学研究.

在图 1—1 中，实际上 *AB* 比 *BC* 短，但感觉 *AB* 比 *BC* 长，这叫错觉. 但我们的眼睛毕竟是有用的，设计实验来纠正错觉还是靠眼睛来看，错觉也是有限度的，如果 *AB* 比 *BC* 短得多，你可能就不会感觉 *AB* 比 *BC* 长.

我们可以在课件上做更多的操作.

【操作说明 1—1】 如何“选择”对象以及为何选择对象. 作图区上方画有箭头的图标按钮叫做“选择”按钮，如果按钮上出现了一个外框，表明选择功能已被激活. 若没有激活，单击“选择”按钮即可激活它，超级画板就进入“选择”状态. 在选择状态，鼠标光标是一个箭头.

这时把光标指向线段、点或作图区的其他对象，它们都会变色. 光标离开它，它的颜色又会复原.

光标指向点或线段单击，这个对象就被选择了. 被选择的对象的编号(就是它在左边对象区列表中的编号)会出现在作图区的下方. 这时把鼠标的光标移开被选择的对象，其颜色不会恢复.

选择了它，就可以对它进行种种操作. 例如：

1. 删除它：按一下 Delete 键，或单击“删除”按钮(叉子图案)它就不见了；

2. 改变线的粗细或点的大小：单击按钮变粗，变细；如果选择的对象是点，则单击按钮点变大，变小；

此外，还可以对选择的对象进行测量、改变属性、以所选择的对象为基础来作图等. 可见“选择”操作是多么重要. 如果要选择多个对象，可以同时按下 Ctrl 键来单击对象；也可以按一下 Insert 键，切换到可以多选的状态，就能连续选择了. 要解除对对象的选择，在作图区空白处单击即可.

两个图象比较接近时，可以在对象工作区单击对象在列表中所在的行选择.

在课件中“选择”了点 A 并按左右箭头键，点 A 就会向左或向右移动，让它一点一点向右移动，AB 当然越来越短了，本来你感到 AB 比 BC 长，但点 A 向右移动到一定程度，你会感到 AB 和 BC 长度相等，再向右移动，你就会感到 AB 比 BC 短了.

这就达到了你这时的眼睛错觉的限度.

为了度量眼睛错觉的程度，用鼠标在左边“对象”栏里单击[29]号对象前面的小方框，图上会显示出“错觉指标”的度量(图 1—4). 点 A 向右移动时，“错觉指标”就增大，感到 AB 和 BC 长度相等时，记下来“错觉指标”当时的数字，就是你这一次眼睛错觉的限度测量指标.

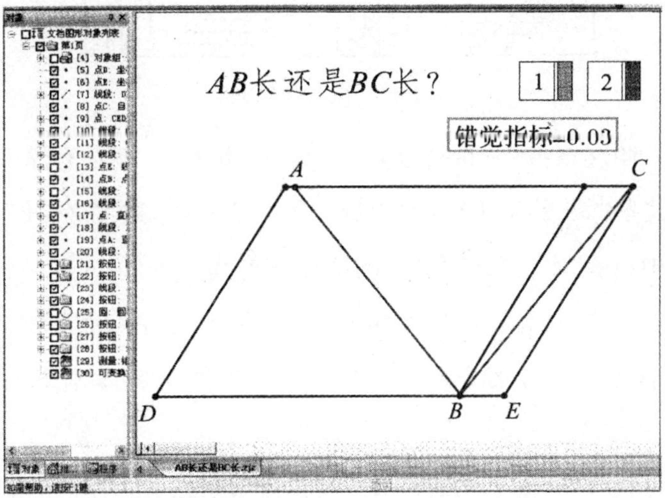

图 1—4　测量错觉的限度

我在写书时测量自己的错觉限度，结果是 0.10. 我相信你的眼睛比我敏锐，错觉限度也许小于 0.05 吧.

用这个课件,你可以测试自己在不同时间眼睛的错觉限度有没有差别;测试同伴或爸爸妈妈眼睛的错觉限度进行比较;还可以拖动图上的点 C 改变平行四边形,测试一下平行四边形的不同形状对眼睛的错觉限度有没有影响.

你还可以想想试试,能否用别的指标来度量错觉的限度.

下面再给你提供一些欺骗眼睛的"魔术"素材.

【实验 1—2】 下图中有一些"斜线",它们平行吗?

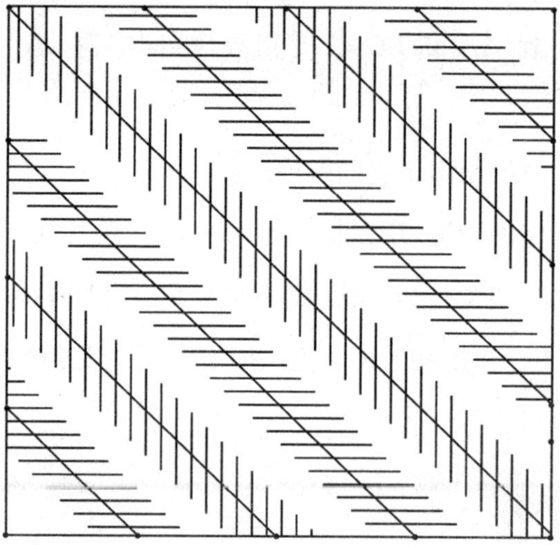

图 1—5　它们平行吗

你正对着此图观察,然后再把书转个角度斜着观察,就会有完全不一样的感觉. 正对着看,这些"斜线"不平行,而用后一种方式观察,这些"斜线"又是平行的. 其实这又是图中那些"水平"和"竖直"的线段在捣乱. 你可以先在一张白纸上画出正方形和那 7 条斜的平行线,再在透明纸上画出那些"水平"和"竖直"的线段. 两张纸重叠在一起就呈现出上面的图,拿走上面的透明纸就露出下面那个图的真面目了!

在已经打开课件"01 跟你的眼睛开个小玩笑"的情形下,用 PageUp 键或 PageDown 键翻页,翻开第 2 页"1—2 是不是平行线?",就可以在计算机上变这个"魔术"了. 只需按说明要点点按钮,按一下把那些"水平"和"竖直"的线段隐藏起来;再按一下，呈现出图 1－5 中的“水平”和“竖直”的线段.

你还可以按页面上的说明调整这些点的位置，使几条斜线看起来平行了.再把“水平”和“竖直”的线段隐藏起来，看看是不是真的平行.还可以单击另一个按钮，显示出几个点位置的数据.真正平行时的标准数据为 0.25、0.5 和 0.75，据此判断偏离平行位置的多少，反思一下眼睛受骗的程度.

【实验 1－3】 看看图 1－6，一眼看去似乎这个“四边形”的边都是向内弯曲的.其实，拿一把直尺贴上四边形的边看是否能与其重合就可以看清图形的本来面目，正方形的边都呈直线段.

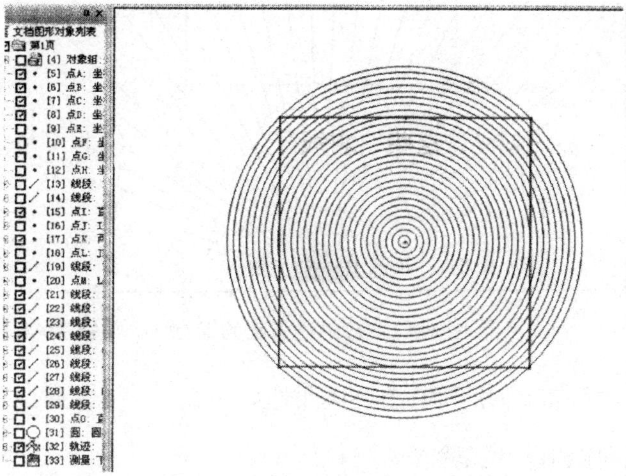

图 1－6　它是正方形吗

这个图是上述课件第 3 页“1－3 同心圆形成的错觉”的屏幕截图.翻到这一页，在左边的“图形对象列表”中单击[32]号对象前面的小方框，使同心圆消失，便能看出它是正方形.

再单击[32]号对象前面的小方框，使同心圆出现.选择“四边形”上边的中点，按上下箭头键调整此点位置，使“四边形”看起来像正方形了，再隐藏同心圆，看看结果如何.

单击[33]号对象前面的小方框，屏幕上会出现一个数据，在调整“四边形”的形状时，数据会变化，做做想想，这数据的意义何在？数据是 0.00000 表示什么？

【实验 1－4】 类似的还有图 1－7，在一组射线上方有一个四边形，你会感觉到这个四边形似乎是个梯形，上面的边比下面的边要短些，另外两边向“外”倾斜. 测量一下，上下两条边谁长谁短？

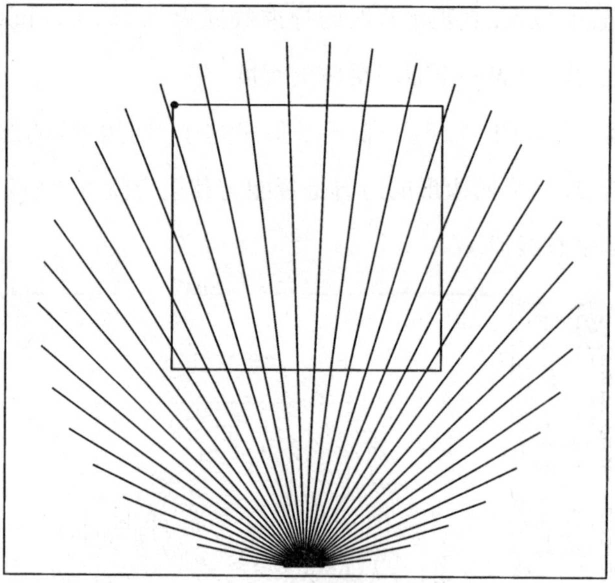

图 1－7　放射线引起的错觉

这个例子不再仔细说明了，请按上述课件第 4 页“1－4 放射线引起的错觉”上面的说明，自己操作和设计实验.

上面几个例子的静态图片，在不少书刊上出现过. 在计算机上它们动态化了，给了我们更多的实验、观察和思考的空间.

02　从小河上漂浮的树叶谈平移

在我们周围的世界中，运动和变化是普遍的现象.

一条非常平静的小河上漂浮着一片树叶. 5 秒钟后树叶的形状和大小都和原来一模一样，但随着河水静静地流淌，它已经不在原来的位置了.

如果水面足够平静，树叶毫无颠簸摇摆，以至于叶尖、叶柄和叶上的每个细胞所进行的位移都完全相同，我们就说这片树叶作了一个平移.

日常生活中，平移随处可见. 乘坐公交车在笔直的马路上行驶，你与公交车一起平移；乘坐电梯，你和电梯一起平移；挎着背包踏上地铁的自动扶梯，你、背包与扶梯一起平移……

图形变换的形式是复杂多样的，从电视屏幕广告文字的变换就可以体会到这一点. 而平移仅仅是刻画多种多样、形式各异的图形变换中的一种. 打开课件“02 从小河上漂浮的树叶谈平移”的第 1 页“2－1 几种简单的图形变换”，你可以看到最简单的几种图形变换的例子. 如果不在计算机上操作，只看图 2－1，有一片树叶处于原始位置，你能够指出哪片树叶是由它经平移变换而得，哪片树叶是由它经旋转变换而得，哪片树叶是由它经轴对称变换而得吗？

2－1 几种简单的图形变换

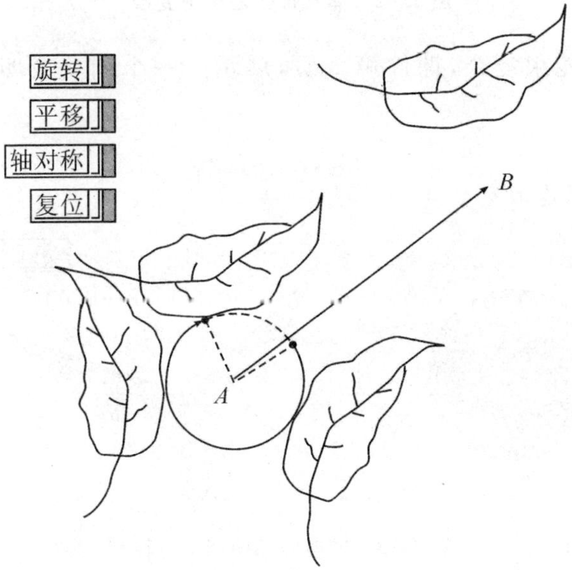

图 2－1　最简单的几种图形变换

鼠标左键单击不同的按钮，你可以观察动态的平移和旋转，以及轴对称的含义.

如拖动点 A（或 B），你会观察到不同的平移和旋转效果.

再复杂一些的图形变换是仿射变换. 翻到课件“02 从小河上漂浮的树叶谈平移”第 2 页“2—2 仿射变换原理”，拖动几个红点，观察小鸡样子的变化(图 2—2)，可以帮你初步体验什么是仿射变换.

2—2 仿射变换原理

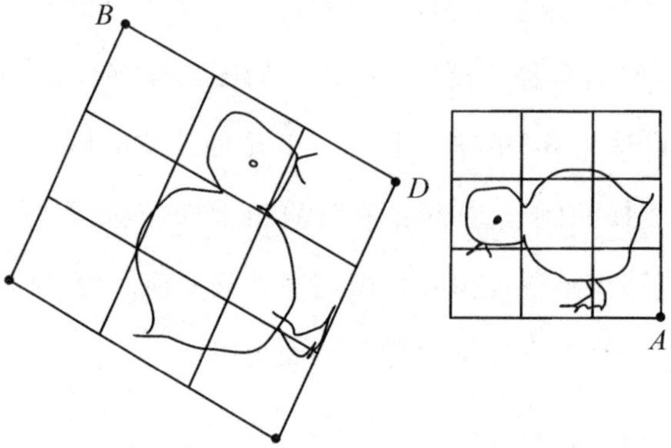

图 2—2 体验什么是仿射变换

图形变换可能很复杂，课件第 3 页，展示了一个圆变成四边形的过程. 如图2—3.

2—3 圆与四边形变换

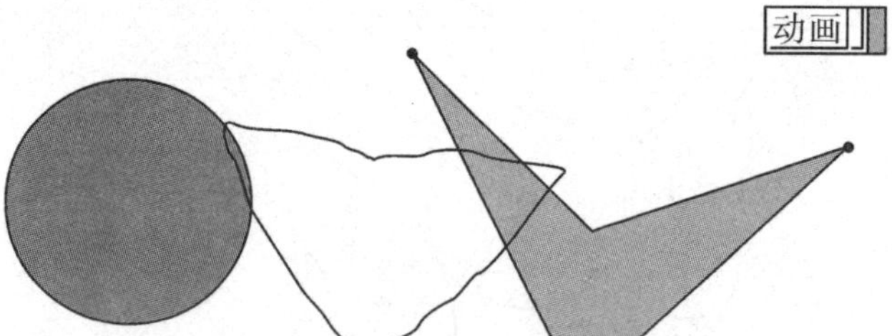

图 2—3 圆变成四边形的过程

话题收住，下面来谈最简单的图形变换，就是平移.

在课本上你可能已经学习过平移的概念，所谓平移是指在平面内，将一个图形上的所有点都按照某个方向作相同距离的移动，这样的图形运动叫做图形的平移运动，简称平移.

怎样才能确定一个平移呢？一是移动的距离. 乘坐电梯从 1 层到 18 层与从 1 层到 8 层，当然是不同的. 二是平移的方向. 踏上地铁的扶梯移动 8 米进入地下和移动 8 米回到地面，由于方向不同也显然是不同的运动. 所以，要确定一个平移，需要两个要素，一是距离，二是方向，由距离和方向这两个要素才能确定的量在数学中叫向量. 在数学上我们用一条确定了起点和终点的线段表示向量.

在上述课件的第 1 页中，平移是由向量 AB 确定的，你可以通过鼠标改变 A 或 B 的位置，然后单击“平移”按钮感受改变平移向量之后的不同的平移效果.

现在让我们以一个任意四边形的平移为例，看如何在计算机上实现几何图形的平移.

【操作说明 2—1】 用超级画板的智能画笔作点、线段、中点、平行线、垂线、垂足和任意多边形等.

启动超级画板，在图形对象工作区单击“坐标系”前带钩的小方框，让作图区里的坐标系隐藏起来.

屏幕上方有一排带图标的按钮，其中一个按钮上的图标是一支笔. 鼠标的光标在这个图标上停留两秒，就会在附近出现“画笔”两个字. 如下图：

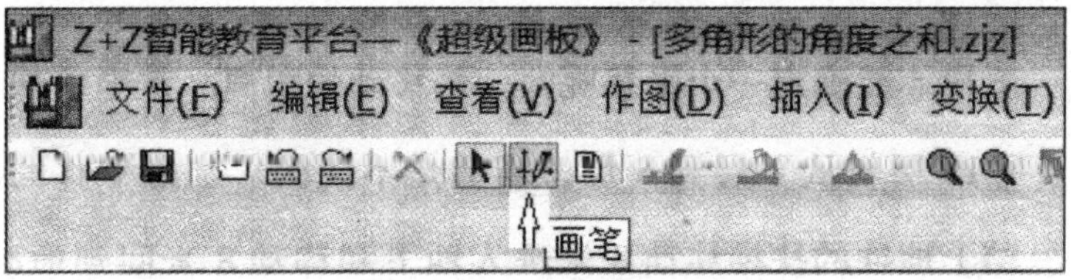

图 2—4　画笔图标

单击这个画笔图标，超级画板就进入智能作图状态.

将光标移到作图区，它的形状变了，从一个箭头变成了一只执笔的手.

单击一下，就画出了一个点 A；

按下鼠标左键拖动，画出了一条线段 BC；

如果从点 A 处开始按下鼠标左键拖动，就作出线段 AB，接着作线段 BC、CD 等等，最后回到点 A，就作出了一条封闭折线.

这样作出的都是自由点，用鼠标选择一个或多个自由点，按下左键移动鼠标可以拖动它们.（“选择”见【操作说明 1—1】）

按下鼠标左键拖动画线时，有时屏幕上出现提示，例如“平行”、“垂直”、“相交”、“相切”、“相等”、“中点”、“垂足”、“平行相交”、“垂直相交”、“平行四边形”等等，并且与提示有关的一个或两个几何对象会变色，若松开鼠标左键就会作出具有所提示性质的线段.如提示“相等”会作出与当时变色线段等长的线段，提示“垂直相交”会作出与已知某直线垂直的线段以及它和另一直线的交点等等.

松开鼠标左键拖动时，有时也会出现“中点”、“垂足”、“相交”的提示，此时单击鼠标左键，就作出提示的点.

建议你随便作一些几何图形，感受一下智能作图的乐趣.

作图暂时结束后，单击上方“选择”按钮退出画笔状态.

注意，这样作出的封闭折线不包含内部区域，不能填充颜色.

要作能填充颜色的多边形，可以顺次选择顶点后在上方单击“多边形”按钮（或按下右键，在右键菜单中单击“多边形”）即可.若要填充颜色，可在多边形内单击选择它，再单击上方的“填充颜色”按钮打开颜色表，选择你要的颜色.

但是，画出来的图形如何平移呢？

【操作说明 2—2】 作几何对象的平移变换.

选择两点后在右键菜单中单击“选定平移向量”（或执行上方菜单命令“变换|选定平移向量”；注意如果先前已经选定了平移向量，菜单上这里出现的字句是“目前正在使用的平移向量……”）；再选择一个或多个要作平移的对象，在右键菜单中单击“平移几何对象”（或执行上方菜单命令“变换|平移几何对象”）即可.

看了上述说明，再按照以下步骤实践，就容易熟练掌握了.

（1）用智能画笔画任意五边形 $ABCDE$；

（2）用智能画笔画线段 FG，切换到选择状态；

（3）用鼠标先后选择点 F、G 之后，单击右键打开右键菜单，左键单击“选定平移向量”（图 2—5）（或执行上方菜单命令“变换|选定平移向量”）；

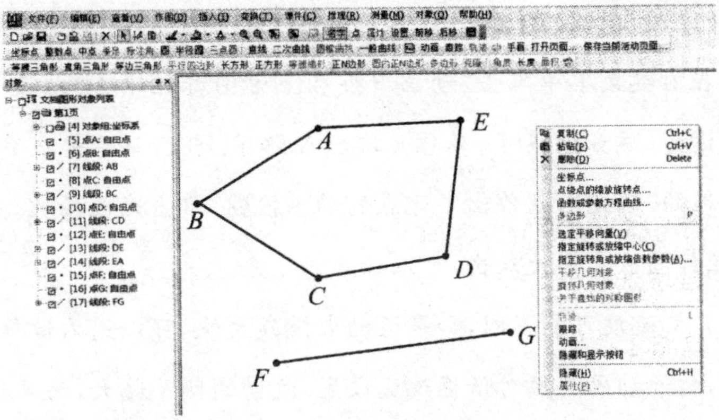

图 2—5 选定平移向量

(4)用鼠标选择五边形 $ABCDE$ 的顶点和各边后，执行菜单命令“变换|平移几何对象”(或打开右键菜单单击“平移几何对象”)，结果如图 2—6：

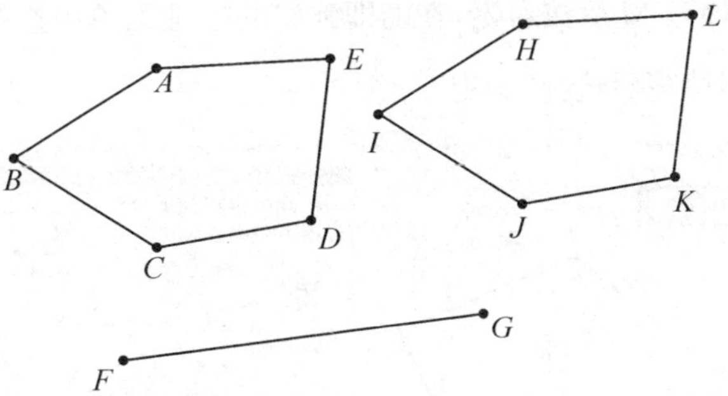

图 2—6 五边形按向量 FG 平移

如果作出线段 AH 和 BI，观察一下 $ABIH$ 便会发现，它是一个平行四边形！这是平移的特征. 两个点连成的线段 AB 和平移得到的线段 HI 长度相等，且平行或共线.

如果你已经作出了五边形的内部区域，可以仅仅单击五边形的内部作区域的平移，操作就更简单. 但平移后的仅仅是内部区域，没有顶点和线段了.

拖动点 G 改变平移向量，可以得到不同的平移效果.

这给了我们一个启发：如果平移向量的一个端点动起来，平移后的多边形不是也就动起来了吗？下面的操作提供了让点动起来的方法.

【操作说明 2—3】 作半自由点的动画.

在直线(含线段、射线)上、圆上或其他曲线上作的点都叫"半自由点".选择一个半自由点后在右键菜单中单击"动画"(或在上方图标栏单击"动画"),在弹出的对话框中适当设置(该如何设置,多作几次就理解了.自己总结出来更有成就感),单击对话框下部的"确定",就作出了此点的动画按钮.单击动画按钮,点会动起来.再单击它,或在作图区空白处双击,可以让点停下来.

不同的计算机速度可能不同,如果运动太慢或太快,可以用右键单击动画按钮右边填色部分,打开动画属性对话框改变设置.运动的频率越大,动画就越慢.

按照上述说明,继续下面的操作.

(5)进入画笔状态,在 FG 上作点 M,选取 FM 为平移向量,重复上面两条命令,得到五边形 $ABCDE$ 按向量 FM 平移后的图形;

(6)用鼠标选择点 M 后按右键,在随即弹出的右键菜单中选择"动画",在弹出的对话框中按下图填写后选择"确定".

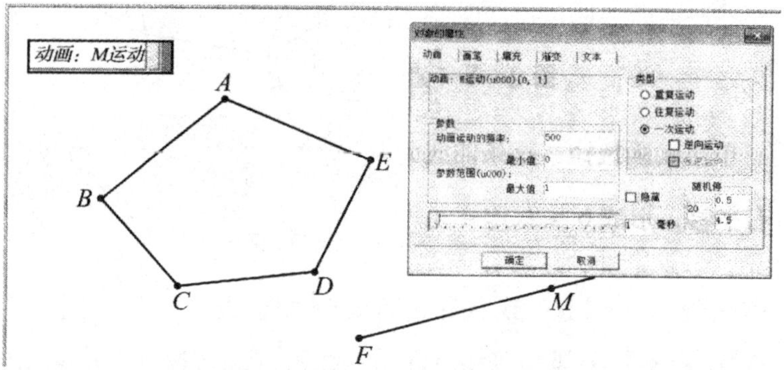

图 2—7　制作点的动画按钮

这时屏幕将呈现出"动画"按钮.用鼠标单击按钮左边的格(主钮),就呈现出图形平移运动的动画效果;单击按钮右边的格(副钮),图形回复到原来位置.

利用平移运动,可以产生奇特的视觉效果,可以排出有趣的图案,下面提供几个例子,你可以赏玩仿制,进一步创作出自己的作品来.

【例 2—1】 平移产生一群怪兽.

将课件翻到第 4 页,看见这样一条曲线,如图 2—8.

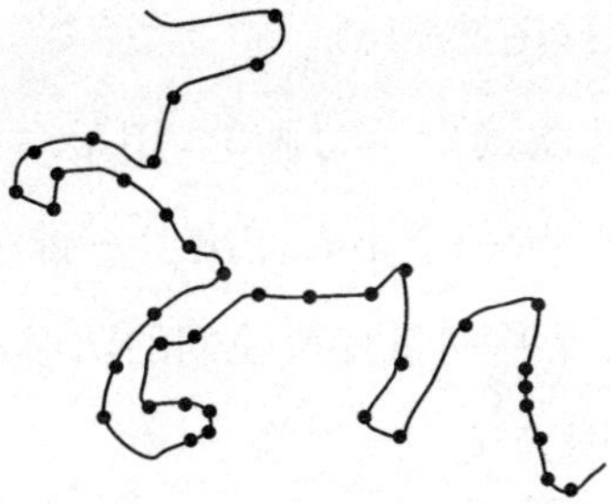

图 2—8　产生怪兽的曲线

单击动画按钮，这条曲线分身生出两簇 16 条曲线，分别向上向右平移，形成 6 头双翅 4 足的怪兽(图 2—9)！这时你还可以拖动左下角曲线上的红点，发挥自己的创意，设计怪兽的形状.

2—4　怪兽成群　动画

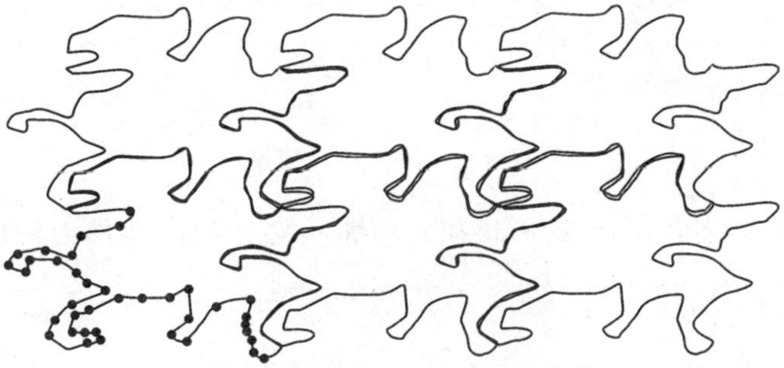

图 2—9　曲线平移产生一群怪兽

单击动画按钮副钮，曲线平移回来，回复原来模样.

【例 2—2】　翻开课件第 5 页“2—5 飞鸟”(图 2—10)，用鼠标拖动图上的几个红点，欣赏图案的变化. 想一想，如何制作这样的动态图案?

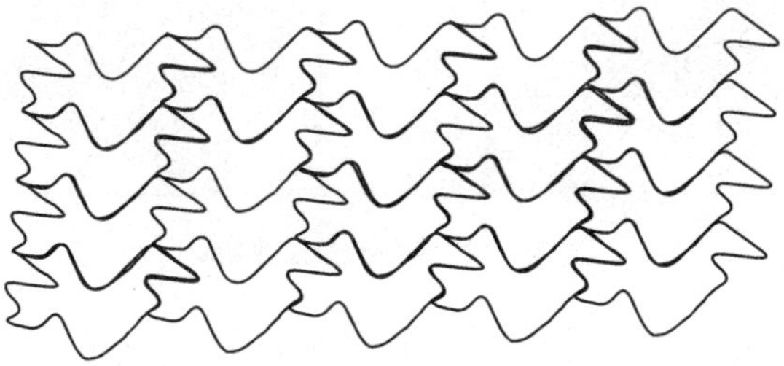

图 2—10　飞鸟

【例 2—3】 画小人排队.（图 2—11）

先用“作图|手写手画”功能调出手写画笔，用手写画笔画出左下角的一个小人，然后定义了两个平移向量. 从一个小人变出了一排小人，又从一排小人变出了现在的三排，你可以通过改变平移向量变换他们的队形，如果有兴趣你还可以充分发挥自己的想象力设计别的图案玩一玩.

图 2—11 手画小人排队

由于经过平移之后，图形的形状和大小都不发生变化，当然面积也不会发生变化，所以利用图形的平移还能说明一些数学道理呢！

【例 2—4】 阿那波多剪拼.（参看本节课件第 6 页）

图 2—12 是印度数学家阿那波多（Arya－Bhata，生于公元 466 年）给出的图形，它证明了一条重要的数学定理.

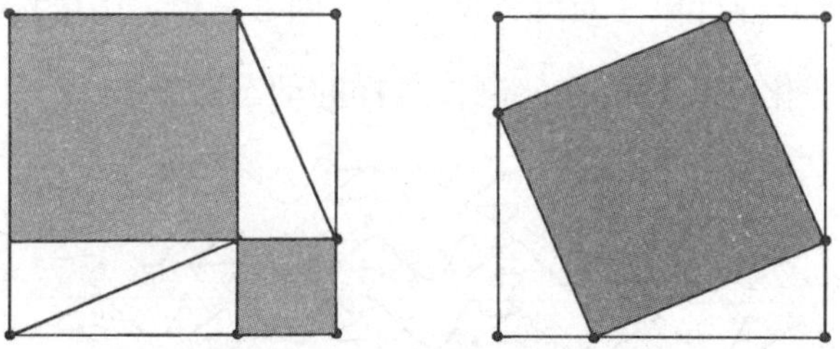

图 2—12 阿那波多剪拼

看懂这个图了吗？用硬纸片剪出一个左面的图形，把左图中的四个三角形拼接到右面图形的适当位置，于是左面的图形还剩下两个正方形，而右面刚好围成一个正方形. 这说明了什么呢？把这个直角三角形的边长设成字母，把你对这个图形的理解用符号表示出来.

从平移的角度看，左图中的四个三角形都是按照哪个平移向量平移到右面的图形中去的？你能利用上面学会的操作在计算机屏幕上从左面那个图形得到右面那个图吗？

【例 2—5】 面积相等吗？（参看本节课件第 7 页）

下面（图 2—13）左面的图形和右面的图形面积相等吗？

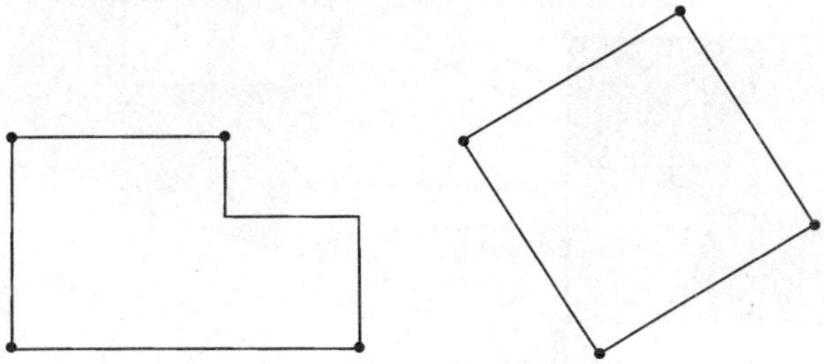

图 2—13　两块面积相等吗

翻到课件第 7 页，单击红色按钮得到下面的图，你可能一下子就看清楚了. 这个图形又说明了什么道理呢？

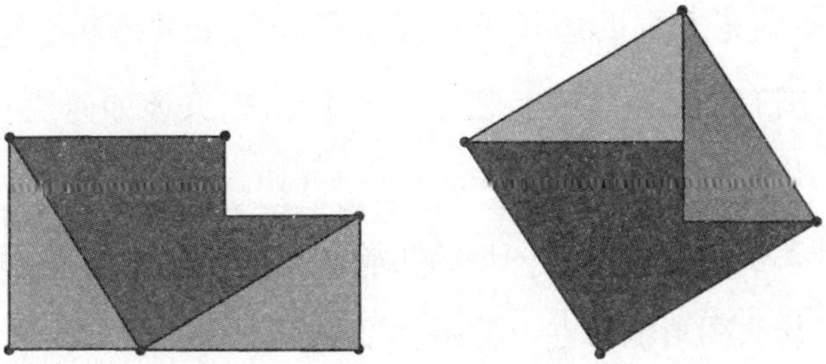

图 2—14　说明了什么

你还可以通过剪拼或作图从左面的图形得到右面的图形. 上面的问题实际上是要用直线把一个给定的平面多边形剖分成几块，使它们能够拼成另外一些指定形状的图形. 这就是所谓几何剖分问题. 例如，你能否把一个平行四边形通过剖分拼成一个与它面积相等的、给定了长边的矩形呢？

下面是一个简单而有趣的剪拼.

【例 2—6】 拼出正方形的空洞来.

翻到本节课件第 8 页，如图 2—15. 用互相垂直的两条直线把一个正方形分为 4 块，平移之后拼成一个有正方形空洞的大的正方形. 想一想，三个正方形面积之间有什么关系？说明了什么道理？

2—8 拼出有正方形空洞的正方形 动画

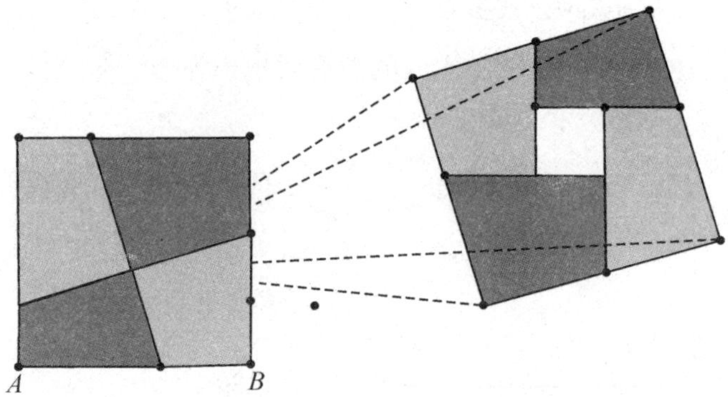

图 2—15 拼成有正方形空洞的正方形

图 2—15 中的剪拼方案是由左边正方形上的两个红点确定的，拖动两个红点可以改变大的正方形和空洞的大小和位置. 你能够根据 AB 的长度和红点的位置计算大正方形和空洞正方形的边长吗？为了保持大正方形和空洞正方形的完整性，红点拖动的范围有什么限制吗？超出了这个范围，又该如何说明三个正方形的关系呢？

关于平移，有几个问题可供进一步的实验和思考.

1. 在平面上，什么图形能够在一些平移变换下不变？

2. 在同一平面上画了两个三角形，怎样判别其中一个是不是从另一个经过平移变换得到的呢？（有不止一个方法！）

3. 在下面的方格纸上有一个四边形（图 2—16），分别画出按照图中所示的两个平移向量平移后的图形.

你可以利用平行线画出平移后的图形，但既然给出了方格纸，就可以通过数格子画出四边形 $ABCD$ 四个顶点通过平移以后的对应点.

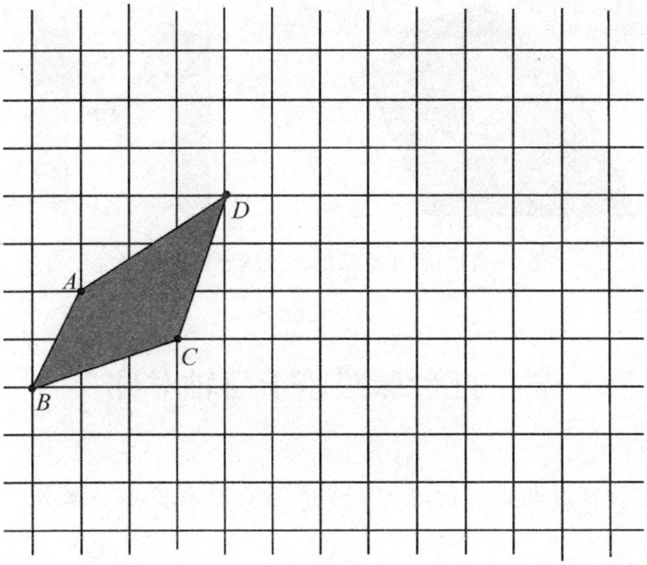

图 2—16　画出平移后的图形

例如，按照向量 EF 平移，就需要把这些点都向右移动 4 个单位再向下移动一个单位，所以这个平移可以用一对数(4，−1)来表示，这一对数是由向量 EF 确定的. 而按照向量 FG 平移，就可以用(2,2)表示.

如果把方格纸换成直角坐标系，图形上的每一个点就都可以用一对数(m,n)也就是这点的坐标表示，这样一来，如果知道了原来图形的坐标和确定平移的向量就能计算出平移后图形上的点的坐标，也就确定了平移后图形的位置. 当然通过人工一个个地计算再画出这些点来比较费事，但这些事情计算机干起来却是手到擒来，一瞬间的事. 当计算机接到第一个命令“变换|选定平移向量”，它就得到了计算公式；接到第二个命令“变换|平移几何对象”，它就在瞬间完成了全部计算并根据计算的结果画出了平移后图形的对应点，也就得到了平移后的图形. 这就是利用计算机实现平移的简单道理(参看课件第 9 页).

4. 怎么利用平移的知识画出下面的图形？第一个是显示一个柱体的直观图，第二个是一个有立体效果的美术字(可以在纸上画，也可以在超级画板上作图).

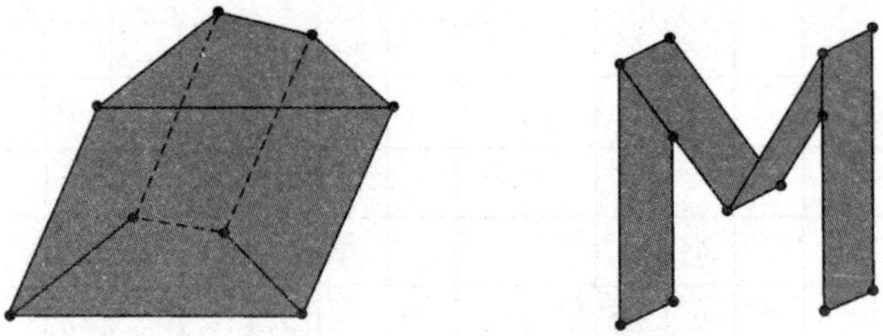

图 2－17　利用平移的知识画出这些图形

03　打台球照镜子与轴对称

你在电视里看到过斯诺克台球比赛吗？现在让我们在计算机上打打台球，过一把台球瘾！

【实验 3－1】 打开课件“03 打台球照镜子与轴对称”，其中第 1 页就是模拟台球的游戏，如图 3－1.

3－1　台球

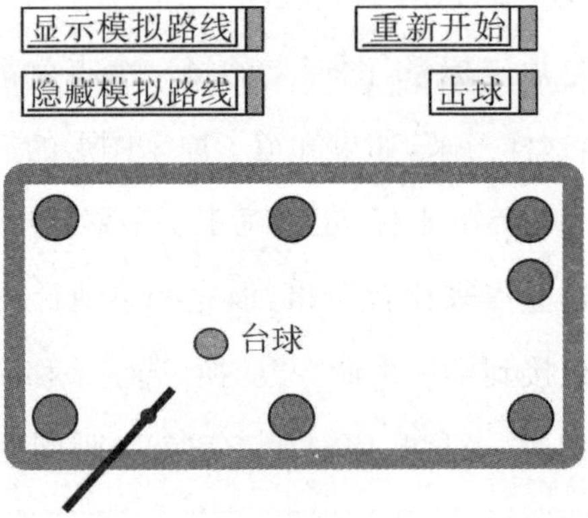

图 3－1　模拟台球游戏

单击“击球”按钮，前面那个红球将被击出，你能猜出它将落到六个洞中的哪一个吗？

单击“重新开始”按钮，红球将回到原处. 你可以打第二杆了. 这时你可以用鼠标拖动球杆上的把手，用它调整击球的方向和力度. 把手向后移表示力度大. 如果想让球撞到台球边反弹后落入左下方的洞内(图 3—2 左),该如何确定方向呢(图 3—2 右)?

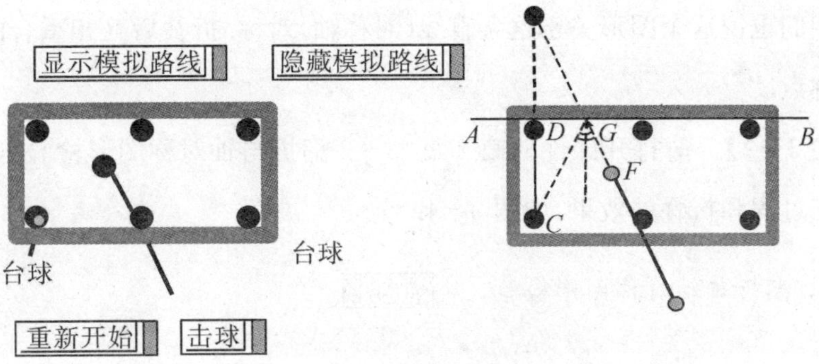

图 3—2　如何确定方向

为实现这样的效果应该选择怎样的击球路线?

如图 3—2 右,假想在球台的边沿立着一面大镜子 AB,只要瞄准球洞在镜子中的映像打,真实的球会和球的映像分别而同时进入球洞和球洞的映像. 这是因为球在台边的反弹和光线在镜面的反射服从同样的规律,即入射角等于反射角.

通常说,球洞和球洞的映像关于镜面对称.

球洞是立体的,在平面上类似于镜面对称的现象,称为轴对称.

其实,在生活中你肯定不止一次地看见过轴对称图形. 例如下面的蝴蝶、蜜蜂、海星、吊灯、项链、双喜字等图象,凭常识我们都知道它们是轴对称图形.

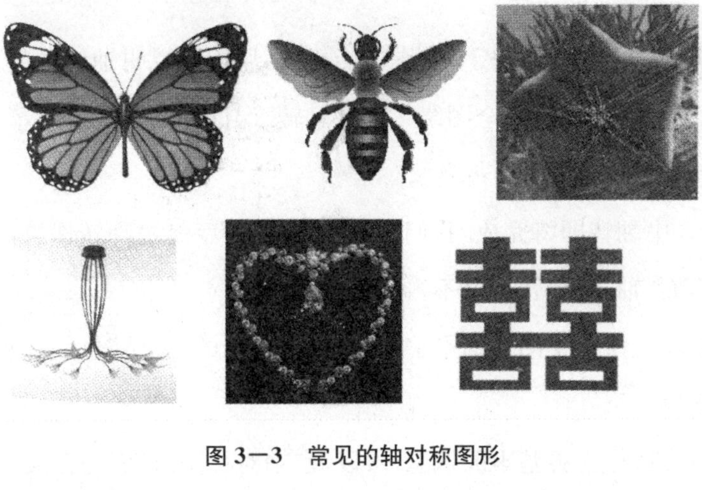

图 3—3　常见的轴对称图形

我们可以这样直观地理解轴对称图形："如果一个图形沿着一条直线折叠，直线两旁的部分能够互相重合，这个图形就叫做轴对称图形，这条直线就是它的对称轴. 这时我们也说这个图形关于这条直线(对称轴)对称. 折叠后互相重合的那一对点，叫对称点."

【实验 3—2】 请打开课件的第 2 页"3－2 翻折与轴对称图形检验"，观察"折叠"的动态过程和折叠的效果，如图 3－4.

3—2 翻折与轴对称图形检验 动画

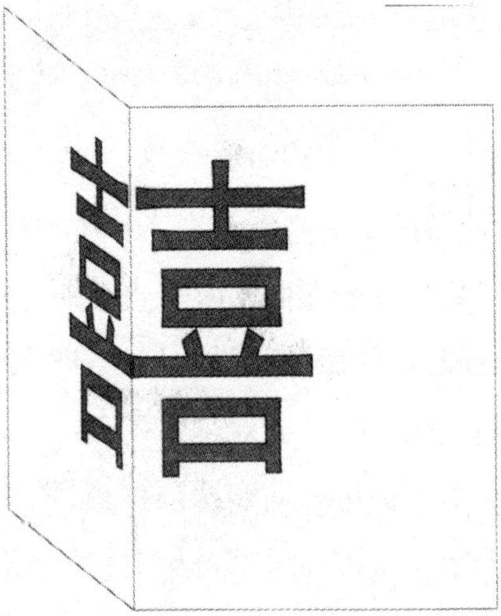

图 3—4 翻折与轴对称图形检验

纸可以折叠，但画在玻璃板上的图不能折叠，用折叠说明轴对称是一个直观的比喻. 比折叠更贴切的比喻是全图绕一条轴翻转. 课件的第 3 页显示了一个不能折叠的平板翻转的过程，如图 3－5.

在图 3－5 中翻转即将完成. 我们已经看到，"囍"字经过翻转保持不变(位置和形状都不变)，而"轴"字翻转后就不再是汉字了.

前面我们已经讨论了图形的平移变换，现在讨论的"翻转"也是一种图形变换，叫做轴对称变换.

把轴对称变换作为更基本的概念，可以说"轴对称图形"就是在某个轴对称变

3—3　翻转与轴对称变换　[隐藏或显示原图]　[动画]

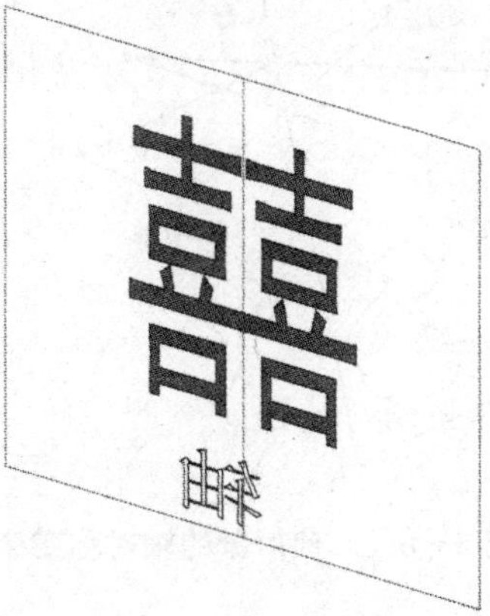

图 3—5　翻转与轴对称变换

换下不变的图形.

一个轴对称变换必有一条直线 AB 作为轴,叫做这个变换的对称轴,它也就是图形所在的平面在想象中翻转时的转动轴. 如果图形甲在翻转完成后成为图形乙,就说甲和乙关于直线 AB 轴对称,这里的"轴"字通常可以省略. 轴对称变换也可简称"反射",对称轴叫做"反射轴".

注意,"轴对称图形"说的是一个图形的性质,"关于直线 AB 轴对称"说的是两个图形的关系,两者不要混淆.

在计算机屏幕上用超级画板作图形的轴对称变换是很方便的,方法如下:

【操作说明 3—1】　作关于直线对称的图形.

先选择一条直线(或线段、射线)作为对称轴,按着 Ctrl 键或按一下 Insert 键后继续选择一个或多个几何对象,包括点、线、圆、手写手画对象、可变换文本,最后按右键打开右键菜单,单击"关于直线对称的图形"即可.

【实验 3—3】　翻到课件的第 4 页"3—4 几何对象的轴对称变换"(图 3—6),拖动上面的图形,看看哪些图形关于哪些直线对称,体会轴对称变换的特点. 如果自己动手在上面作图,体验一下轴对称变换,收获就更大了.

在图 3—6 中,通过观察、作图和测量探讨一下:如果两点关于直线轴对称,则

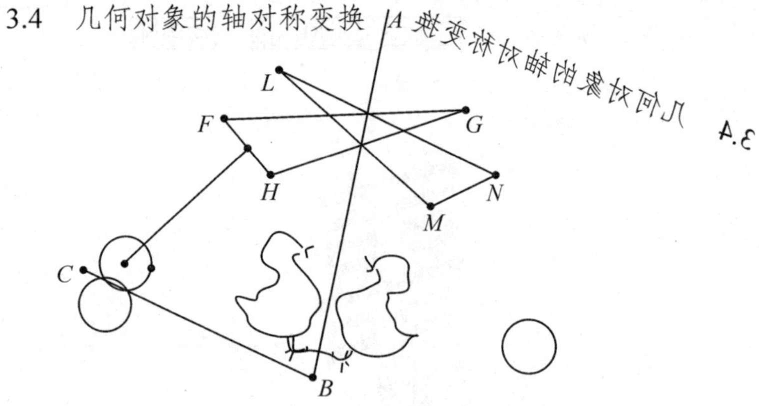

图 3—6 几何对象的轴对称变换

此直线与两点连成的线段有什么关系？如果两线段关于直线轴对称，则两线段所在直线的交点与对称轴有什么关系？两线段长度相等吗？如果两个三角形关于直线轴对称，它们一定全等吗？

多次使用轴对称变换，能从看似杂乱无章的图形生成井然有序的美丽图案.

【实验 3—4】 万花筒.

一种经典的玩具“万花筒”，其设计原理就利用了平面镜的反射即轴对称变换. 万花筒是一个用三条宽度相同的矩形镜片支撑的硬纸卷成的小圆筒，前面有两层圆形的玻璃片中间夹一些能活动的彩色透明碎纸片，后面是一个观察孔. 把万花筒拿在手上不断地转动，从观察孔里将会看到千姿百态的图景.

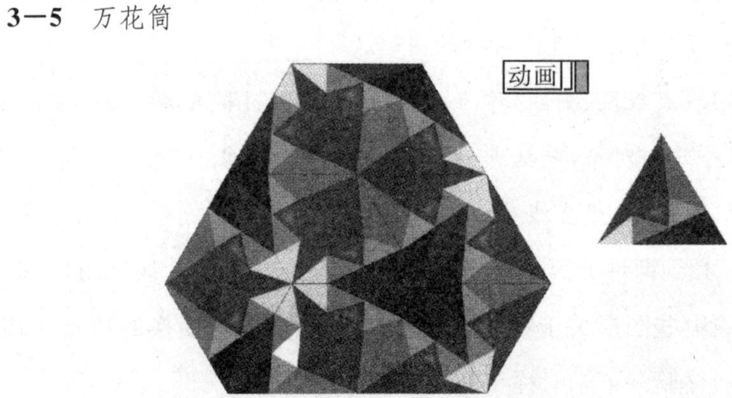

图 3—7 万花筒原理

看看课件第 5 页"3－5 万花筒"，如图 3－7，它将一个分区着色的正三角形经多次轴对称变换构成千变万化的图案，显示出数学之美.

将平移和对称结合起来，还可以设计更多美丽的图案. 下面是随便作的一个图案：

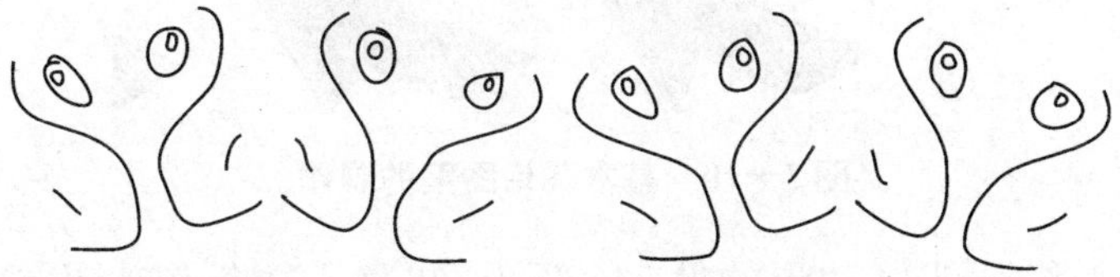

图 3－8　平移和对称结合

这个图案里有几个动物的头呢？

【实验 3－5】 双向飞翔的密铺图案.

翻开课件第 6 页，如图 3－9，5 行多边形构成双向飞翔的密铺图案.

3－6　多边形平移成双向飞翔

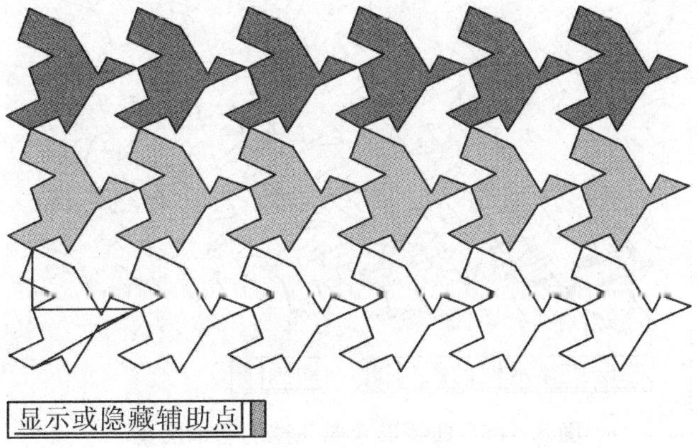

图 3－9　多边形构成双向飞翔密铺图案

图 3－9 左下角的 14 边形是基本图案，对它作多次平移可以得到全图. 但这个基本图案的制作，只用平移是不够的. 单击"显示或隐藏辅助点"，如图 3－10，就知其中奥妙了.

原来，图案的基础是等腰三角形顶点和底边中点. 5 个红点是可以拖动的自由点. 以等腰三角形底边为对称轴，对 5 个红点作反射得到 5 个绿点，它们是辅助点；

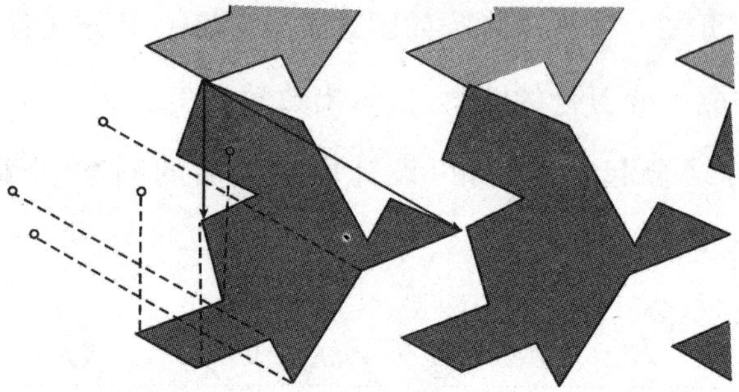

图 3—10　基本飞鸟图案的制作

对他们分别作平移得到 14 边形的另 5 个顶点. 知道了这个道理,你就会自己作双向飞翔图了. 而且可以多取几个自由点,让鸟儿形象更好.

当然,小心地拖动红点,还可以创作出自己的作品,如青蛙等.

再看课件第 7 页,如图 3—11,是曲线形双向飞翔的密铺图案.

3—7　曲线平移成双向飞关翔

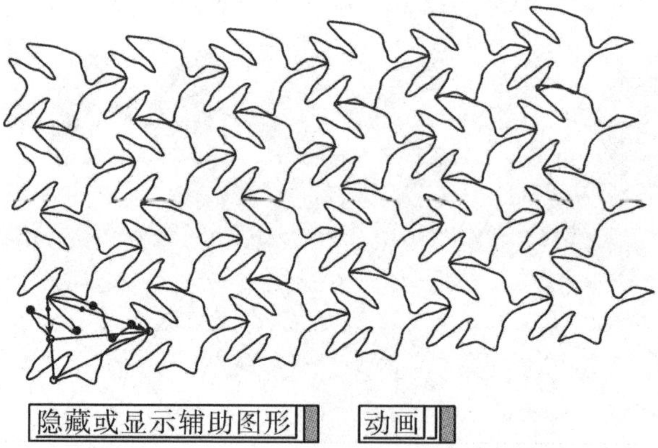

图 3—11　曲线形双向飞翔的密铺图案

图案的基础仍是等腰三角形顶点和底边中点. 5 个红点是可以拖动的自由点. 通过这些点作了两条曲线,曲线的起点和终点都是等腰三角形顶点;一条经过了 3 个红点,另一条经过了 2 个红点.

单击"隐藏或显示辅助图形"按钮可见(图 3—12),以等腰三角形底边为对称轴,对两条曲线作反射得到两条辅助曲线(一条绿线,一条虚线);单击"动画"按钮看到，两条辅助曲线分别平移到了相应的位置.

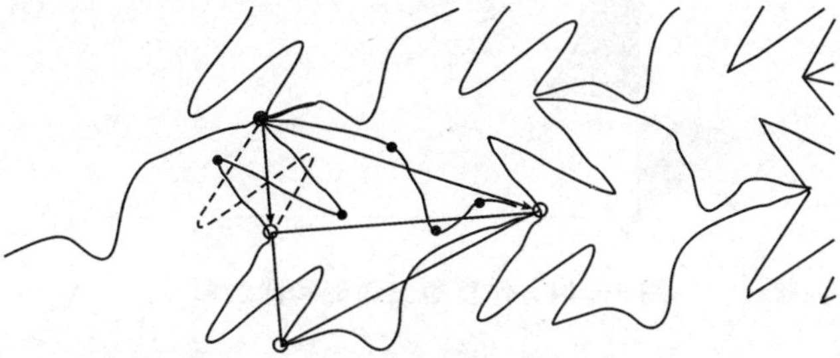

图 3—12　经轴对称变换得两条辅助曲线

调整红点的位置，你可以展开想象，改变曲线.

你可能要问，曲线是如何作出来的呢？这个问题在上一节看到怪兽曲线时你可能就在想了. 下面是答案.

【操作说明 3—2】　作经过指定点的曲线.

顺次选择 3 个或更多的点，单击右键打开右键菜单，在菜单中单击“多边形”作出多边形；双击多边形打开属性对话框如下图（图 3—13）.

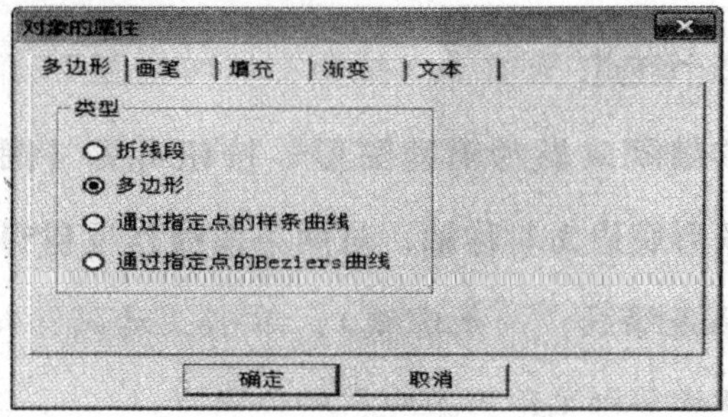

图 3—13　多边形属性对话框

在对话框中单击“通过指定点的样条曲线”和“确定”按钮，多边形就变成了一条曲线，拖动上面的点可以改变曲线形状.

【实验 3—6】　下面自己动手，学作双向飞翔的密铺曲线形.

1. 启动画笔，作线段 AB，自 A 作 $AC \perp AB$，连接 CB；在线段 AC 附近作两个自由点 D、E，顺次选择 A、D、E、C，单击右键打开右键菜单，在菜单中单击“多边形”作出多边形，如图 3—14.

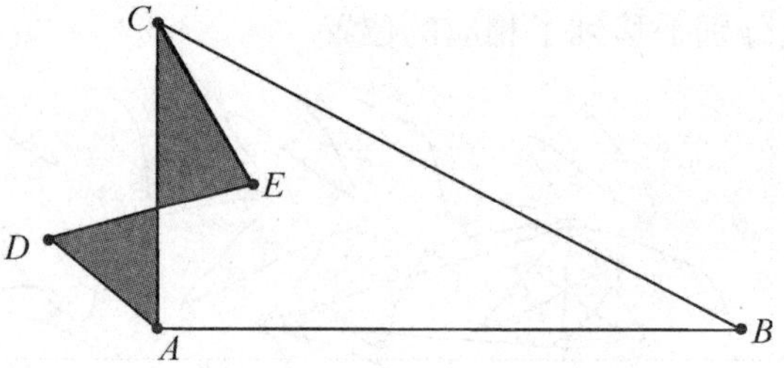

图 3—14 作直角三角形和四边形

2. 双击这个多边形弹出对话框(图 3—13),单击“通过指定点的样条曲线”和“确定”按钮,多边形变成了过 A、D、E、C 的曲线.

3. 作这条曲线关于 AC 的对称曲线(图 3—15 中的虚线),并把所得曲线按向量 CA 作平移,如图 3—15. 选择虚线在右键菜单中单击“隐藏”使它消失.

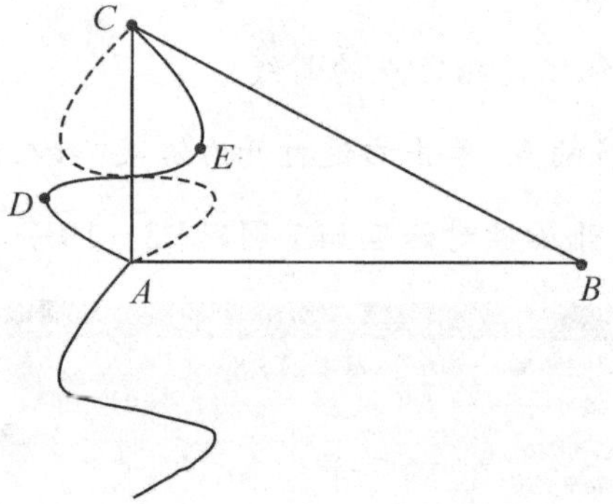

图 3—15 作曲线 $ADEC$ 的轴对称和平移变换

4. 在 CB 两侧作自由点 F、G、H,同前操作方法作样条曲线,如图 3—16.

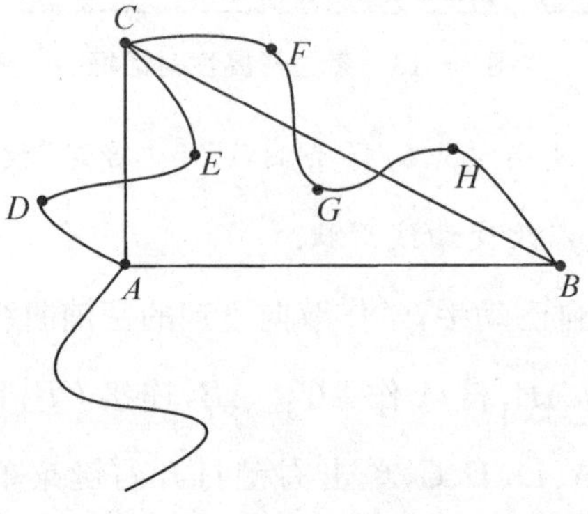

图 3—16 作样条曲线 $CFGHB$

5. 作这条曲线关于 AC 的对称曲线(图 3—17 中的虚线),并把所得曲线按向量 CB 作平移,如图 3—17;再隐藏虚线.

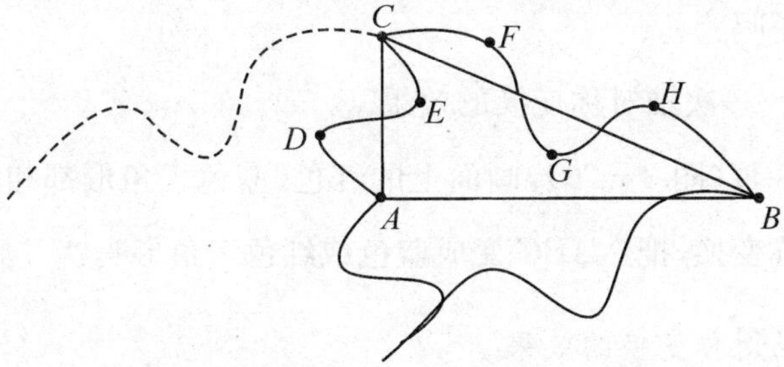

图 3—17 作曲线 $CFGHB$ 的反射和平移

6. 作点 C 关于直线 AB 的对称点 I,隐藏 AB、AC、BC,再用鼠标调整自由点位置,使图形更像一只鸟,然后取 AB 为平移向量,选择 4 条曲线平移这只鸟,得到一排鸟(图 3—18). 注意完成一次平移后,新产生的曲线已被选择,平移向量也没有变,只需在上方单击"平移"即可.

图 3—18 作曲线的平移产生一排鸟

7. 按向量 IC 向上平移这排鸟,就可得到鸟的阵列图案. 最后在"编辑"菜单中单击"全部点的名字"隐藏字母,如图 3—19.

图 3—19 这群飞鸟的图案就完成了

好了，现在这群飞鸟的图案就完成了.

通过以上实验，你是否感到数学与艺术还有一些联系呢？你享受到数学思维给你带来的乐趣了吗？

【实验 3—7】 多次轴对称变换的效果.

翻到课件第 8 页(图 3—20)，画面上的红色、蓝色三角形都和△ABC 全等，你能够用两次轴对称变换，把△ABC 变成蓝色或红色三角形吗？

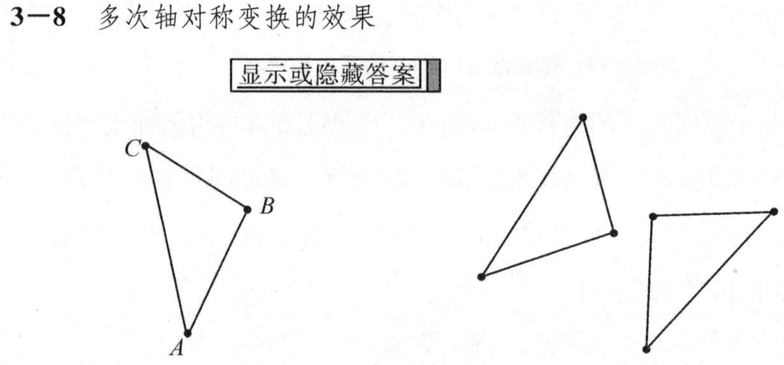

图 3—20 两次轴对称变换能有多大的本领？

不论拖到哪里，两次轴对称变换就能把△ABC 变成蓝色三角形，单击上方按钮就看见答案了，如图 3—21.

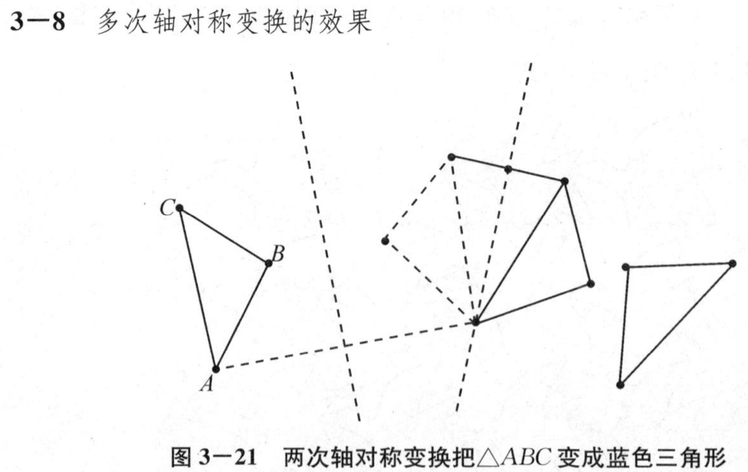

图 3—21 两次轴对称变换把△ABC 变成蓝色三角形

由此可见，轴对称变换好像简单，能力却很强.

进一步想想，两次轴对称变换就能把$\triangle ABC$变成红色三角形吗？为什么？如果两次不行，需要几次呢？

关于轴对称变换和轴对称图形，值得深入思考的问题很多．例如，平面上任给两个三角形，如何检验它们是否关于某条直线对称呢？任给一个五边形，如何检验它是不是轴对称图形呢？画在纸上该如何检验？画在超级画板的作图区该如何检验？没有图，仅仅给了有关点的坐标又该如何检验呢？

04　从小鸡吃米、风车与钟表说旋转

看到这个题目你可能觉得很奇怪，小鸡吃米、风车与钟表这三件事能有什么联系呢？别着急，先打开本节课件的前3页看看．

在“小鸡吃米”的课件里选择“动画”按钮，你会看到小鸡不住地低头吃米的生动场面(图4—1)．

4—1　小鸡吃米

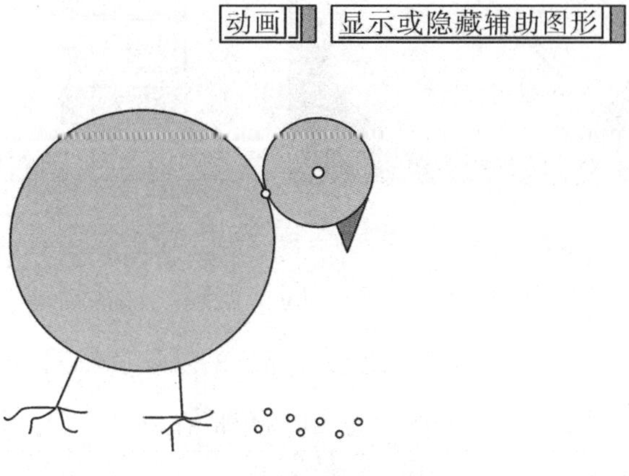

图4—1　小鸡吃米动画

在“大风车”的课件里，你能看到风车的转动(图4—2)．

4—2　大风车

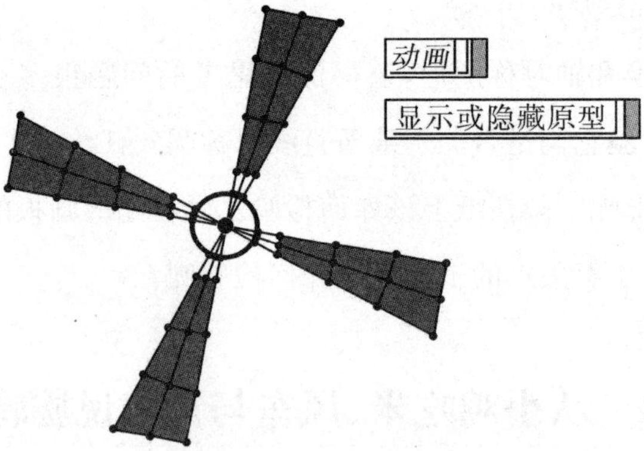

图 4—2　大风车动画

在“钟表”的课件里，你能看到表针的走动(图 4—3).

4—3　钟表

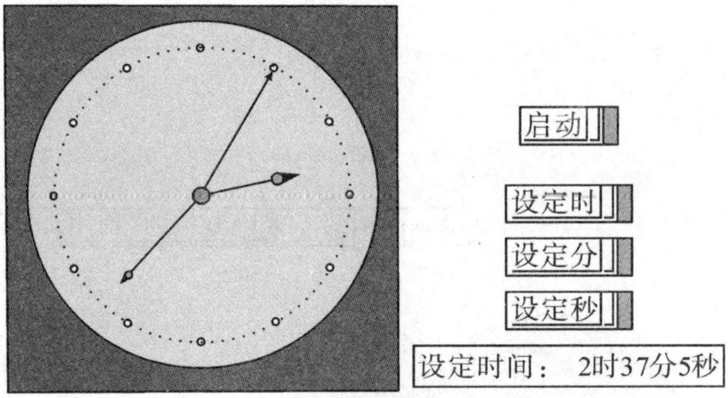

图 4—3　钟表

从数学的角度可以怎样描述它们的共同特点呢？这些动画显然都可以看成同一种类型的图形变换，它不同于我们过去研究过的平移和轴对称，我们把它们归结为图形的旋转：表示小鸡的头和嘴巴的圆和三角形在旋转，表示风车叶片的四边形在旋转，表示时针的线段在旋转……

所谓图形的旋转，是指把一个图形绕着某一点 O 转动一个角度的图形变换. 这里点 O 叫做旋转中心，转动的角叫旋转角.

通常几何图形中的角，最大是 180°. 但是旋转起来就打破了这个局限. 转一圈就是 360°，一圈半就是 540°；此外，为了区别旋转的方向，约定逆时针旋转一圈是 360°，顺时针旋转一圈是 $-360°$. 这样一来，旋转角的度数可以是任意实数. 例如，逆时针旋转三圈半是 1260°，顺时针旋转 4.2 圈是 $-1512°$ 等等. 这样一来数字常常很大，不方便；作为变通的办法，我们不妨建立度量角的另一种方法，即用平角作为基本单位，平的拼音是 ping，简称 pi，为了响亮一点，把 pi 读作 π. 这样，180°等于 1 个 pi；逆时针转一圈半就是 3pi，顺时针转 4.3 圈就是 -8.6pi，多么简单，这叫“平角制”.

我们的这种“平角制”度量角的方法和国际数学界的弧度制不谋而合. 弧度制是用单位圆上圆心角所对的弧长作为角的度量，一圈的弧长就是 2π 弧度，简称 2π；所以平角的弧度数就是 π，逆时针转一圈半就是 3π，顺时针转 4.3 圈就是 -8.6π 等. 所以把 *pi* 简单地换成 π，“平角制”度量的数据就成了弧度制的数据，而且两者的读音也一致，在超级画板以及其他许多计算机的软件中，也就默认 pi 等同于 π，它的数值就是 3.1415926535……

这里要提醒一下，“平角制”是不见经传的，但它能帮你理解弧度制，且有助于记忆弧度制与角度制的换算.

旋转角的大小是确定旋转的重要条件. 用鼠标选择“小鸡吃米”课件的“动画”按钮后按右键，在随后出现的下拉菜单中选择“属性”，于是弹出了下面的对话框，你把对话框中的最小值改为 0 或 $-$pi/3 后按确定（按上面说的，$-$pi/3 就是 $-60°$）. 这时再次单击“动画”按钮，你会看到小鸡的头旋转的角度过小而吃不到米或旋转的角度

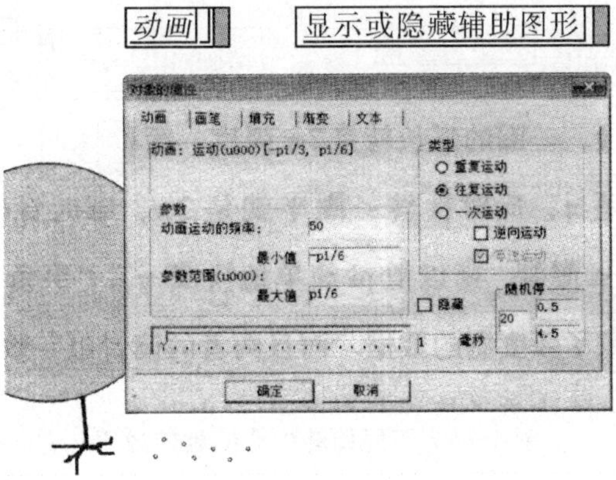

图 4—4　动画属性对话框

过大以至于把嘴啃到地里的滑稽场面.

4—1 小鸡吃米

利用同样的方法,让我们再做一些实验.

【实验 4—1】 翻到课件的第 4 页.图上的许多三角形是由一个三角形多次旋转某个角度形成的.旋转角变了,看到的三角形数目就不一样了(图 4—5)!反复实验观察思考,你能对观察到的现象作出解释吗?

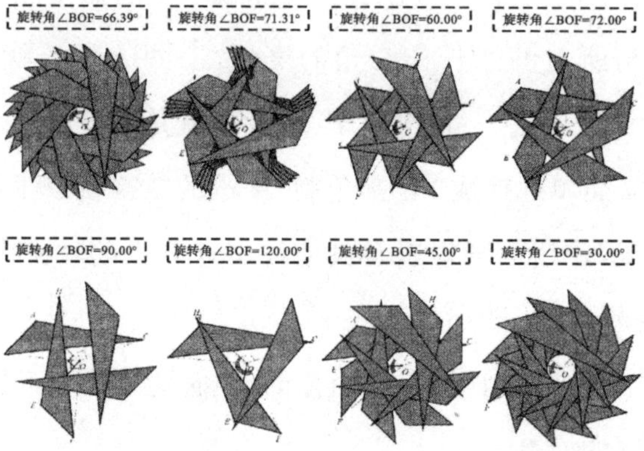

图 4—5 旋转角的变化使图象大不相同

旋转角固然重要,但旋转中心的位置也同样重要.

【实验 4—2】 翻开课件第 5 页"4—5 小风车",对于同样的旋转角,改变旋转中心,感受不同的图形旋转效果.

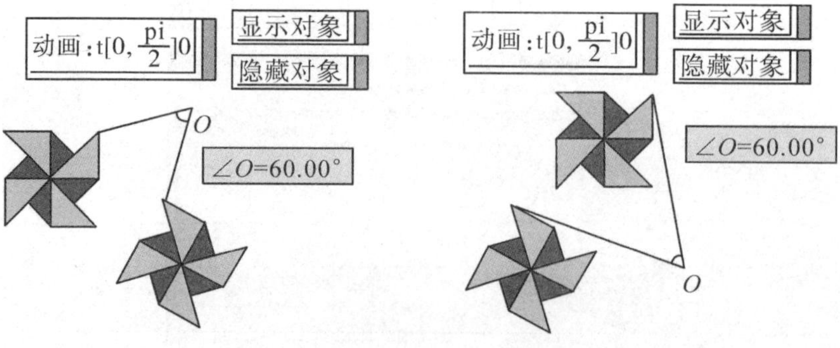

图 4—6 不同旋转中心的旋转效果

尽管风车旋转的角度相同,但由于旋转中心的位置变化造成了不同的旋转效果.

【实验 4—3】 利用图形的旋转可以画出美丽的图案. 把课件翻到第 6 页，拖动图中的点 D(或 C)就可以看到不断变幻的图案.

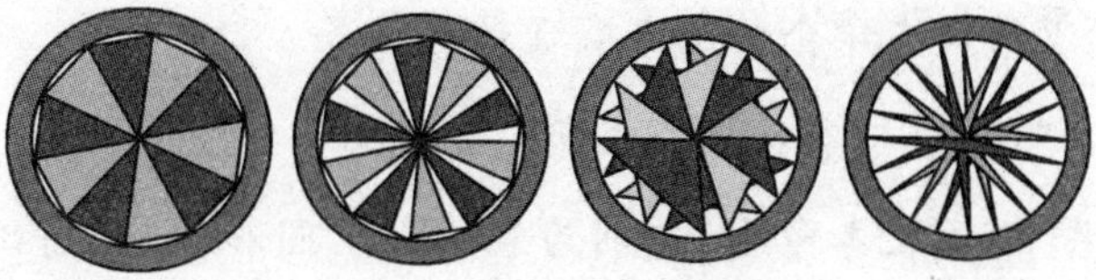

图 4—7 旋转生成的图案

在计算机上自己设计制作一些图案是有趣的工作. 按照下面步骤先学习图形旋转变换的基本操作，就可以制作旋转图案了.

【操作说明 4—1】 用菜单命令作旋转变换.

如果你用的超级画板软件已经注册，可用菜单命令作旋转变换.

先用智能画笔作一些图形；计划确定一点作为旋转中心，选择该点后执行菜单命令“变换|指定旋转或放缩中心”(或在右键菜单中单击“指定旋转或放缩中心”，如果事先已经指定了中心，此菜单项会是“当前的旋转或放缩中心是……”)，这就把旋转或放缩中心定下来了. 以后若无新的选择，此中心始终不变.

接着执行菜单命令“变换|指定旋转角或放缩倍数参数”(或在右键菜单中单击“指定旋转角或放缩倍数参数”，如果事先已经指定了旋转角或放缩倍数参数，此菜单项会是“当前的旋转角或放缩倍数参数是……”)，在随后弹出的对话框中填写旋转角的大小，例如 2 * pi/5；如希望有动态旋转过程，可以设为字母. 以后若无新的选择，此旋转角或放缩倍数参数始终不变.

用鼠标选择一个或多个要旋转的几何对象，执行菜单命令“变换|旋转几何对象”(或在右键菜单中单击“旋转几何对象”)，屏幕马上呈现旋转后的图形.

如果你用的是超级画板免费版本，有关旋转的菜单命令可能尚未激活. 不过不要失望，你可以用文本作图命令或进入方便面环境实现旋转变换以及其他一些免费版本菜单上尚未激活的功能.

【操作说明 4—2】 文本作图，用文本作图命令作旋转变换.

以已知点为圆心，如何作半径为 3 的圆？已知不在一条直线上的 3 个点，如何作过此 3 个点的圆？这些几何图形，直接用智能画笔作不出来. 此外，对于未注册的超级画板免费版本，有些菜单命令不能激活，例如作旋转变换、画函数曲线、作正多边形等，但你可以用文本命令作图来实现这些任务.

执行菜单命令“作图|文本作图”，打开“文本命令作图”对话框，如图 4—8. 对话框左栏列出了共 11 类文本命令，分别为点、直线、圆和圆弧、圆锥曲线、曲线、图形变换、对象组、文本、测量、动画轨迹和跟踪、对象的属性，可谓丰富多彩. 每类中有若干文本命令，你可以随便选一些动手试一试.

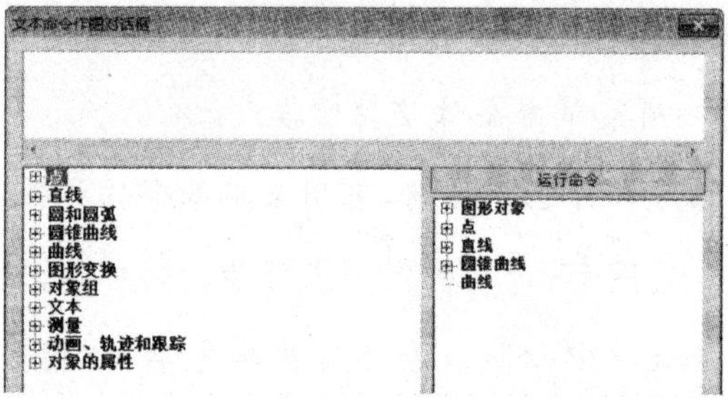

图 4—8　文本命令作图对话框

现在我们关心的是图形变换，特别是图形的旋转. 单击文本作图项目列表中的“图形变换”，展开作图命令列表. 看到旋转变换命令 Rotate，位于图形变换下命令列表的第 3 行. 双击 Rotate. 它就被复制粘贴到上面的空白栏里（图 4—9），等你填写执行.

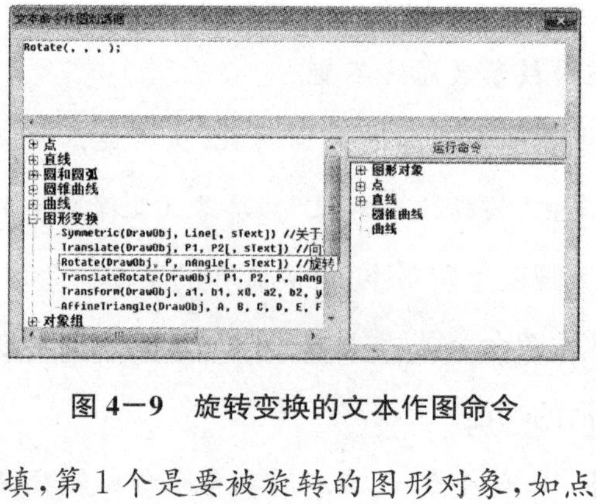

图 4—9　旋转变换的文本作图命令

它有 4 个参数待填，第 1 个是要被旋转的图形对象，如点、直线、圆、曲线以及可变换文本.第 2 个是旋转中心,是一个点;注意这两个参数要填的是对象的编号而不是名字.第 3 个是旋转角,是一个数值或含有字母的表达式,要填的是角的弧度值;例如要旋转 35°,这里就填"35 * pi/180".要作动态旋转,就可以填个字母 t 或其他;然后再作该字母的变量动画来控制旋转运动.第 4 个是旋转生成的对象的名字,可以忽略不填.

用这种文本作图命令作旋转变换,一个命令只能作一个对象的变换,如要作多个对象的变换,可以将命令复制粘贴多次,分别填写后一同运行.使用下面介绍的"方便面",操作起来更简易.

填好参数后单击对话框里的"运行命令"即可,如果暂时不再使用文本命令作图,就单击右上角的×号关闭对话框.

如果你要旋转多个对象,又嫌文本作图命令作旋转变换啰嗦,建议你尝试一下超级画板的"方便面"(方便面是便于读者操作的一个界面).

【操作说明 4—3】 方便面简介:在方便面环境下作旋转变换.

方便面是"方便空白页面"的简称.启动超级画板后,打开"少年数学实验课件和方便面"文件中"方便空白页面 20. zjz",便进入了方便面环境.这个文件提供了 20 页方便空白页面,足够你做实验或准备演示资源之用.在其他超级画板课件中如想建立方便面环境,可单击上方的"打开页面"图标或执行菜单命令"文件|打开页面",然后在弹出的对话框中找到本书的相关文件夹,选择文件 fbm. pag 打开,课件中便增加一张方便面环境的空白页,供你享用方便面.

方便面环境是"国家数字学习中心"(华中师大)基于超级画板编程开发的辅助操作环境软件.它的不少功能甚至超出了超级画板注册版本,你很快会体验到它的方便之处.

方便面的操作方式,是在左边程序工作区执行文本命令.这些命令用汉语拼音首字母组成,易学易记.下面讲方便面环境下作几何对象旋转变换的操作方法.

先作几个几何对象,包括智能画笔、手写手画的对象以及可变换文本(我们的课件标题用的就是可变换文本),如图 4—10.

图 4—10　几何对象和它们的编号

我们看见作图区有了不少几何对象:5 个点、3 条线段,还有圆、手写手画的箭头、可变换文本“Rotate”. 在左边的列表中给它们每个都编了号. 这些编号马上就有用.

在超级画板窗口左下边单击“程序”切换到程序工作区(如果看不见程序工作区,可执行菜单命令“查看|工具栏|程序工作区”即可打开). 要以点 E 为中心将箭头旋转 120°,在英文输入状态键入“xz(15,16,2 * pi/3);”,光标置于“;”右边,按着 Ctrl 键打 Enter 键,就实现了这个旋转变换,如图 4—11.

你可以在课件第 7 页直接体验.

想一想,xz(15,16,2 * pi/3)的含义是什么?

命令的文本“xz”是“旋转”的汉语拼音简写;参数 15 是手写手画的箭头的编号,16 是旋转中心点 E 的编号,2 * pi/3 是旋转角的弧度数,相当于 120°.

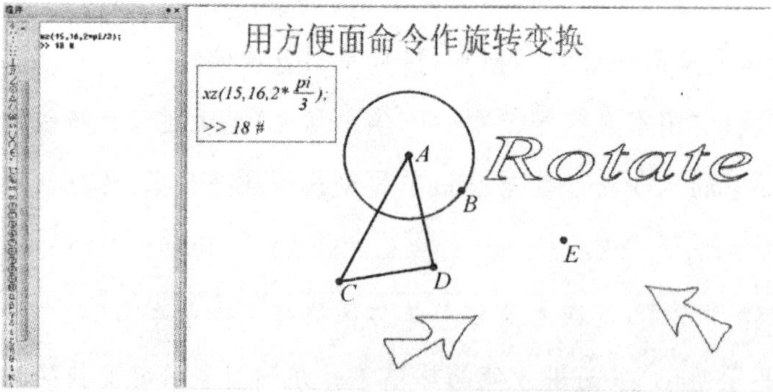

图 4—11　用方便面作一个对象的旋转

如果要作多个对象的旋转呢? 也方便. 作 5 个对象的旋转,使用的命令就是

xz5，这时要输入的参数首先是 5 个对象的编号，中间用逗号分开；再输入旋转中心的编号和旋转角. 例如，继续刚才的操作，在程序区键入“xz5(9,11,13,14,17,16,—pi/2);”，光标置于“;”右边，按着 Ctrl 键打 Enter 键，结果如图 4—12.

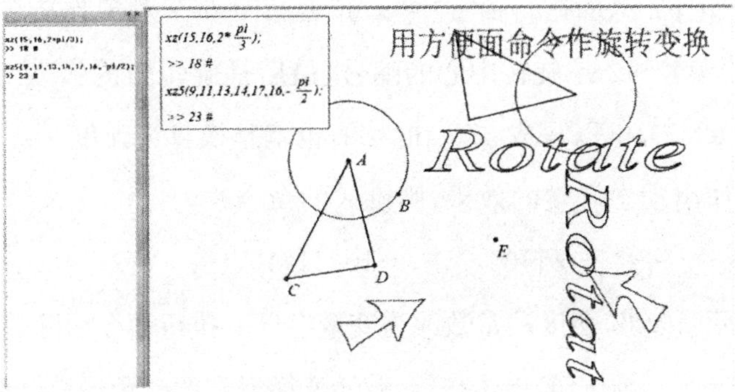

图 4—12　用方便面作多个对象的旋转变换

自己查一查，命令中的这些编号代表哪些对象？

方便面提供了不超过 10 个对象的旋转变换命令. 要旋转 11 个对象就要写两行命令，两行或多行命令可以一次执行.

方便面还提供了不超过 10 个对象的动态旋转变换命令. 只要把旋转命令的文本“xz”改为“zd”（这是“转动”的拼音缩写），并且将旋转角参数取为字母符号（例如 t，ull，v023 等），则执行命令后不仅生成旋转变换的对象，还生成一个动画按钮. 单击按钮，旋转变换得到的对象就会动起来. 双击动画按钮的右端打开动画属性对话框，可以改变动画的速度、起止点和运动类型.

【实验 4—4】　在超级画板上作出已知图形（例如三角形）以某点为旋转中心，按照某一旋转角经旋转变换生成的图形.

下面使用方便面的操作步骤适合于所有读者.

(1)按上面【操作说明 4—3】，进入方便面环境，用智能画笔作三角形，再作一个点作为旋转中心；单击上方“选择”图标退出智能作图状态. 这时你一共作了 7 个对象，在左边列表中看到它们的编号为 6、7、8、9、10、11、12.

(2)在窗口左下边单击“程序”切换到程序区. 在程序区单击使鼠标光标落在程

序区；在英文输入状态键入

xz6(6,7,8,9,10,11,12,2 * pi/5)

光标置于";"右边，按着 Ctrl 键打 Enter 键，就实现了这个旋转变换.

理解有助于记忆.上面这行命令中"xz6"表示对 6 个对象作旋转变换，6 到 11 是这 6 个对象的编号，12 是旋转中心的编号，最后是旋转角的弧度.如果旋转角是用度数表示，例如 37°，可以写成 37 * pi/180，也就是换算为弧度.

(3)如果想作出动态旋转的效果，则键入的命令改为

zd6(6,7,8,9,10,11,12,t);

这里"zd"表示"转动"，角度从常数改为变量字母 t.执行命令后除了生成旋转变换的结果外还多了一个动画按钮，单击按钮，旋转变换得到的三角形就会动起来.双击动画按钮的右端打开动画属性对话框，可以改变动画的速度、起止点和运动类型.

下面使用菜单的操作步骤(2)、(3)、(4)适合使用超级画板注册版的读者.

(1)利用智能画笔作三角形；

(2)再作一点作为旋转中心，用鼠标选择该点后执行菜单命令"变换|指定旋转中心"(或右键菜单中"指定旋转中心")；

(3)执行菜单命令"变换|指定旋转角或放缩倍数参数"，在随后弹出的对话框中填写旋转角的弧度(例如 2 * pi/5)；

(4)用鼠标选择三角形的边和顶点执行菜单命令"变换|旋转几何对象"后，屏幕马上呈现出旋转后的图形，如图 4—13 的左图；

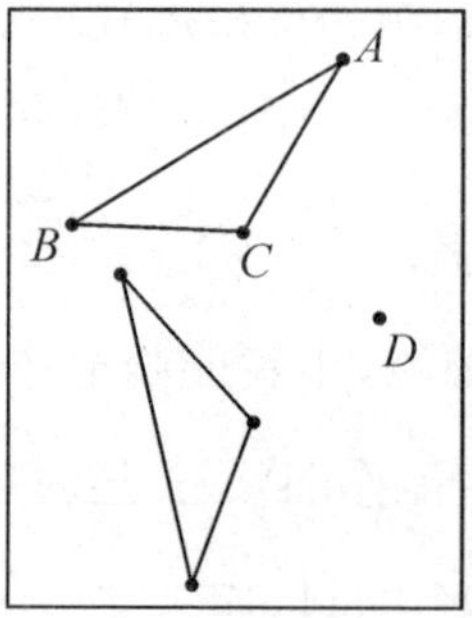

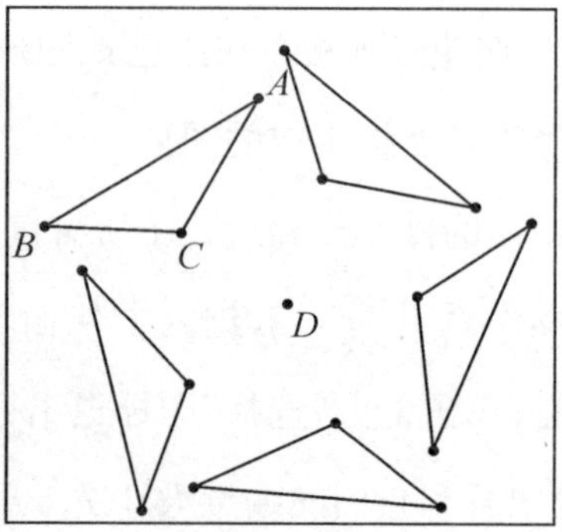

图 4—13　对三角形作 72°的旋转变换

(5)如果连续实行上面的操作,屏幕将呈现出图 4－13 右图显示的图形. 拖动旋转中心则可以得到更多的变形如图 4－14.

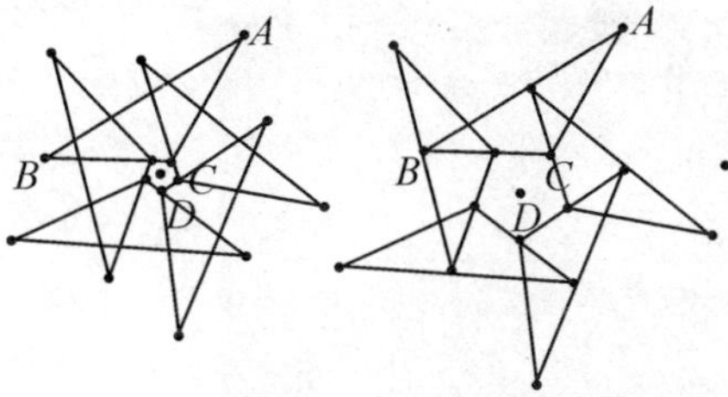

图 4－14　拖动旋转中心得到的变形

如果被旋转对象不是三边三点而是三角形内部区域(参看第 2 节操作说明 2－1的最后一段),则会出现下面的效果图 4－15.

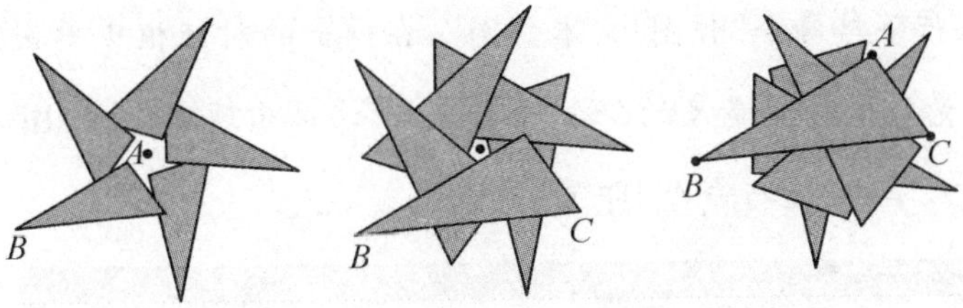

图 4－15　三角形内部区域的旋转变换

如果你想得到图形旋转的动态效果而不用方便面,可以在(3)中选择"变换|指定旋转角或放缩倍数参数"之后在随后弹出的对话框中把旋转角的大小填写为 t,重复上面的步骤(4),用鼠标选择三角形后选择"变换|旋转几何对象",屏幕马上呈现出旋转后的图形.

为了让变量 t 真的变化起来,主要有两种方法. 一种方法是建立 t 的变量尺,鼠标拖动变量尺上的滑钮控制 t 的变化. 这样很方便,但不便于让 t 均匀变化或准确地取到想取的值. 另一种方法是建立变量 t 的动画按钮,适当设置后可以准确地控制 t 的变化,这两种方法都很重要,是超级画板的基本功能.

【操作说明 4－4】　建立变量尺.

如果你用的超级画板是注册版,只要单击上方有"Var"字样的图标(或执行菜单命令"插入|变量尺"),在弹出的对话框中填写变量名为 t,然后按"确定"(图

4—16)，这时屏幕将呈现出一个滑尺. 用鼠标选择滑尺中的滑钮拖动就能控制变量 t 的变化.

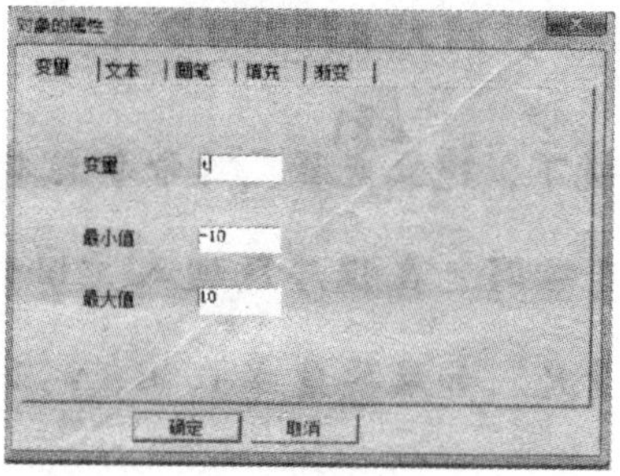

图 4—16　变量尺属性对话框

对于超级画板的免费版本，用文本作图命令容易建立变量尺. 参看前文【操作说明 4—2】，执行菜单命令“作图|文本作图”，在弹出的对话框中单击列表中的“文本”项，双击变量行使作变量尺的命令“Variable(,);”出现在上方(图 4—17)，在逗号前填入字母 t，单击“运行命令”即可.

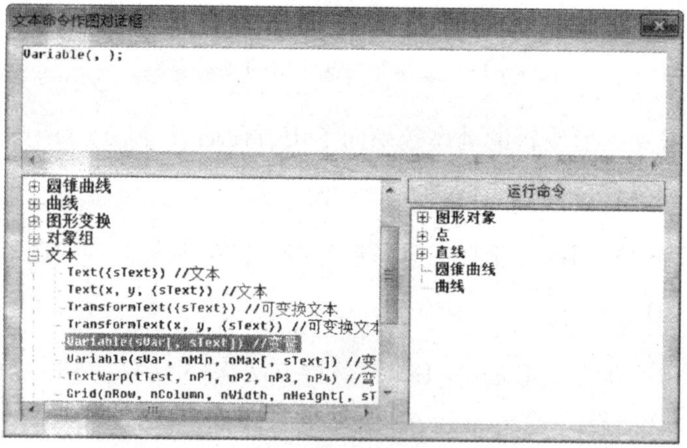

图 4—17　用文本作图命令建立变量尺

在方便面环境下，建立变量尺的命令文本是“blc”，就是“变量尺”的拼音缩写，在程序区键入“blc(t);”后执行，就作出了 t 的变量尺. 如果要建立 t、u、v 三个变量尺，只要键入“blc3(t,u,v);”后执行即可. 方便面命令一次最多可以建立 4 个变量尺.

【操作说明 4—5】 建立和使用变量的动画按钮.

不选择任何对象,单击上方“动画”图标,或在右键菜单中单击“动画”,弹出变量输入对话框.键入一个或多个变量名,如图 4—18.

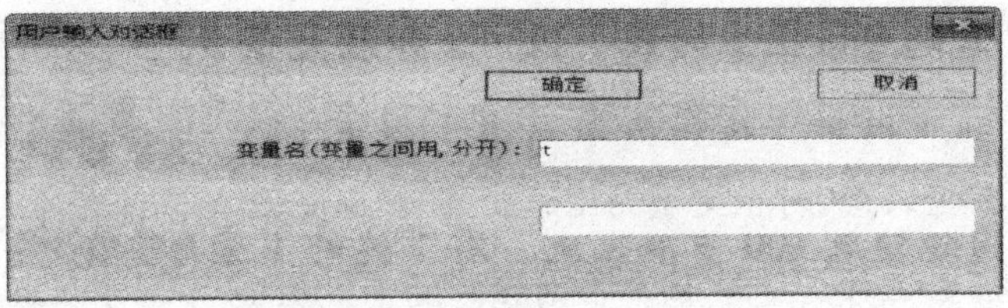

图 4—18 变量输入对话框

单击“确定”,将弹出一个动画按钮和动画属性对话框,如图 4—19 所示.

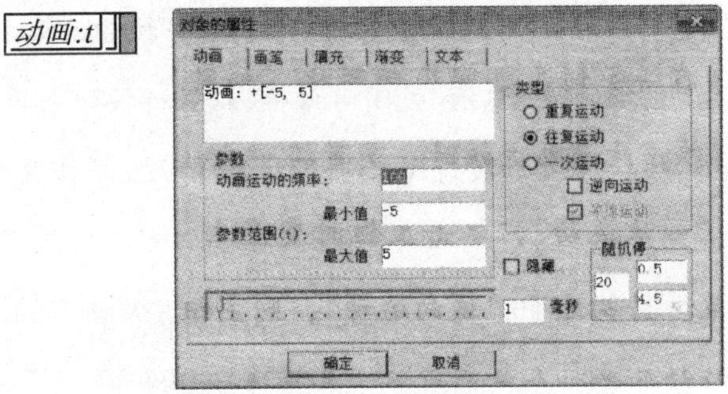

图 4—19 动画按钮和动画属性对话框

动画按钮有左中右三部分.左边部分叫“主钮”,说到“单击动画按钮”均指单击主钮.中间部分称“副钮”.单击主钮时,变量将由最小值变到最大值,单击副钮时则反向变化.

单击按钮右边的填色部分,可以选择它,拖动它;双击绿色部分,则打开动画的属性对话框.

注意到对话框里的最小值−5 和最大值 5,这是 t 的变化范围的缺省设置.你可以改动它.频率 100,意思是把−5 到 5 的改变均分成 100 步来完成.右下边的 1 毫秒,意思是如果计算机的运算速度允许,每步所用的时间将为 1 毫秒.频率越大,速度越慢.如果把 1 毫秒改为 1000 毫秒,变量每秒切换一次,明显不连续了.

再看右上部的“类型”栏,当前的类型是“往复运动”,也就是 t 在−5 到 5 之间来回变化.如果单击选择“重复运动”,再单击此动画主钮时,变量将一次一次地由−5变到5;如选择“一次运动”,单击主钮时变量由−5变到5;单击副钮时相反.若钩选了“逆向运动”,则主钮与副钮作用互换.

动画按钮的一个重要应用,是准确切换变量的当前值.把频率设置为1,类型设置为“一次运动”,则单击主钮时变量一步到位地变成最大值,单击副钮时则变成最小值.更有用且有趣的是,对于变量为t的动画,如果把最大值设置为$t+1$,最小值设置为$t-1$,则单击主钮时变量加1,单击副钮时变量减1.这样还可以用一个动画按钮来控制调整另一个按钮中的最大最小值,避免了一再打开属性对话框改动设置的麻烦.本节课件第3页“4—3 钟表”,就用了这种方法设置时间;第4页“4—4 有多少三角形?”,用这种方法调整旋转变换的旋转角.你可以双击按钮右端打开属性对话框,考察其设置的技巧,但注意单击“取消”关闭对话框,以保持按钮上的文本.

好了,根据上述说明,你可以设计动画按钮或变量尺,制作观察旋转变换的动态过程了.

【实验4—5】 利用你刚刚完成的这个课件,借助超级画板的测量功能探索旋转的性质.

旋转前后的两个图形有怎样的关系?

对应点到旋转中心的距离有怎样的关系?

对应点与旋转中心所连线段的夹角与旋转角有什么关系?

如果从界面上看不出如何测量,就浏览下面的操作说明,能够“无师自通”就跳过去.

【操作说明4—6】 测量角度、长度和面积以及它们的算式.

要测量$\angle ABC$的角度,可顺次选择A、B、C三点,执行菜单命令“测量|角的值”(或单击上方“角度”按钮),测量的结果就显示出来了.

通常测量的结果表示为度数,若希望表示为弧度,可用右键单击测量结果,在右键菜单中单击“属性”调出属性对话框,在其左下角钩选“测量单位:弧度”,如图4—20.若要角度则单击去掉钩选.

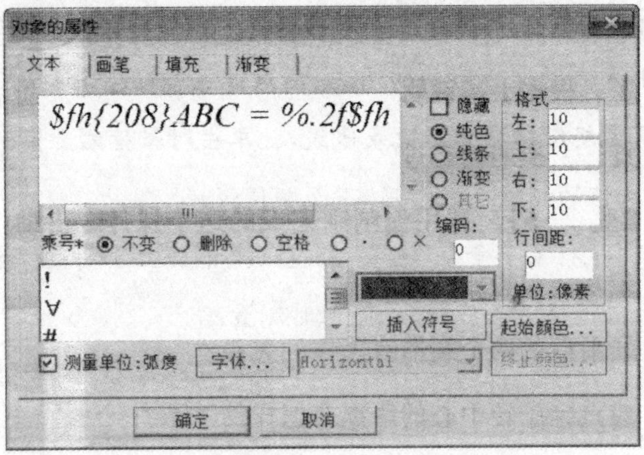

图 4—20　在测量数据属性对话框切换角度与弧度

如果要测量三角形内角之和呢? 执行菜单命令"测量|测量表达式"或者单击上方标有"a * b=?"字样的图标按钮,弹出测量表达式对话框. 已经测量过的角度都会出现在对话框里,如图 4—21.

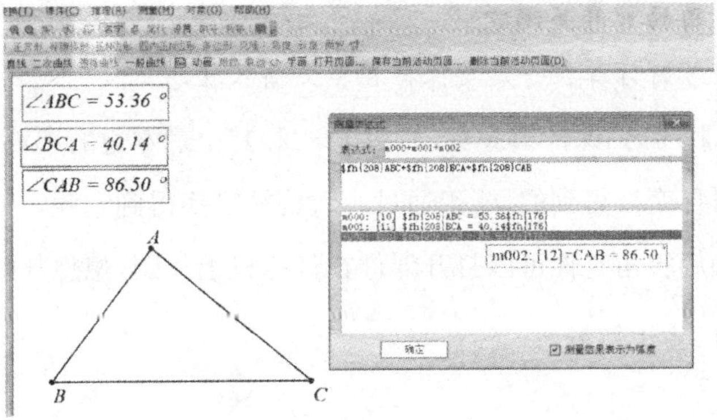

图 4—21　测量表达式来计算数据

从对话框中看到,每个测量过的角度被赋予代号,m000 表示$\angle ABC$,m001 表示$\angle BCA$ 等,把表达式 m000+m001+m002 键入对话框最上方的空格里如上图所示,就可以执行计算任务. 不过写表达式时不必一个一个符号键入,只要双击下面的 m000,m000 就会出现在上面的空格里,你只要键入+号;再双击下面的 m001,再键入+号;再双击下面的 m002,就完成了被测量表达式的输入工作.

注意图中对话框下方有一行字"测量结果表示为弧度",这行字前面小方格里有一个钩，这表示求和的结果将用角的弧度制表示，为了得到的测量值是用度数表示，要单击这个小方格使里面的钩钩消失；然后单击“确定”按钮，三个角的度数之和就出来了．如果不想继续测量其他表达式，就单击对话框右上角的×号关闭它．

线段和线段比值的测量也很常用，下面顺便说说．

选择线段BC，执行菜单命令“测量|长度”(或单击上方“长度”按钮)，测量的结果就显示出来了．若选择多条线段，也能同时测量．

另一种方法，是选择线段的两个端点，再执行菜单命令“测量|距离”或单击上方“长度”按钮．

类似的方法，顺次选择简单多边形(边和边不相交的多边形叫做简单多边形)的顶点，再执行菜单命令“测量|面积”(或单击上方“面积”按钮)，就显示出该多边形的面积．

测量了几个线段长度之后，还可以测量这些长度之和、差、积以及比值．方法与上面测量三角形内角和类似，举一反三吧．

注意键入符号时计算机一定要保持在英文输入状态．

【实验 4－6】 翻到课件第 8 页，如图 4－22．其中最左边的小鸡是最右面的小鸡经过两次轴对称变换得到的，能否通过一次旋转变换得到它呢？如果可以，如何确定旋转中心和旋转角？你可以打开课件在计算机上作图，想想其中的道理．

4－8 练习：两次反射和一次旋转

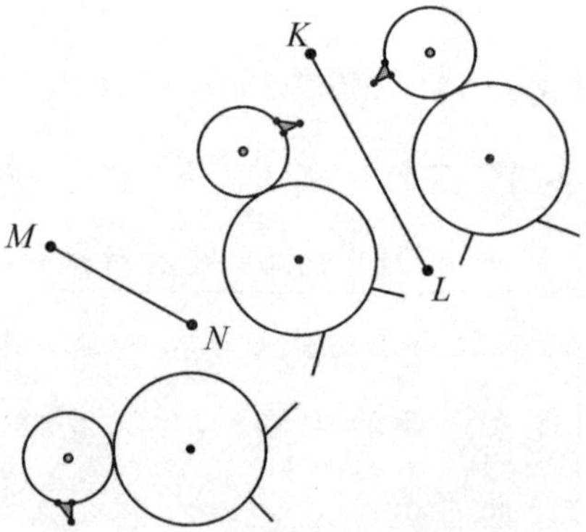

4－22 用一次旋转代替这两次反射

【实验4—7】 打开课件第9页，单击“动画”按钮观察屏幕呈现的图形旋转有什么特点？

我们把这种特殊的图形旋转叫做中心对称.

如果一个图形围绕某一点旋转180°得到另外一个图形，那么这两个图形就叫做关于这一点成中心对称，这点就叫做对称中心.

如果一个图形围绕某一点旋转180°能够与原图形重合，那么这个图形就叫做中心对称图形，这个点叫对称中心.

4—9 中心对称变换与中心对称图形

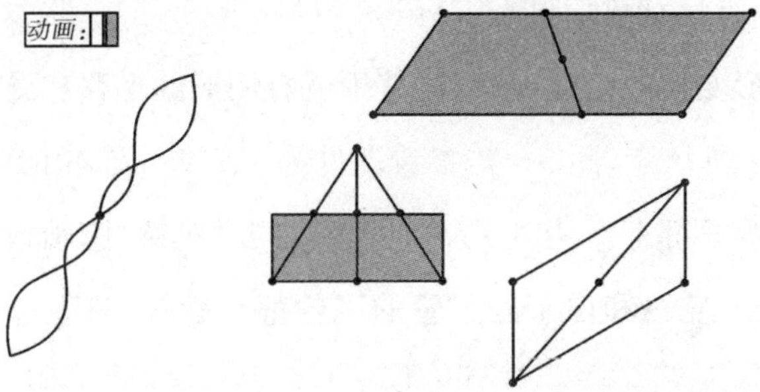

图4—23 中心对称变换与中心对称图形

【实验4—8】 图4—24是一个任意四边形的硬纸板，能否裁两刀把它分成四块，用这四块拼成一个平行四边形.（提示：利用图形变换的知识，参看课件第10页.）

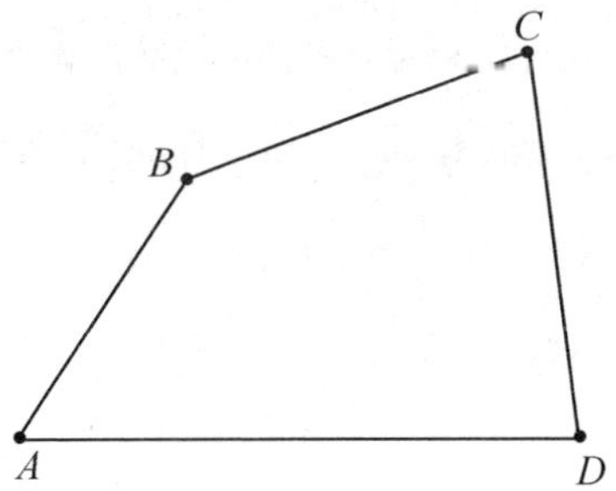

图4—24

你不妨先用纸片实验，然后打开课件第10页看答案，或者直接在超级画板上实现图形的剪拼.

05 自行车中的数学

发现问题、提出问题是科学研究的第一步，只要一门科学分支能不断地提出大量的问题，它就充满生命力，对于数学也不例外. 问题是数学的灵魂，能给数学的发展注入活力. 其实，生活实际中本来就存在大量的数学问题，但这有待于我们去挖掘和思考.

自行车是城市里常见的代步工具，在笔直的马路上骑自行车，这其中难道也有数学吗？这就看你有没有数学眼光了！

其实，仅从图形变换的角度观察，这其中就有图形的平移和旋转.

自行车从 A 点到 B 点(图 5－1，参看课件第 1、2 页)，车轮的中心、车把、车座、车架、骑车人的手等等都在作从 A 到 B 的平移；同时车条、脚踏板与踏在脚踏板上的脚、自行车的中轴、轮盘和位于后车轮的飞轮都在旋转，只不过旋转中心和旋转角度不尽相同罢了.

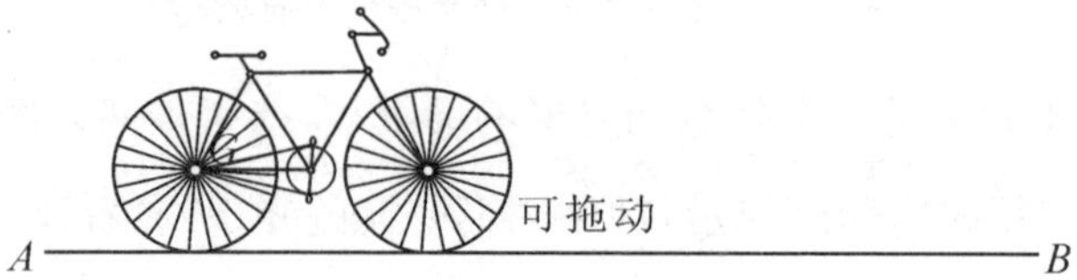

图 5－1　这里有图形的平移和旋转

于是我们可以很自然地发问：从 A 点到 B 点骑车人的脚蹬了几圈(当然我们讨论的是不滑行的情况)、自行车的轮盘和后车轮中的飞轮以及前后车轮围绕它们各自的旋转中心各转了几圈？更确切地说，就是围绕它们各自的旋转中心各旋转了多大的角？

【实验 5－1】 如何计算和表示轮子旋转角的大小？

为简化问题，只考虑一个车轮沿 AB 滚动的情况. 显然这个旋转角与自行车行进的距离以及车轮的半径有关，翻开课件第 3 页作些验证，如图 5－2.

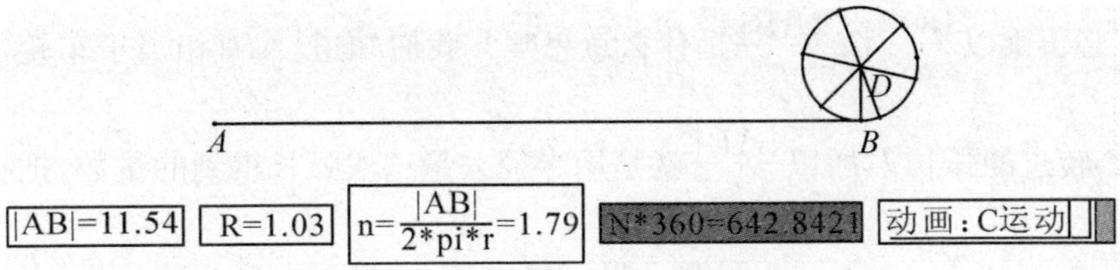

图 5—2　滚动的距离与弧长和角度

这里拖动点 B 可以改变 AB 的长度，拖动 D 点可以改变车轮的半径，选择“动画”按钮可以看到车轮从 A 点到 B 点的滚动过程. 屏幕上的数据则显示出 AB 的长度、车轮的半径长、车轮从 A 点到 B 点大致转过的圈数以及旋转角的度数，图 5—2 显示出车轮转了不到两圈(1.79 圈)，大致合 642.8421°，即 $642^\circ 50' 31''$. 图 5—3 是改变半径的又一个实验的界面.

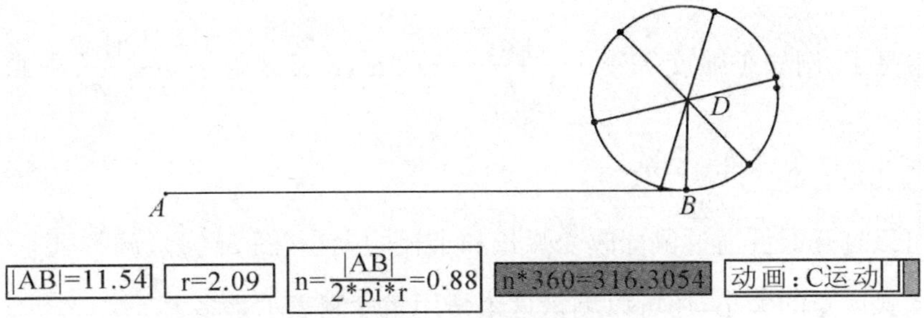

图 5—3　半径大了滚动角度变小

这一次半径大了，车轮转了不到一圈(0.88 圈)，大致合 316.3054°，即 $316^\circ 18' 19''$. 你还可以在计算机上做更多的实验. 实验表明，旋转角的大小仅仅依赖于两个量，一是平移的距离，二是车轮的半径. 道理很简单，所谓车轮转几圈就是平移的这段距离里有几个车轮的周长$\left(n=\dfrac{|AB|}{2\pi r}\right)$，因为每转一周每一条半径围绕车轮中心旋转了 360°，所以旋转角总共为 $n\times 360^\circ$. 这样计算旋转角的度数公式可以直接写成$\dfrac{|AB|}{2\pi r}\times 360^\circ$或者$\dfrac{|AB|}{r}\times\dfrac{180^\circ}{\pi}$，计算显得麻烦之处就在于计算$\dfrac{180^\circ}{\pi}$，其实用$\dfrac{|AB|}{r}$就完全可以刻画旋转角的大小了，何不用这个量来表示角呢？例如上面第一个实验中的角就干脆表示为$\dfrac{11.54}{1.03}\approx 11.20$，第二个实验中的角就表示为$\dfrac{11.54}{2.09}\approx$

5.52,不必再乘以$\frac{180^\circ}{\pi}$了. $\frac{|AB|}{r}$是什么意思呢?我们知道$|AB|$相当于车轮上一点围绕圆心转过的弧长l,所以$\frac{|AB|}{r}$就是用半径去量这段弧长得到的量数,把长度等于半径的弧所对的顶点在圆心的角叫做1弧度的角,作为度量角的单位,$\frac{l}{r}$是几就是几弧度.由此,当$l=2r$时,这个角就表示为2;当$l=0.5r$时,这个角就表示为0.5……这比起用度数表示角就方便多了!这种度量角的方法也就是上节说的弧度制,上面实验的两个角分别叫做11.20弧度和5.52弧度,这不很省事吗?熟悉了用度分秒表示角,你可能一时对用弧度表示角不习惯,也不熟悉在两者之间如何换算.其实这很容易,前面说过,π弧度是180°,所以弧度化度乘以$\frac{180^\circ}{\pi}$,度化弧度乘以$\frac{\pi}{180^\circ}$就是了.例如1弧度等于$1\times\frac{180^\circ}{\pi}\approx 57^\circ 18'$,2弧度等于$2\times\frac{180^\circ}{\pi}\approx 114^\circ 36'$,$90^\circ\approx 90\times\frac{\pi}{180}=\frac{\pi}{2}$弧度,等等.

你可以打开课件通过鼠标改变弧长和半径的大小(图5-4),调整到它们相等时体验1弧度角的大小,还可以测量这个角用角度制表示是多大.

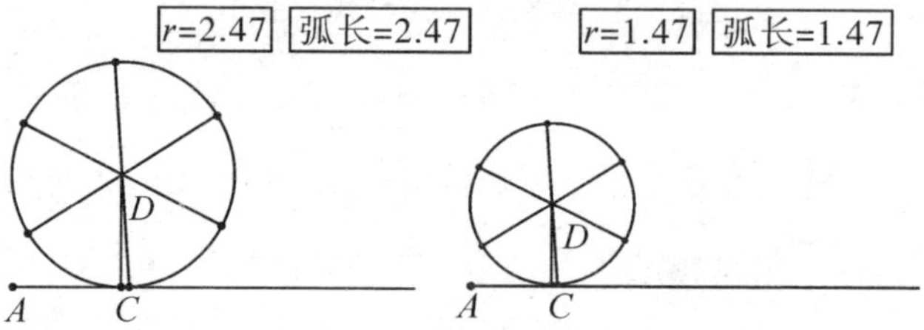

图5-4　改变弧长和半径

这样一来,不用量角器只用画有刻度的纸条也可以度量轮上一段弧所对的顶点在圆心的角了(当然如果有个卷尺更好).我们有了一个计算角大小的公式:

$$\alpha=\frac{l}{r}(l\text{ 表示弧长},r\text{ 表示半径}).$$

还有了一个新的计算弧长的公式:$l=\alpha\times r$.

至此,我们圆满地解决了第一个问题,还了解了一种新的度量角的方法——弧度制以及更简洁的计算弧长的公式.

我们的第二个问题就是脚踏板转一圈,车轮转多少?自行车向前走几米?

看来对于不同的自行车这个问题应该有不同的解答,你不妨打开课件做实验(参看课件第 4 页).

【实验 5—2】 翻到课件第 4 页,我们把与此有关的自行车的几个关键部分画出来:自行车脚踏板的轮盘、飞轮、连接轮盘和飞轮的链条以及自行车的后车轮.在这个课件中选择“动画”按钮,可以看到车轮随轮盘的转动而转动的动态演示,你可以观察它们之间不同的转数的关系.如果转动的速度太快看不清楚,你可以通过拖动滑尺 A 中的滑块,观察转动的慢镜头.为便于观察,课件中把辐条中的一根标注了颜色.至于飞轮和轮盘的半径则可以通过屏幕上的滑尺 m 和滑尺 r 中的滑块调整.

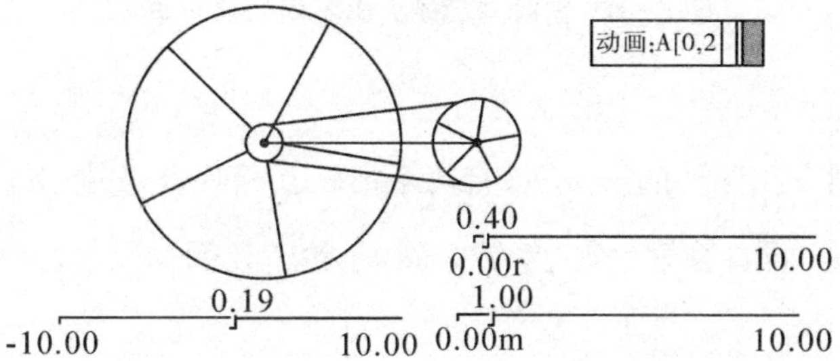

图 5—5 脚踏板转一圈车轮转多少

通过实验,你肯定对问题增加了感性认识,但要得到确切的解答还不能满足于实验而必须进行计算.这里不给出详细的计算过程了,相信你能自己解决.如果需要提示,这里仅提醒你两件事:①注意正是车链把轮盘和飞轮连接起来,它是解决这个问题的关键;②想想弧长公式 $l=\alpha\times r$,利用它可以解决轮盘和飞轮旋转角的关系,这样就能知道轮盘旋转一圈自行车的后车轮的旋转角,如果再知道后车轮的半径就知道轮盘旋转一圈自行车向前走了多远.

如果你得到了这个问题的解答,还可以通过上面的课件验证,还可以测量真实的自行车的相关数据并进行验证.

学习数学要善于举一反三,这样才能学得灵活,譬如可以思考下面的问题怎么解决.生活中还有许多前后轮大小不一的自行车(图 5—6).对于前轮与后轮大小不同的自行车来说，当自行车行驶过一段距离之后，前轮与后轮所转过的圈数肯定是不一样的，那么它们之间存在怎样的关系呢？当大轮转一圈时小轮转几圈？对照右下图的自行车你还能提出一些其他的问题吗？你能否设计几挡不同的加快轴？

图 5—6　前轮与后轮大小不同的自行车

与此相关的问题还有轮子的变速问题，请你翻到课件第 5 页，做下一个实验.

【实验 5—3】　在课件的第 5 页，有两个齿轮互相咬合，如图 5—7. 单击动画按钮，齿轮转动起来. 看看算算，若大轮转 3 圈，小轮转几圈？

5—5　用齿轮改变转动速度

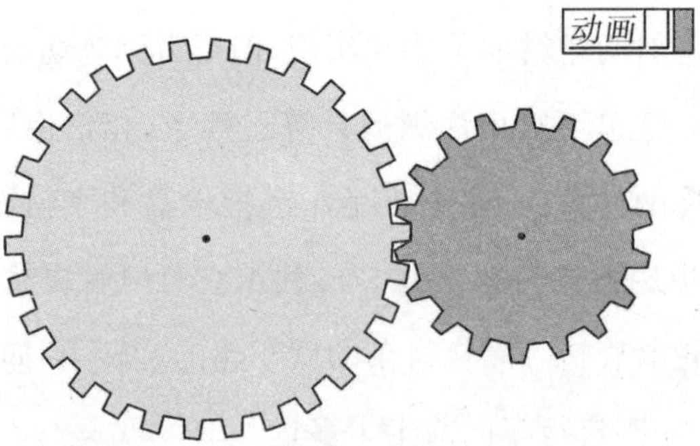

图 5—7　大轮转 3 圈则小轮转几圈？

想自己动手设计齿轮变速器吗？翻到课件第 5 页，这个页面已经设置了方便面功能. 在程序区键入方便面命令“clx(54,5,0.5,2);”，鼠标光标置于“;”右边，最后按 Ctrl＋Enter 执行，就作出了一个中心在原点的齿轮. 对照齿轮分析命令里的参数，你容易发现 54 是齿数，5 是半径，0.5 是齿高. 最后的 2 是什么？把原来的齿轮隐藏或删除，改变参数多作几次，你就能猜出来.

5—6 用方便面命令画齿轮

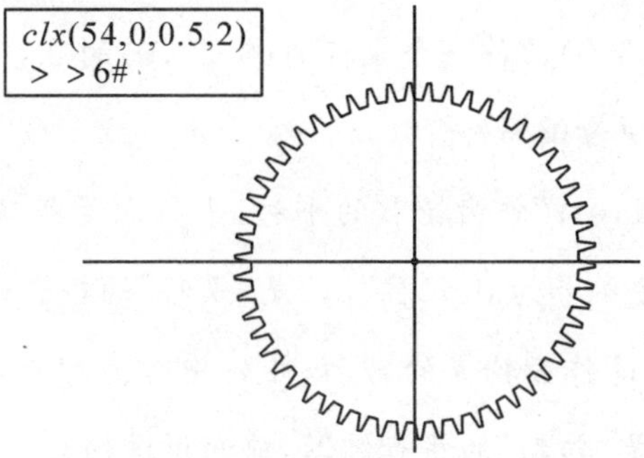

图 5—8 你也可以设计齿轮变速器

用这个命令适当设计参数，作两个或更多的齿轮，通过平移安放到适当的位置让它们咬合起来，再用旋转变换让它们转动起来，总结一下规律，是有趣的学习活动. 如果有困难，看看做做下面的操作说明.

【操作说明 5—1】 用方便面作齿轮变速模拟图，以及作坐标点、平移和隐藏对象的操作，

单击上方的“打开页面”图标或执行菜单命令“文件|打开页面”，然后在本书的文件夹选择文件 fbm.pag 打开，课件中便增加一张方便面环境的空白页.

如图 5—7 所示动画，在方便面环境下可以由下列 7 行命令生成：

```
a=clx(30,5,0.5,1);
b=clx(18,3,0.5,3);
c=2bd(8.53,0);
d=py(b,1,c);
zd(a,1,t);
xz(d,c,-5*t/3);
Hide(a,b,d);
```

这里第 1 行命令“a=clx(30,5,0.5,1);”是画一个中心在原点的齿轮：齿数 30，半径为 5，齿高 0.5，编号为 a，在后面的命令中 a 就代表这个齿轮(记住“clx”是“齿轮线”的拼音缩写).

第 2 行“b=clx(18,3,0.5,3);”的含义类推.

第 3 行“c:zbd(8.53,0);”作一个坐标为(8.53,0)的点，下面 c 代表这个点(记住“zbd”是“坐标点”的拼音缩写).

第 4 行“d=py(b,1,c);”作齿轮 b 的平移，平移向量是从原点(编号永远为 1)到点 c，平移得到的齿轮编号为 d(记住“py”是“平移”的拼音缩写).

第 5 行“zd(a,l,t);”作齿轮 a 的转动，旋转中心为原点，旋转角为 t，并且作 t 的动画按钮(记住“zd”是“转动”的拼音缩写，前面说过的).

第 6 行“xz(d,c,-5 * t/3);”作齿轮 d 的旋转，旋转中心为点 c，旋转角为 -5t/3(想一想，为什么取这个值?)(记住“xz”是“旋转”的拼音缩写，前面说过的).

第 7 行“Hide(a,b,d);”很清楚：隐藏 3 个静态齿轮 a、b、d.

在英文输入状态，向程序区键入上列命令，一行一行边执行边理解(也可以将光标放在最后一次执行!)，熟能生巧，学了数学也学了计算机操作.

下面回到自行车话题.

自行车在马路上运动可以看成圆沿着一条直线滚动，那么圆能否也可以沿着另外一个圆滚动呢？如果一个小圆沿着一个大圆滚动一圈，小圆转几圈……

【实验 5-4】 翻到课件第 7 页，单击动画按钮，红色的圆开始在绿色的圆外滚动. 观察一下，动圆绕定圆滚一圈，它自己转了多少圈?

单击红色按钮，再单击“设定动圆半径”按钮，红圆变小了. 定圆的半径是动圆的 2 倍. 猜一下，这次动圆绕定圆滚一圈，它自己转了多少圈?

单击绿色按钮，再单击“设定动圆半径”按钮，红圆变大了. 定圆的半径是动圆的一半，猜一下，这次动圆绕定圆滚一圈，它自己转了多少圈?

多次实验，你能总结出一般的规律吗?

再问一个简单到不能再简单的问题：自行车的车轮为什么做成圆形的？这是

利用了圆的什么性质?

5—7 圆在圆外的滚动

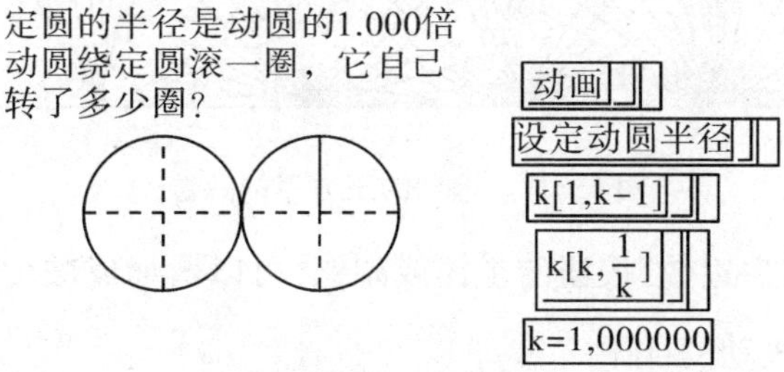

图 5—9 动圆绕定圆滚一圈,它自己转了多少圈

你当然会回答:这是为了骑起来平稳.你回答得绝对正确,可是你想过没有,如果在一个游乐场里是否还可以设计成别的形状的车轮,如果有那样的车轮滚动起来将会是什么样子?

让我们看几个模拟实验的场景.

【实验 5—5】 观察多边形滚动的情景.

翻到课件第 8 页,单击动画按钮,看正方形滚动,如图 5—10.

5—8 正多边形的滚动

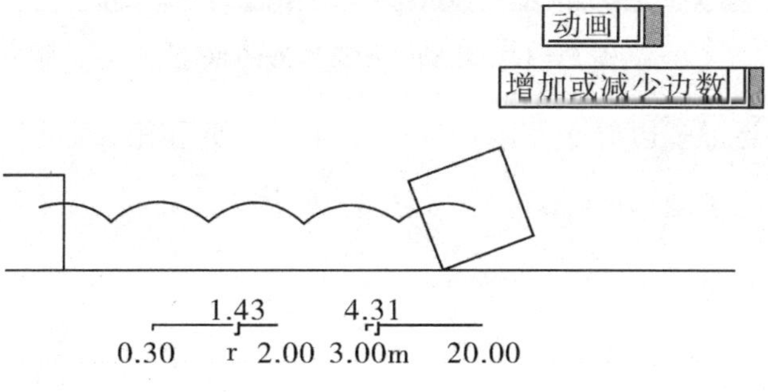

图 5—10 正方形滚动时中心的踪迹

在左边对象区钩选最后 4 行,启动动画,看到滚动的正多边形的踪迹,如图5—11.

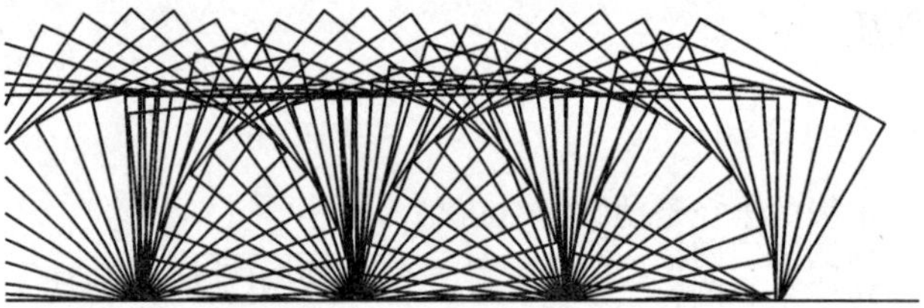

图 5—11　滚动的正方形的踪迹

单击“增加或减少边数”按钮的主钮或副钮，可以增加或减少正多边形的边数，看看其他正多边形滚动的样子.

图 5—12 和 5—13 分别是正三角形和正五边形的滚动情景.

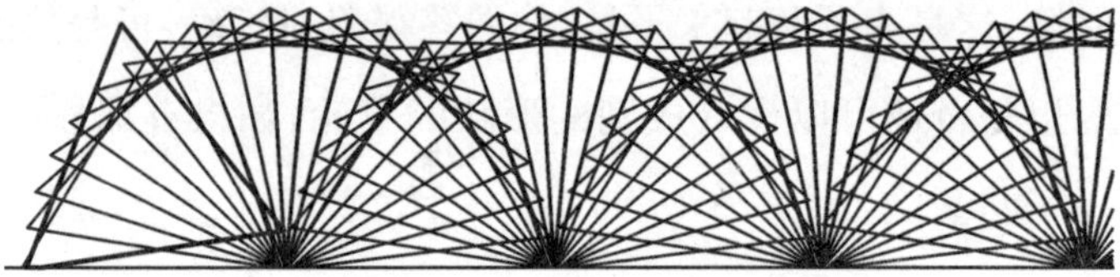

图 5—12　滚动的正三角形的踪迹

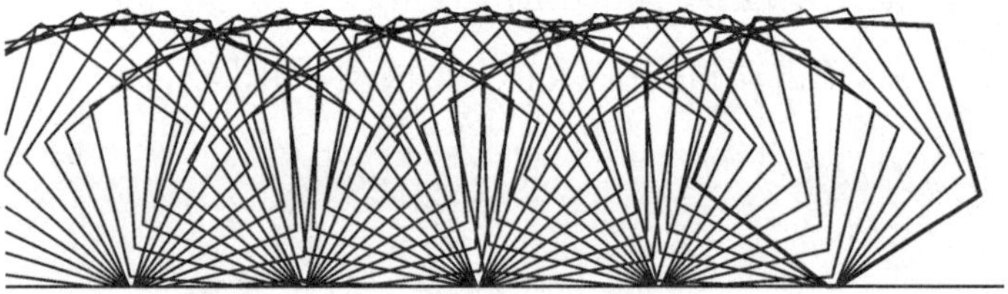

图 5—13　滚动的正五边形的踪迹

是不是一定要正多边形才好滚动呢？课件第 9 页和第 10 页显示了任意凸四边形和凸五边形的滚动，好像滚石头，如图 5-14、图 5-15.

5—9　滚动的四边形

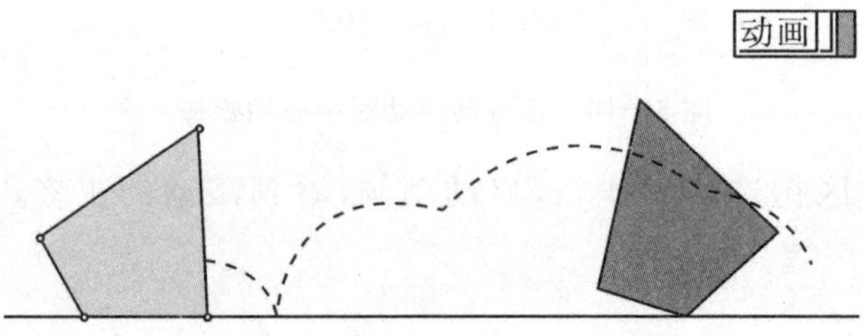

图 5—14　任意凸四边形的滚动

5—10 滚动的五边形

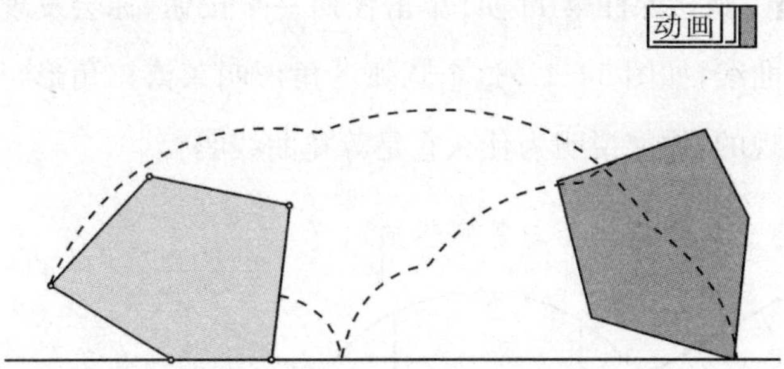

图 5—15 任意凸五边形的滚动

可以想见，你如果真的坐上了用这样形状的车轮制造的车子会有怎样的感觉，大概要把你的五脏六腑全都颠出来了！

现在想想车轮为什么做成圆形的就非常明白了. 原来圆具有这样的特点：它是由与一个定点的距离等于定长的所有点组成的曲线，由于车轮正是由于它的等长的车辐，使车轴处于一定的高度，从而得到一个平稳的水平运动. 倘若车轮不是圆的，那么车轴将会产生一种忽上忽下的运动.

有时我们要移动重物，可以如同图 5—16 那样把重物放在圆木棍上滚动，并平稳地前进. 圆用来作滚动的原因是由于圆有这样的性质，即当圆不管怎样滚动时，圆的任何一对平行切线的距离总是相等的. 即圆在任意方向都有相同的宽度，因而圆也就是所谓的"等宽曲线".

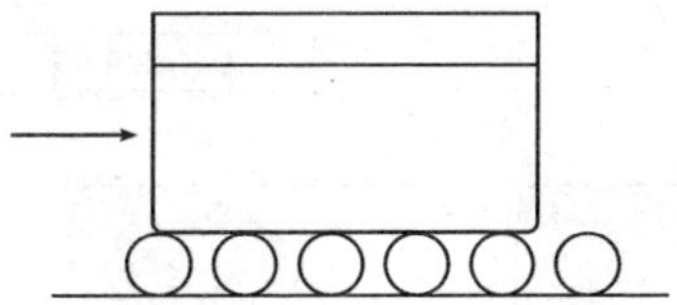

图 5—16 滚木

这样看来，日常生活中，许多加盖的盛具，如锅、杯、壶、缸、桶之类，都是圆口圆盖的形状就不无道理了. 这除了容易加工制造以外，主要还是应用圆是等宽曲线的特性. 圆形的盖子，只要它不变形，从任何方向都不会掉进盛具里去的.

上面谈到了圆是等宽曲线，你可能会问：还有别的等宽曲线吗？

答案是肯定的.让我们翻开课件的下一页.

【实验 5—6】 观察课件第 11 页.单击任何一个按钮,你会发现这样一个圆弧三角形也是等宽曲线,如图 5—17.这个圆弧三角形叫莱洛三角形,是机械学家、数学家莱洛首先发现的,你能说明为什么它是等宽曲线吗?

5—11 莱洛三角形的作图与等宽性质

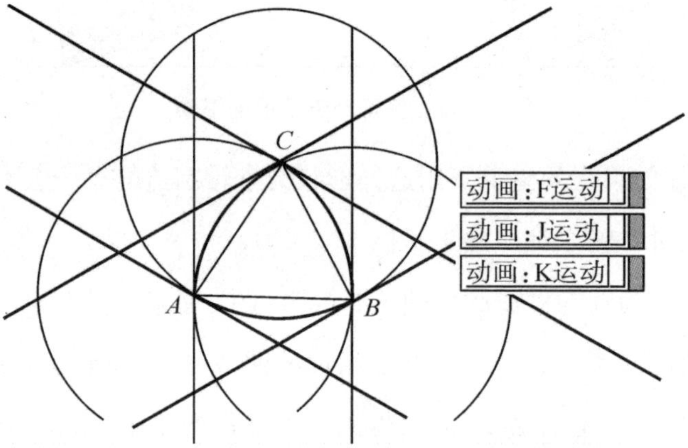

图 5—17 莱洛三角形的作图和性质

等宽曲线也叫常宽度曲线.如果滚木的正截面是常宽度曲线包围的区域,下面的地面也平坦,上面放置的东西在滚木上运动时理论上不会上下颠簸.课件的第 12 页显示莱洛三角形截面的滚木在平面上滚动的场景,如图 5—18.

5—12 莱洛三角形的滚动

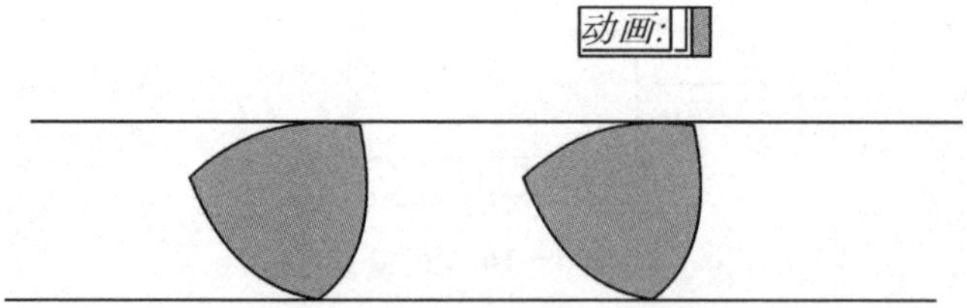

图 5—18 莱洛三角形在滚动

平常的钻头打下去,钻孔是圆形的.能不能设计一个钻打下去使钻孔大致是方形的呢?由于莱洛三角形在一个边长等于其宽度的正方形内转动时,任何情况下都有四个点与正方形的四个边接触,且接触点的位置不断改变,这触发了机械学家莱洛设计方孔钻的灵感，促使他造出了方孔钻头.

课件第 13 页是方孔钻头工作的情景，如图 5－19；单击动画按钮，就看到它是如何加工出方孔的了.

5－13 方孔钻

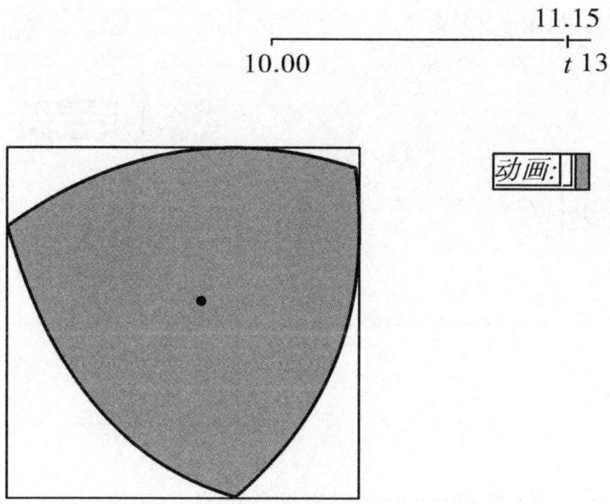

图 5－19 方孔钻头工作的情景

受到莱洛三角形的启发，还可以想还有没有别的常宽度曲线呢？打开课件第 14 页，如图 5－20；观察由 5 段弧组成的曲线多边形滚动的情景，想一想它为什么是常宽度曲线？

5－14 五段弧组成的常宽度曲线

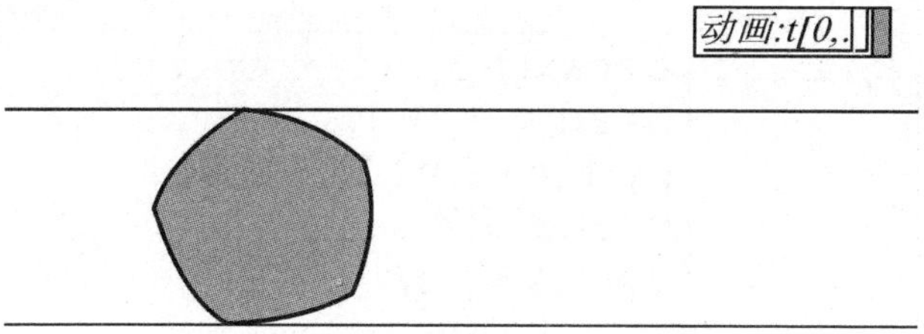

图 5－20 由 5 段弧组成的常宽度曲线

用几段弧可以组合成莱洛三角形，但作图操作比较复杂. 在方便面环境有一个直接作莱洛三角形的命令，就是“ckx()；”，其中命令文本“ckx”是“常宽线”的拼音缩写. 这个命令没有参数，但执行时括弧不能省略. 其效果是作出一条三角的常宽度曲线即莱洛三角形，中心在原点，三角形顶点到原点距离为 5；同时还作出 3 个有关的点.

翻到课件 15 页，如图 5—21. 这个页面也设置了方便面功能. 虚线莱洛三角形和点 A、B、C 是执行命令“ckx()；”的结果.

5—15 用方便面画莱洛三角形

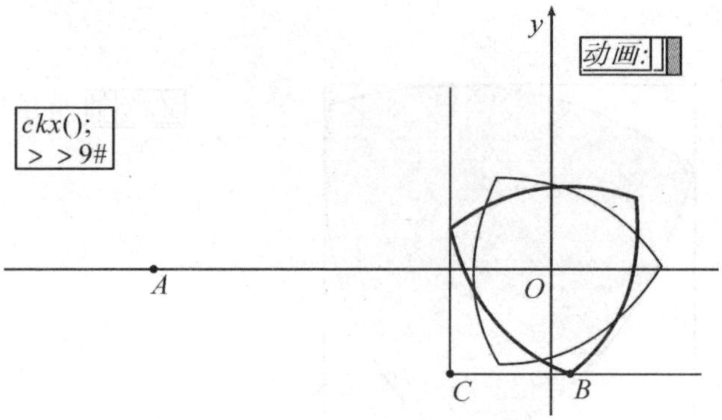

图 5—21 方便面环境作莱洛三角形

利用方便面命令作出的静态莱洛三角形和 3 个点，就能作出滚动的莱洛三角形和动态的模拟方孔钻. 你想动手试一试吗？

最好先自己摸索试探几次. 如有困难，读读做做下面的说明.

【操作说明 5—2】 用方便面命令作滚动的莱洛三角形和方孔钻.

在方便面环境英文输入状态向程序区键入下列命令：

```
a=ckx()-3;
b=zd(a,1,t)-1;
py(b,a+2,a+1);
c=zbd(7,7);
py(b,a+3,c);
```

这些命令只有 5 行，但要解释.

第 1 行“a＝ckx()－3；”作出中心在原点的静态莱洛三角形和 3 个有关的点. 你可能要问为何减 3？因为作图顺序是先作莱洛三角形，而作图命令产生最后一个点的编号，所以减 3 之后才是静态莱洛三角形的编号 a. 当然这里不减 3 也可以，但下面就要用 a—3 代表这个静态莱洛三角形(记住"ckx"是"常宽线"的拼音缩写).

第 2 行"b=zd(a,1,t)-1;"作出莱洛三角形 a 的转动,中心在原点,旋转角为 t,再作一个 t 的动画按钮.为何减 1? 因为作图顺序是先作莱洛三角形 a 的旋转,再作动画按钮;故作图命令产生动画按钮的编号,减 1 之后才是动态莱洛三角形的编号 b.

第 3 行"py(b,a+2,a+1);"将动态莱洛三角形 b 作平移,平移向量是从第 2 个点到第一个点,这样会产生一个滚动的莱洛三角形.

第 4 行"c=zbd(7,7);"作坐标为(7,7)的点,编号为 c.

第 5 行"py(b,a+3,c);"将动态莱洛三角形 b 作平移,平移向量是从第 3 个点到点 c,这样会产生一个钻方孔的莱洛三角形.

最后,自己想办法把该隐藏的隐藏掉,该添加的正方形画上去.

要画 5 角的常宽度曲线,可用方便面命令"ckx1();".执行这个命令除了生成一条常宽度曲线外,还附带作两个点.利用这两个点,可以作滚动的 5 角常宽度曲线.

在方便面命令的背后,有更多的数学知识期待你的学习探索.

你能否总结一下,通过以上的讨论,你增长了哪些数学知识?掌握了超级画板的哪些操作?此外,你还有什么收获?你是否感觉到数学更有趣更有用了?你平常学习数学时喜欢提问题吗?要知道提出问题是探索问题的第一步,学会提问,你将掌握更多的学习主动权!

06 铺地板的学问

邻居铺地板遇到了问题找你请教,你能帮助他出点主意吗?

他的问题是这样的:现在手头有一批工厂剩余的木板边角料,其中一种是直角三角形的,两直角边的长度分别是 3 和 8;另外一种是直角梯形,上下底分别是 3 和 5,与底垂直的腰长也是 5(图 6—1).邻居问:能否用这两种材料铺地板呢?

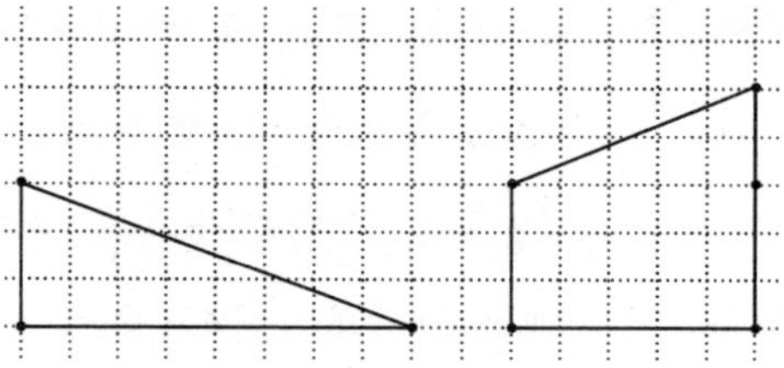

图 6—1　用这两种材料铺地板

你拿到这个问题，可以做一下实验.

【实验 6—1】　拿一个硬纸板按照上图的尺寸剪下一些来，然后拼拼看.

下面的两种方案供你参考：

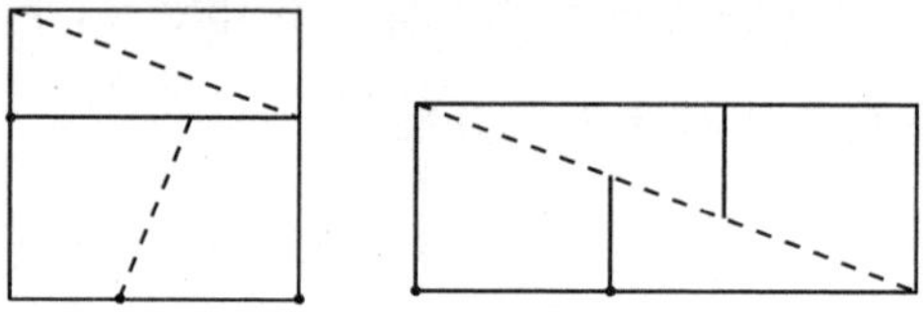

图 6—2　两种方案

怎么样，你拼出来这两个图形了吗？如果在计算机上画图，可以利用超级画板的坐标系网格和格点功能，画得更准确，看得更清楚，先看一个简单的说明.

【操作说明 6—1】　坐标网格和格点作图.

在坐标系的 x 轴或 y 轴附近双击，打开坐标系的属性对话框，在对话框右部“画坐标网格”前面的小方框中单击，使钩号出现，如图 6—3.

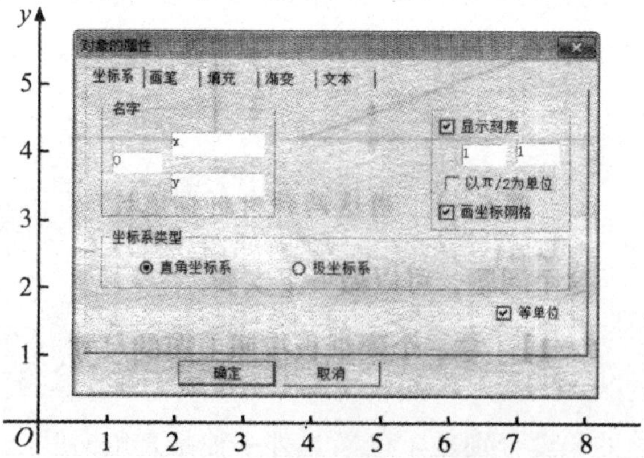

图 6—3　坐标系的属性对话框

再单击确定，网格就出现了.

在智能作图状态单击，在无任何提示条件下可作出能被任意拖动的自由点. 点是否命名和命名的初始字母可以事先在菜单项“对象”中选择. 缺省时自动从 A 开始命名.

通过修改属性，可以把自由点变成网格点，这只要将光标指向该点单击右键，在右键菜单中单击“属性”，打开点的属性对话框，在对话框左下部“整数网格点”前面的小方框中单击，使钩号出现，如图 6—4.

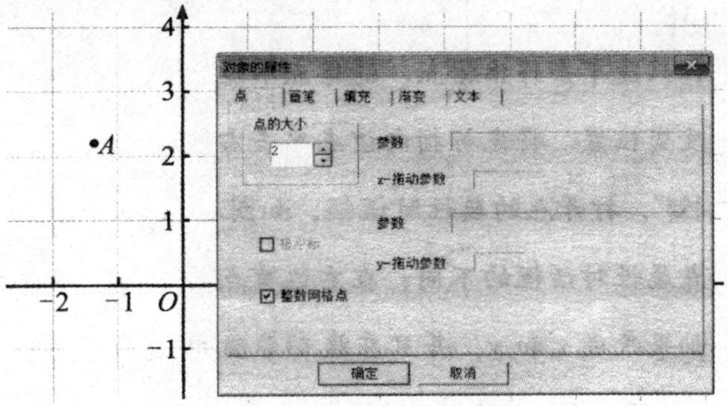

图 6—4　点的属性对话框

单击确定结束操作. 现在仍然能够拖动该点，但它只能在“整数网格点”处停留了. 如图 6—5.

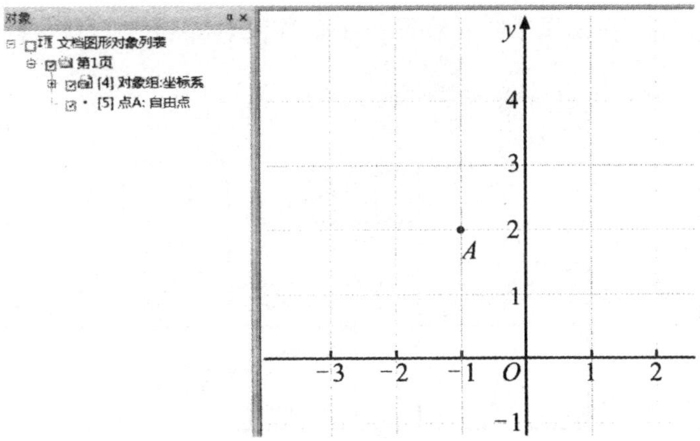

图 6—5　自由点修改属性成为网格点

要作出不能拖动的格点，可执行菜单命令“作图|点|整数点”，这时鼠标光标变成一只握笔的手，样子和智能画笔相同，但只能单击作出格点. 这格点不能拖动，但可以通过设置属性改变位置，将光标指向该点单击右键，在右键菜单中单击“属性”，打开点的属性对话框，如图 6—6. 注意这对话框和自由点属性对话框的不同：在右边有点的坐标，这坐标可以修改. 如果改成 x 和 y，并且在拖动参数栏里也填 x 和 y，它就变得可以任意拖动了.

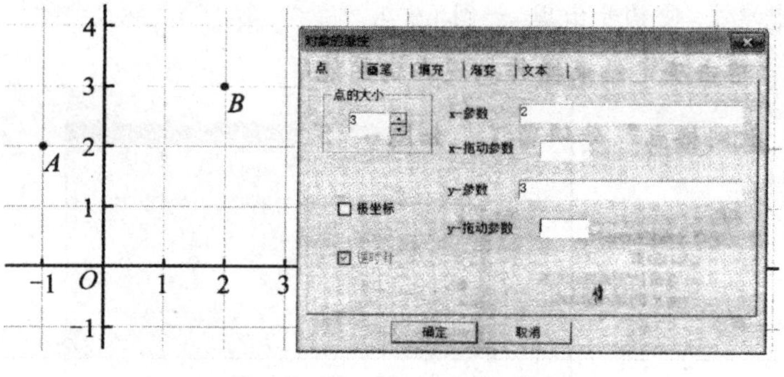

图 6—6　整数点的属性对话框

应用网格点的作图，可以使图形的基本点更稳定，位置也更准确.

仔细观察这两个图形，你一定发现其中的问题了. 原来左面拼出的正方形的面积为 8×8=64，而右面拼出的长方形的面积是 13×5=65，右面比左面图形的面积多出了 1 个单位！这是怎么回事？原来右面拼出的图形中间有一个小小的“缝隙”！你找出“缝隙”在哪里了吗？在网格上面作图，如图 6—7，就全都明白了.

6—1　拼地板的两种方案

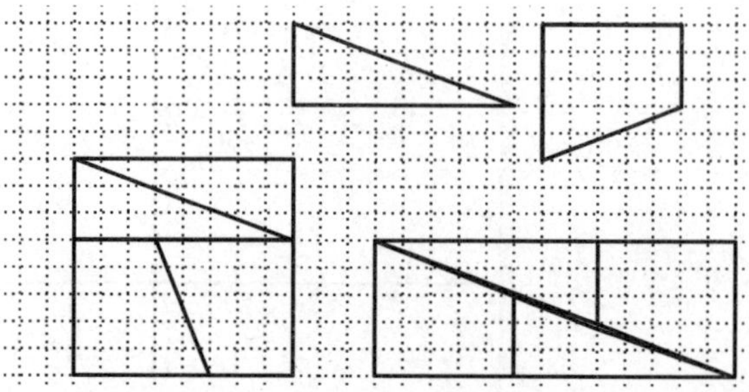

图 6—7　准确作图找出缝隙

我们铺地板可不要有这种“缝隙”，用地砖铺地，用瓷砖贴墙，都要求砖与砖严丝合缝，不留空隙，把地面或墙面全部覆盖，从数学角度看，这些工作就是用一些不重叠摆放的多边形把平面的一部分完全覆盖，通常把这类问题叫做平面镶嵌问题.

下面的图案(图 6—8)就是两个用多边形覆盖平面的例子，一个是正十二边形与正三角形这两种形状的图形组成的镶嵌，另外一个是由三种形状图形——正十二边形、正方形和正六边形组成的镶嵌.

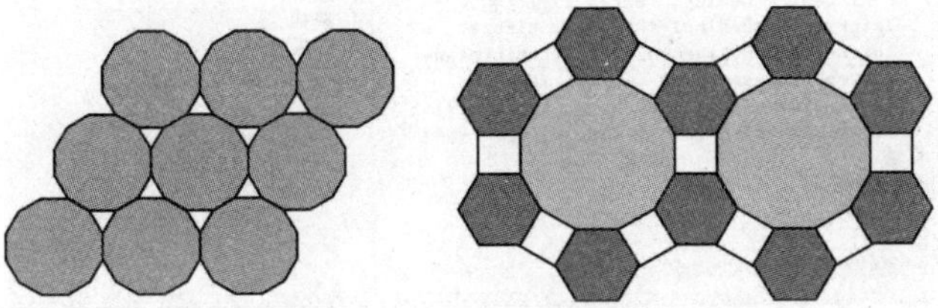

图 6—8　两种镶嵌图案

你可能也想自己在计算机上画出上面的图案，那就先画左面那个简单的吧！这里需要的数学知识很简单：一个是正多边形的概念，一个是平移的概念. 前面我们已经掌握了在超级画板上实现平移的操作，下面只在超级画板上画正多边形，这个图案就很好作了，下面根据你所用的超级画板版本分别介绍画正多边形的操作.

【操作说明 6—2】　已知两相邻顶点用菜单命令画正多边形.

如果你用的是超级画板注册版本，要作正多边形只需选择两点作为相邻顶点，单击上方“正 N 边形”图标，或执行菜单命令“作图 | 多边形 | 正多边形”，然后在弹出的对话框里填上要作的多边形的边数. 这样作出的多边形包含内部区域. 注意选择两点的顺序会影响多边形的位置，先左后右则多边形在上方，先上后下则多边形在右方.

【操作说明 6—3】　已知两顶点用文本作图命令画正多边形.

如果你用的是超级画板未注册免费版本，作正多边形的菜单可能没有激活. 但可以用文本作图命令画正多边形.

执行菜单命令“作图 | 文本作图”，打开“文本命令作图”对话框，单击文本作图项目列表中的“点”，展开作图命令列表. 在倒数第 3 行有作正多边形顶点的命令

Vertexofpolygon，双击它使它出现在上面的空白栏里，双击多次就出现多次，如图6—9，然后填写参数再运行.

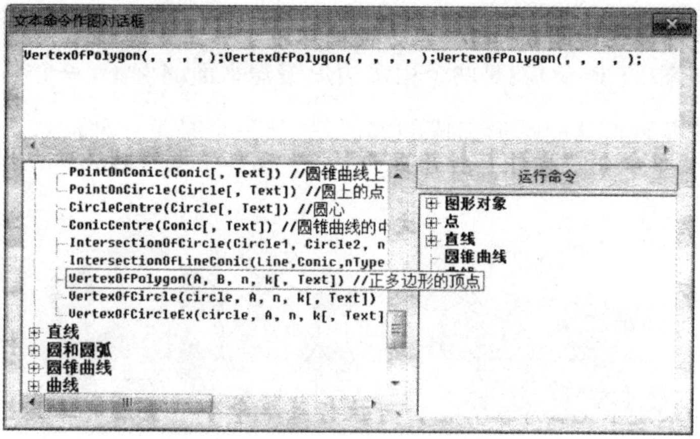

图6—9　作正多边形顶点的命令

注意这个命令一次只作一个顶点，如要作正五边形，已知有两个顶点还要作3个，所以要填写3条命令.每条命令有4个空当待填，前两个空填多边形相邻两个顶点的编号；第3个空填边数，要作正五边形就填5；第4个空填要作的顶点的顺序号，已有两点的顺序号作为0和1，所以3条命令分别填2、3、4；第5个空是点的名字，可以不填.填好参数后单击对话框里的“运行命令”即可.注意这样作出的是顶点，要用画笔画边；如要填充还要顺次选择5个顶点后执行右键菜单命令“多边形”作出多边形区域.

如此看来文本作图命令比较啰唆.免费版本有没有简单一些的操作方式呢？有，请看方便面的操作说明.

【操作说明6—4】　在方便面环境下作正多边形.

先进入方便面环境.单击上方的“打开页面”图标或执行菜单命令“文件|打开页面”，然后在弹出的对话框中找到本书的相关文件夹，选择文件fbm.pag打开，课件中便增加一张方便面环境的空白页，供你享用方便面.

在超级画板窗口左下边单击“程序”切换到程序工作区(如果看不见程序工作区，可执行菜单命令“查看|工具栏|程序工作区”即可打开)，在英文输入状态键入

"znx(7);",光标置于";"右边,按着 Ctrl 键打 Enter 键,就作出了一个正七边形,如图 6—10.

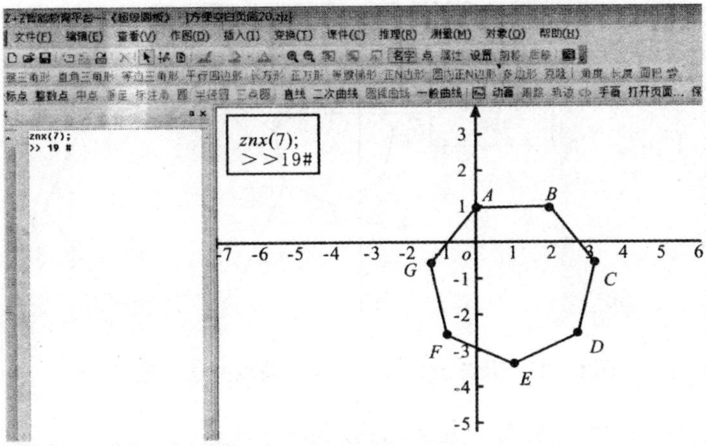

图 6—10 在方便面环境作任意正七边形

命令"znx"是"正 N 边形"的缩写,顾名思义,谐音记忆,就这么简单.这样作的是任意正七边形,A 和 B 是自由点,可拖动.

继续作图.要作有一个顶点为 C 的正五边形,在对象区查出点 C 的编号为 9(或单击点 C 看窗口下边显示的号码 9),在英文输入状态键入"znx1(9,5);",光标置于";"右边,按 Ctrl+Enter 键执行(以下不再重复叙述这个操作步骤,只说"在程序区执行"),结果如图 6—11.

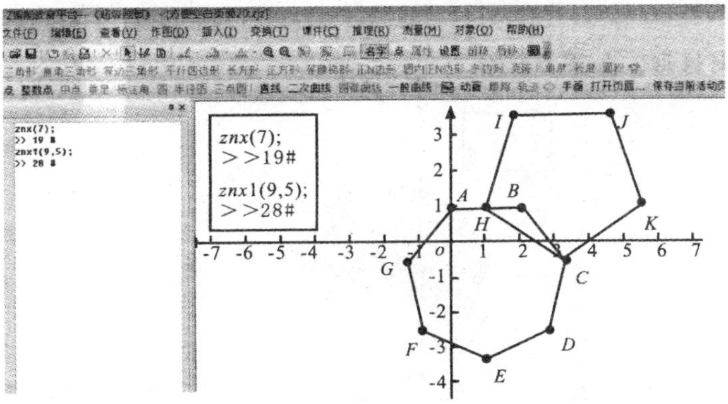

图 6—11 用方便面作给定一个顶点 C 的正五边形

继续，给定相邻的两个顶点 D 和 K 作正六边形. 查出两点的编号为 11 和 26，在程序区执行命令“znx2(11,26,6);”，结果如图 6—12.

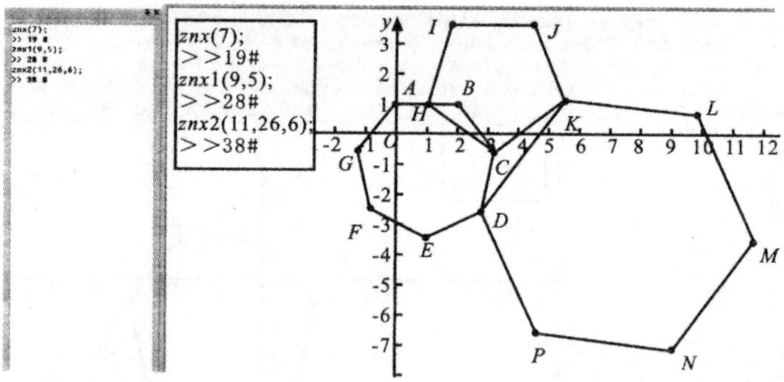

图 6—12　用方便面作给定两个顶点的正六边形

可见方便面作正多边形不仅方便，而且突破了先选两点的限制. 如果作不设条件的正多边形，比注册版的菜单还方便.

了解上述操作方法后，自己动手试试.

【实验 6—2】 用方便面作正多边形图案.

(1)单击上方的“打开页面”图标或执行菜单命令“文件|打开页面”，在本书的文件夹选择文件 fbm. pag 打开，进入方便面环境.

(2)在英文输入状态向程序区键入命令“znx(12);”并执行，结果作出十二边形；顺次选择 12 个顶点作多边形区域并填色，如图 6—13(课件第 2 页).

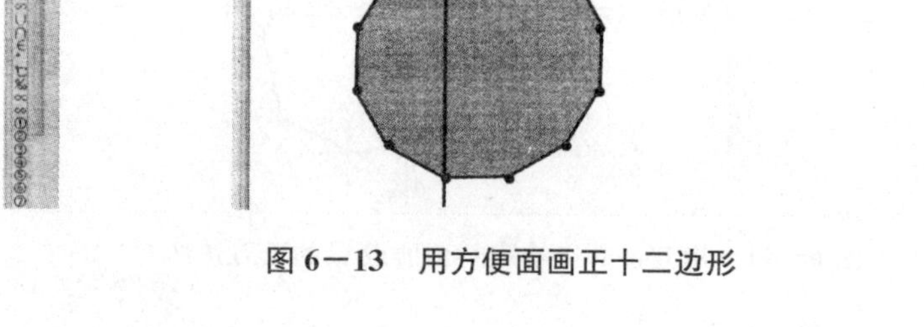

图 6—13　用方便面画正十二边形

(3)选择平移向量，平移这个正多边形得到一排正多边形.

(4)选择平移向量，平移这一排正多边形得到整个图案，不同的平移方式可以得到不同的图案，如课件第 3 页(图 6—14).

6—3 正十二边形平移形成的图案

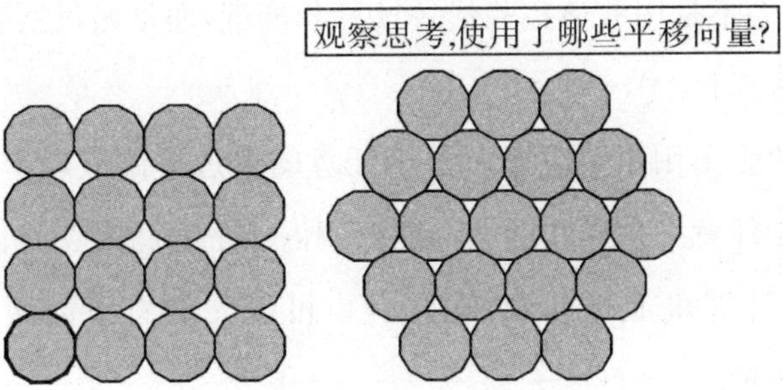

图 6—14 不同的平移方式得到不同的图案

有了这个正十二边形，在此基础上再画正六边形和正方形，然后利用平移的办法可以得到更多图案. 在这里我们体会到了在计算机上画正多边形比手工画图便捷得多，还进一步体会到平移的应用价值.

下面提出一个问题请你思考："一些什么样的多边形可以镶嵌成平面图案？"你可以动手进行实验，例如考虑利用正三角形、正方形、正五边形和正六边形中的一种能否镶嵌成平面图案？

要做这些实验可以自己剪一些各种形状的图形拼拼，也可以在计算机上利用刚才学的操作试试.

其实，对于上面的一些情况，动动脑子不做实验也能想清楚. 例如：用正三角形、正方形和正六边形能够镶嵌成平面图案而用正五边形却不能，想想看，这是为什么呢？

实际上所谓用同样大小的正多边形"镶嵌"平面，就是要求用正多边形"无缝隙"铺满地面，关键是怎样刻画"无缝隙". "无缝隙"在数学上就需要用"在每一个公共点处几个多边形的顶角之和恰好等于 360°"刻画，形式化表达上述条件则是等式 $m\frac{(n-2)\cdot 180^\circ}{n}=360^\circ$(其中 n 表示正多边形的边数，m 表示正多边形的个数)，这

个条件容易转化成 $m=2+\frac{4}{n-2}$. 考虑到 n 和 m 的实际意义它们必须是正整数，于是 $n\geqslant 3$ 且 $n-2\geqslant 4$，于是 n 只可能取 3、4、5、6. 而当 $n=5$ 时，$m=2+\frac{4}{3}$ 不是正整数，这就是能够用正三角形、正方形和正六边形镶嵌成平面图案而用正五边形却不能的理由. 所以我们不是用数学实验代替计算和推理，而是通过实验还原生动活泼的数学活动的本来面目.

如果把问题改为不用正多边形而是用任意的多边形镶嵌成平面图案，又该如何解决呢？例如用任意三角形和四边形能否镶嵌成平面图案？我们把这个问题留给你. 你可以先在计算机上打开课件观察，也可以先看看下面两个图案（图 6－15），然后再想想道理.

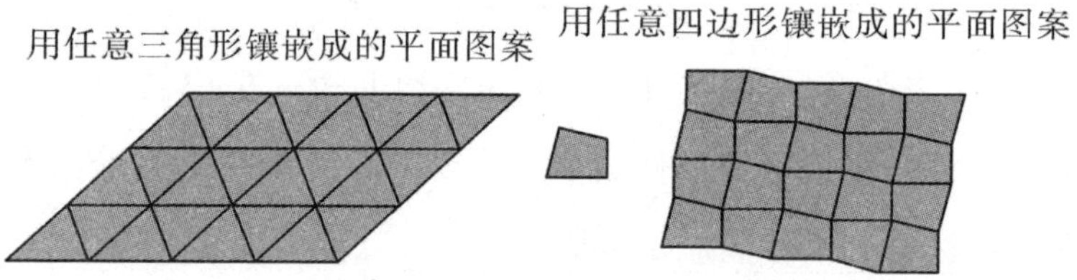

图 6－15　用任意三角形和四边形镶嵌成平面图案

【实验 6－3】 图 6－15 让我们看到，用全等的任意三角形和全等的任意凸四边形都能镶嵌成平面图案. 那么进一步问，镶嵌的方法有没有变化呢？

翻开课件第 4 页（图 6－16），这里用全等的任意三角形实现了两种不同的平面镶嵌. 你能看出来用了哪些平移向量吗？右边的镶嵌仅仅用平移能够实现吗？试一试，你能够设计出另外的三角形镶嵌图案吗？

6－4　任意三角形镶嵌平面的不同方法

图 6－16　用全等的任意三角形镶嵌成不同的平面图案

再翻到课件的第 5 页(图 6—17),拖动左下角的几个点,你会看到,用全等的凹四边形也能实现平面镶嵌!但是,这里用了什么变换?只用平移行吗?有没有反射或旋转呢?

6—5 四边形镶嵌平面

图 6—17 用全等的任意凹四边形镶嵌平面

把问题继续想下去,你一定会问:能否用两个(或多个)不同边数的正多边形镶嵌成平面图案?这的确是个挺有意思的问题,看看下面这些美丽的图案可能会激发你深入研究这个问题的兴趣(图 6—18).

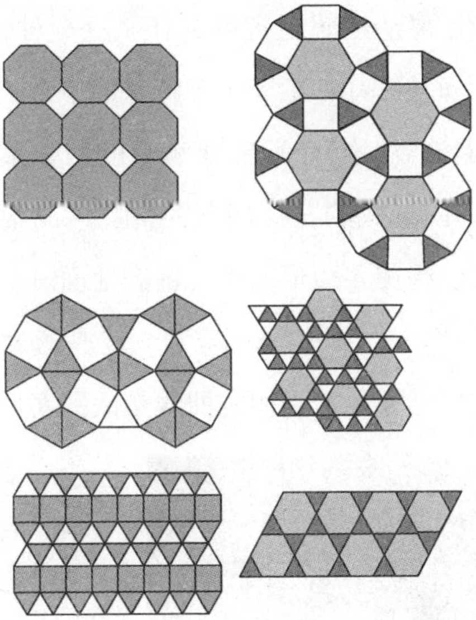

图 6—18 用几种多边形实现平面镶嵌

此外,我们还可以怎样镶嵌平面图案呢?看看下面的图形(图 6—19),你可能会受到启发.

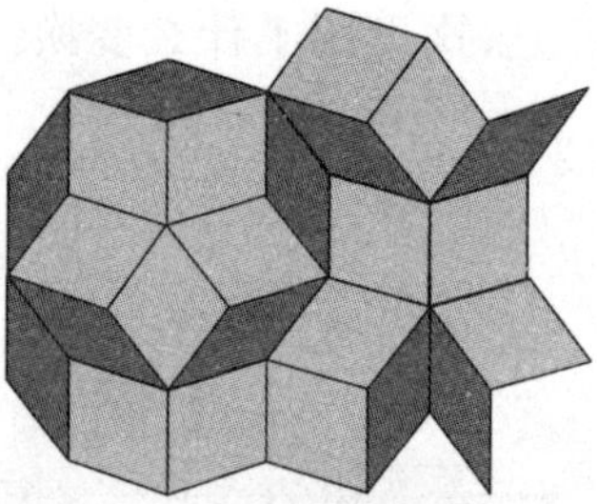

图 6—19　变化多端的多边形镶嵌

其实,用几种多边形实现镶嵌,相对说来更容易.随便找一个多边形通过几何变换铺一铺,留下的空白就是另外一些多边形.

真正困难的,是指定一种或几种图形,判断能否实现平面镶嵌.

著名数学家柯朗说过:“数学,作为人类思维的表达形式,反映了人们积极进取的意志,缜密周详的推理以及对完美境界的追求.它的基本要素是:逻辑和直观,分析和构造,一般性和个别性.”通过上面的讨论,我们可以感受到这种基本要素在能动促进数学思考发展中的作用:直观上看到了正三角形、正方形、正六边形能够铺满地面的事实并不满足,还要从逻辑上理解为什么这三种正多边形而且只有这三种正多边形能够“镶嵌”平面的理由;不满足于特殊的单个的正多边形的“镶嵌”,而要归纳出一般的多边形能够“镶嵌”平面需要满足的两个条件;又从分析这些条件入手着手设计构造多种不同形式的花样翻新的“镶嵌”图案,如通过任意三角形和四边形铺满地面,或通过一些正多边形的组合铺满地面.这多么有意思呀!

在实际生活和艺术创作中,“镶嵌”图案,不一定非通过任意三角形、四边形或正多边形不可.图 6—20 提供了几个美丽的曲线镶嵌图案供你欣赏.

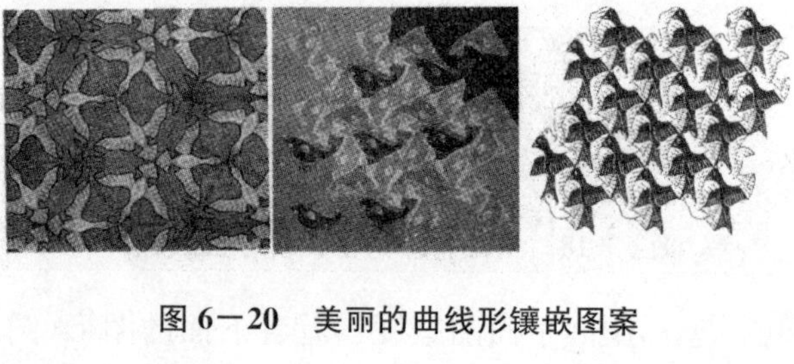

图 6—20　美丽的曲线形镶嵌图案

其实，曲线镶嵌图案也是以多边形镶嵌图案为基础变化出来的，研究一下前面的怪兽图案（课件 2—4，图 2—9）和飞鸟（课件 2—5，图 2—10），它们均是以平行四边形镶嵌为基础变化出来的，其中的图形变换只用了平移；双向飞鸟图案（课件 3—6和 3—7，图 3—8 和图 3—10）则是以等腰三角形为基础变化出来的，在设计基本图形时用了平移和轴对称.

【实验 6—4】 观察课件第 6 页的曲线镶嵌，在制作基本图形时用到了中心对称. 注意观察左下角的一块图案，你能看出哪些段曲线是中心对称图形吗？如何检验你的结论？

6—6 基于梯形的平面镶嵌

图 6—21 寻找图中的中心对称曲线

如果看不出来，或者看出来却不知道如何检验，请在左边图形对象工作区钩选，激活动画按钮[151]和对象组 zd[161]，启动动画来考察一番，你一定会明白了.

【实验 6—5】 我们来试一试作出类似于图 6—20 中左右两图的镶嵌图案. 翻到课件第 7 页，如图 6—22.

6—7 多次反射构成的镶嵌图案

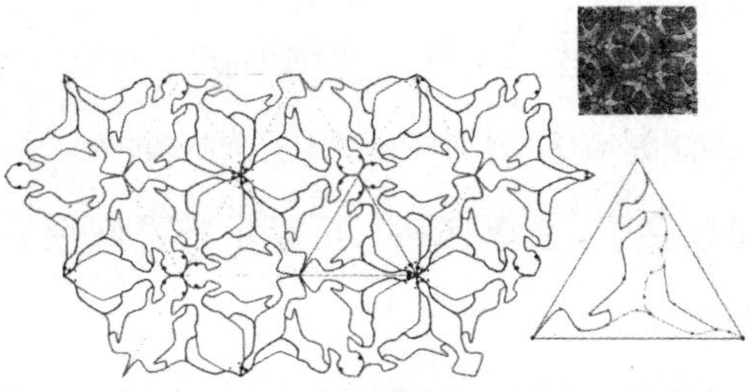

图 6—22 正三角形中的曲线的多次反射

作图过程用到的操作都是前面已经说明并用过的：

(1)取两个格点 A 和 B(见【操作说明 6—1】)；

(2)作正三角形 ABC(见【操作说明 6—2、6—3 或 6—4】. 当然你还可以用智能画笔根据圆规直尺作图的基本法则来作)；

(3)在正三角形 ABC 中取若干个自由点，经过这些点作 4 条曲线，这些曲线的形状参考人家已有的图案和页面上右边的图，点的位置在曲线作出后再拖动调整(过点作曲线见【操作说明 3—2】)；

(4)选择适当的线段作为对称轴，将 4 条曲线多次反射完成整个图案.

类似的方法可以作出图 6—20 中右边的双鸟镶嵌图案. 不同的是基本图形不是等腰三角形而是菱形，所用的图形变换不是反射而是平移. 结果如课件的第 8 页，见图 6—23.

6—8 平移构成的双鸟镶嵌图案

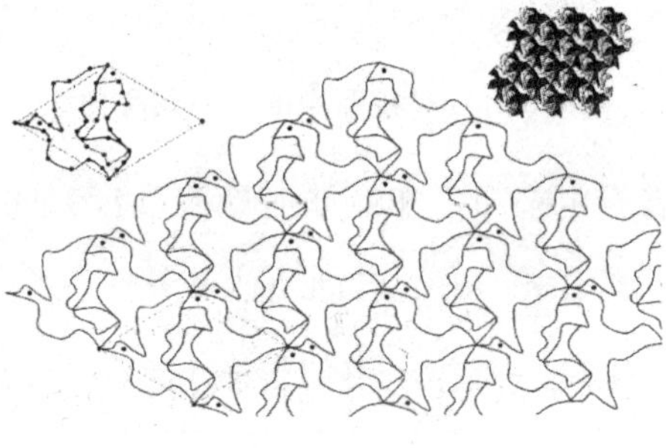

图 6—23 平移构成的双鸟镶嵌图案

制作这样的曲线镶嵌图案，基本操作虽不复杂，但由于对象多而密集，操作过程中小的失误常常不可避免，选择用智能作图的操作常常受到附近已有对象的干扰. 要避免干扰，一个办法是在左边对象工作区选择对象，另一个办法是把暂时不用的对象隐藏起来. 对象多了，选择、隐藏、再显示都是麻烦事. 一个有效的办法是把对象编组，对成组的对象进行操作.

观察刚才看过的课件第 8 页，页面上对象繁多，而左边对象区的列表却很简洁(图 6—24)，原因何在呢？

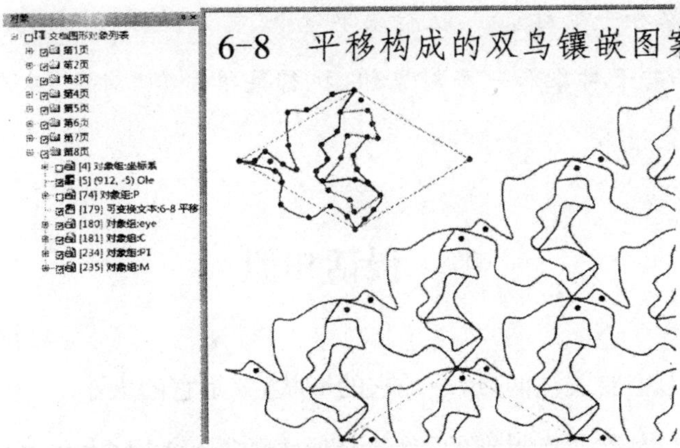

图 6—24　对象很多但左边的列表却简洁

左边的对象列表一共才 8 行，其中 6 行是对象组；除了一个对象组是本来就有的坐标系外，其他 5 个都是制作课件时建立的，编号为[74]的对象组前面的小方形是空的，说明其中的对象隐藏了. 单击这个空的方块，图上出现了许多为作曲线而设置的基本点. 为了避免不小心拖动这些点而使曲线变形，把它们编成一组隐藏起来. 其他每个对象组都有哪些对象呢？分别单击前面的小方形，看看图上哪些对象不见了，就能得到答案.

如何建立对象组？如何把一个对象放进或拉出对象组？请看下面的操作说明.

【操作说明 6—5】　建立和修改对象组.

选择若干对象后执行菜单命令“对象|生成对象组”，在弹出的对话框里给将要建立的对象组命名为“基本点”，如图 6—25. 单击“确定”关闭对话框，一个名为“基本点”的对象组就在列表中出现，而所选择的对象在表中消失. 要单击“基本点”对象组前面的十号展开它，才能看见这些对象.

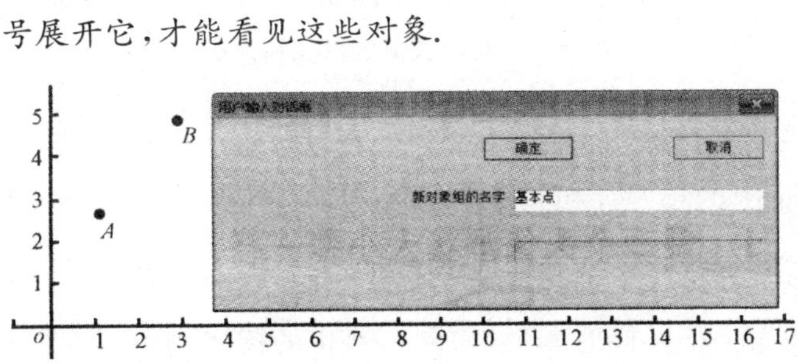

图 6—25　建立对象组

选择若干对象和一个对象组，执行菜单命令“对象|增加对象到对象组”，可以扩大对象组；选择若干对象和一个对象组，执行菜单命令“对象|从对象组移去对象”，可以缩小对象组.

07 漫话相似

观察平面图形主要关注两点，一是它的形状，二是它的大小.

经平移、旋转、对称变换得到的图形，与原来的图形在形状和大小两方面都保持一致.

打开课件第1页，用鼠标拖动点 A、B 或 C，或者拖动变量尺的滑钮，你会发现其中有三个小人的头像是一模一样的，只不过位置不同而已，从数学的角度说，这三个图形相互全等. 而另外两个小人的头像就不一样了，形状和大小都发生了改变.

7—1 哪三个头像形状大小都一样?

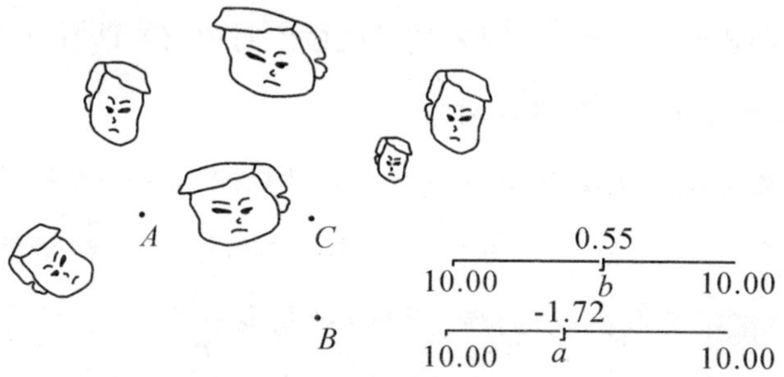

图 7—1 观察头像的形状和大小

我们感兴趣的是形状一样但大小不一定一样的图形，这在日常生活中经常遇到. 例如你身份证上的小照片和同样的但放大了的照片，不同比例尺的两个地图等等，它们的重要性不言而喻. 翻开课件第2页(图7—2)，图片中同一横排的树木可以看成是形状和大小都一样的图形，而同一斜排的树木则可以看成形状一样但大小不一的图形，在数学上把它们叫做相似图形.

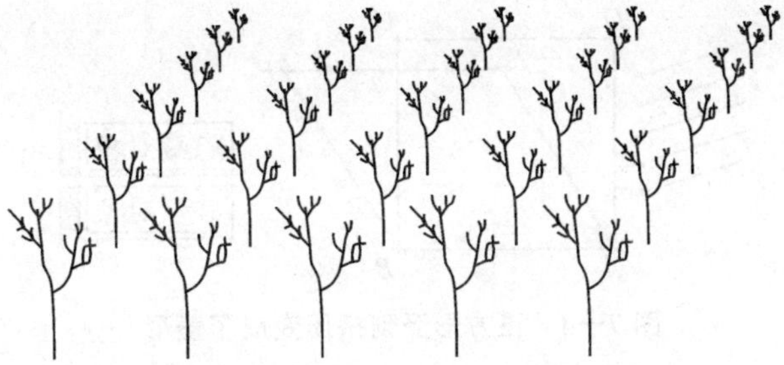

图 7—2 观察同一横排的树和同一斜排的树

【实验 7—1】 怎么从数学上刻画两个图形是相似图形呢？由于多边形是最简单的平面图形，所以我们从什么是相似多边形谈起.

在一般情况下，我们从直觉就能判断两个图形是否相似，例如上面那一组小人头像中胖子和瘦子就不相似，换句话说，它们的长宽不成比例！所以如果要求两个多边形相似，除了边数必须相同之外还要求它们的边对应成比例. 这是判断两个多边形是否相似的一个重要条件. 打开课件第 3 页，观察图中的大小两个矩形是否相似(你可以想象成一个镜框中的外框和内框)？这时凭肉眼观察就很难判断了，一般人凭直觉会认为它们形状没有什么两样，打开下面的“显示”按钮，马上就能够看到这两个矩形的长宽不成比例.

7—3 大小两个矩形的长宽比相等吗？

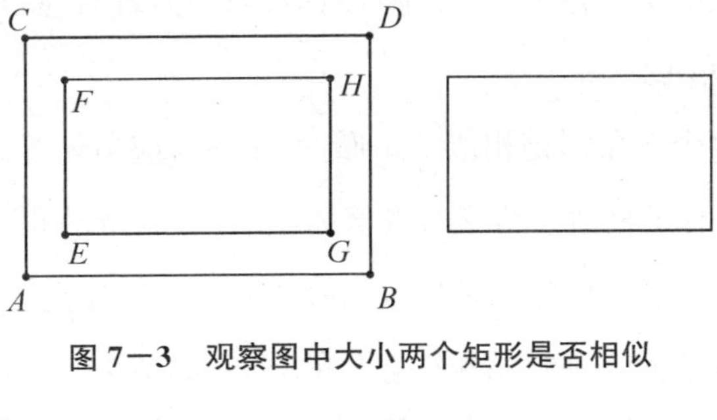

图 7—3 观察图中大小两个矩形是否相似

一般说来，镜框的外框和内框这两个矩形的长宽什么时候成比例呢？这个问题留给你思考.

【实验 7—2】 上面谈了从边的比例关系判断多边形相似的条件，但是光有这一个条件还不够，请打开课件的第 4 页.

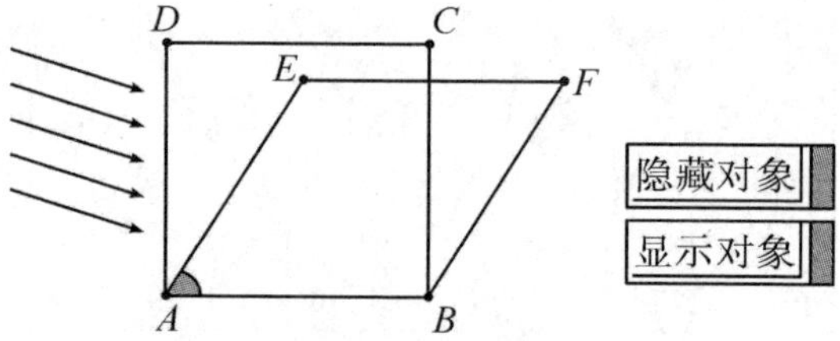

图 7—4　正方形受到挤压变成了菱形

图 7—4 中的正方形和菱形边长都是 1 个单位，想象正方形是用 4 个钉子和 4 根木条钉起来的，它受到力的挤压变成了菱形，这里的菱形和正方形形状显然不一样，但它们的边却对应成比例. 所以看来判断两个多边形相似不单要考虑边，还要考虑角.

单击显示对象按钮，看到一些测量数据，从数据看到，菱形的性质和角的大小有密切关系.

现在可以用数学的语言精确地描述什么是相似多边形了.

相似多边形：在两个边数相同的多边形中，如果各对应角相等，各对应边成比例，则称这两个多边形是相似多边形.

反过来，如果两个多边形是相似多边形，那么各对应角相等，对应边成比例.

特别简单、基本而且重要的是三角形的相似.

相似三角形：在两个三角形中，如果各对应角相等，各对应边成比例，则称这两个三角形是相似三角形.

反过来，如果两个三角形是相似三角形，那么各对应角相等，对应边成比例.

【实验 7—3】 有了相似三角形的概念和性质，可以帮助我们解决大量的实际问题，例如图 7—5 中的 C 处有一船只发出呼救信号，A、B 是岸边相距 1000 米的两个观察站，已知从这两个观察站测得船只的方向(如图 7-5 所示)，如果你现在正在观察站 A，你能计算出呼救船只离你有多远吗？

利用相似三角形的性质可以这样解决问题：在纸上画三角形 ABC，使 $AB=10\text{cm}$，$\angle A=40°$，$\angle B=53°$，然后用刻度尺量出 AC 的长再扩大 100000 倍就得到呼救船只与观察站 A 的距离.

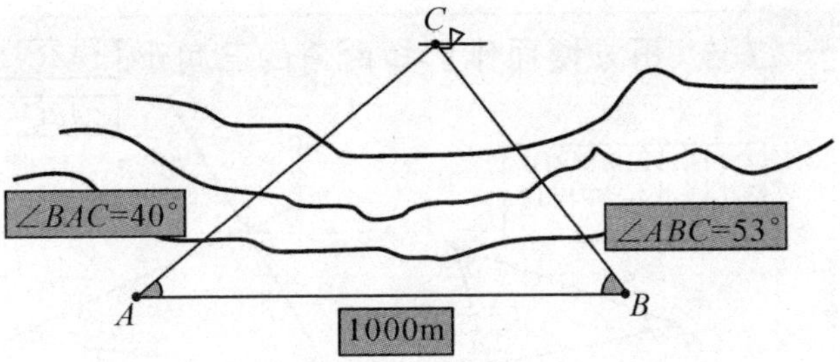

图 7—5 相似三角形帮助我们解决实际问题

道理如下:纸上画的三角形和实际图形相似,不过是把实际图形缩小了 10 万倍,既然两个观察站的距离缩小了 10 万倍,画在纸上的三角形 ABC 的边 AC 的长度就应该是呼救船只与观察站 A 距离的十万分之一. 所以量出 AC 的长再扩大 100000 倍就得到了所求的实际距离.

上面说的是纸上作图. 在计算机屏幕上,已知两角和此两角的夹边,如何作出三角形呢? 考虑到动态的情形,已知一个任意三角形和一条线段,如何以此线段为一边,作一个和已知三角形有对应两角相等的三角形呢?

【操作说明 7—1】 作三角形使与已知三角形有对应两角相等.

这相当于作已知两角的三角形.

打开页面 fbm. pag 进入方便面环境,用智能画笔作任意三角形 ABC 和线段 DE. 下面要画一个三角形 DEF,使它和$\triangle ABC$ 有两角对应相等.

测量$\angle ABC$ 和$\angle BAC$,在测量表达式对话框中可以查出这两个测量数据顺次为 m000 和 m001. 测量方法见【操作说明 4—6】.

将线段 DE 绕点 D 反时针旋转,取旋转角为$\angle ABC$. 这只要在程序区执行方便面命令"xz(14,12,m000);"即可. 这里 xz 表示旋转,14 是线段 DE 的编号,而 12 是 D 的编号(注意所作第 1 个点 A 是 6 号),m000 表示旋转角为$\angle ABC$. 关于旋转参看【操作说明 4—3】.

类似地将线段 DE 绕点 E 顺时针旋转,取旋转角为$\angle BAC$. 即执行"xz(14,13,—m001);",这里负号表示顺时针旋转.

再用画笔或菜单命令作两条旋转生成的线段的交点 F,见课件第 5 页,如图 7—6.

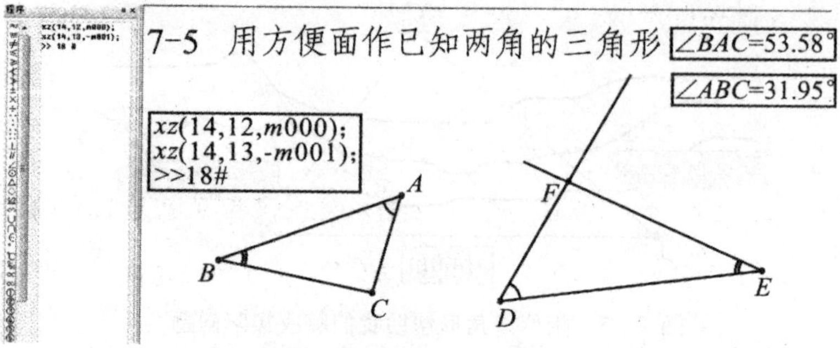

图 7—6 作三角形使与已知三角形有对应两角相等

最后把旋转生成的线段隐去,画出线段 DF、EF.

当然,也可以用文本作图或尺规作图,但方便面最方便.

这里遗留的问题是怎么判断这两个三角形相似. 根据相似三角形的定义需要各角对应相等,各对应边成比例,现在只满足了两角对应相等,怎么能断定这样的两个三角形相似呢?

为了探讨这个问题,我们先做实验,再来推理.

【实验 7—4】 两角对应相等的两个三角形相似.

你最好在自己作图的基础上测量. 如果你没有动手作图,也可以直接观察课件.

打开课件第 6 页,如图 7—7. 图中的两个三角形中有两对角对应相等,利用超

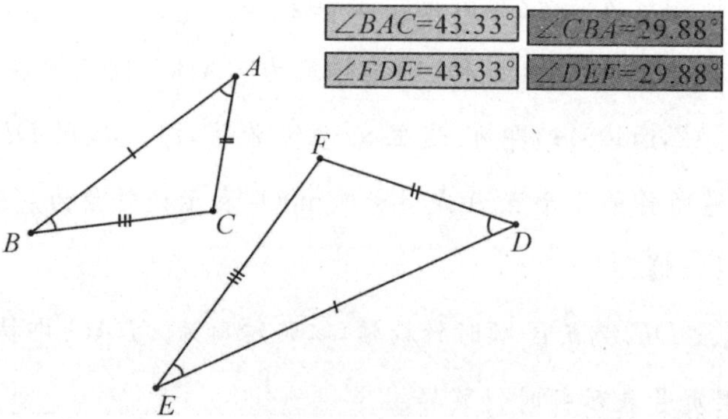

图 7—7 两个三角形中有两对角对应相等

级画板的测量功能验证这两个三角形是否相似. 测量边长及其比值的方法见【操作说明 4—6】.

如果想直接看测量数据，可以在左边对象列表中单击[36]（对象组：测量对应边的比），显示测量的结果.

你还可以拖动点 A 改变三角形的形状，看在保持两角对应相等的条件下这两个三角形是否仍然相似.

通过实验，我们得到了判断两个三角形相似的一个方法：

两角对应相等的两个三角形相似.

能够证明这件事吗？为此，让我们先认识一个新朋友：角的正弦和正弦定理.

翻回到课件第 4 页，单击其中的显示按钮，并拖动 E 点，你会发现 $\angle BAE$ 发生变化，菱形的面积也随之发生变化，如图 7—8.

7—4　正方形受到挤压变成了菱形

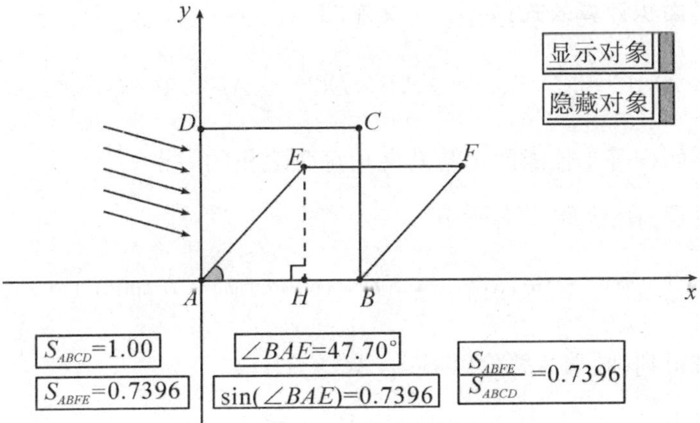

图 7—8　正方形改变为菱形时面积的“折扣”率

图中的数据$\frac{S_{ABFE}}{S_{ABCD}}$表示由正方形改变为菱形时面积的“折扣”率，它是和$\angle BAE$的大小密切相关的. 我们把这个“折扣”率叫$\angle BAE$的正弦，记为 $\sin\angle BAE$. 这样一来，对于每一个确定的角都有一个确定的正弦值与之对应，容易理解 $\sin 90°=1$，$\sin 0°=0$. 注意图中还作出了菱形的高 EH，这样 $\sin\angle BAE$ 还可以解释成

$$\sin\angle BAE=\frac{S_{ABFE}}{S_{ABCD}}=\frac{AB\times EH}{AB\times AB}=\frac{HE}{AB}=\frac{EH}{AE},$$

即直角三角形 HAE 中 $\angle HAE$ 的对边与斜边之比. 如果把正方形放到直角指标系中, HE 可以看成点 E 的纵坐标 y, AE 看成点 E 到原点的距离 r, 于是 $\sin\angle BAE=\frac{EH}{AE}=\frac{y}{r}$.

有了正弦的概念，马上可以得到计算三角形面积的新公式以及一个重要的定理：正弦定理.

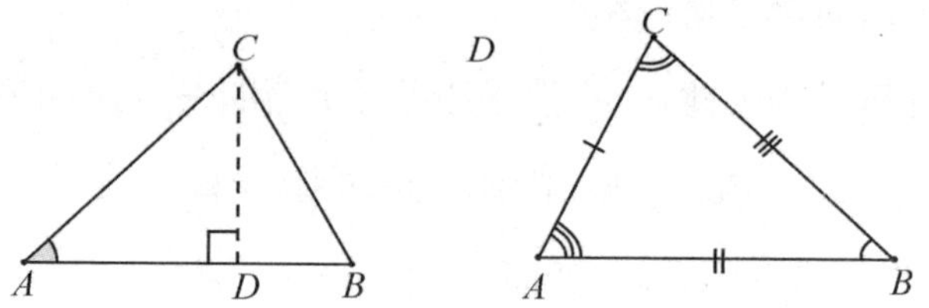

图 7—9　三角形面积计算新公式

* **三角形面积计算公式：**如图 7—9 左图.

$$\sin\angle DAC=\frac{DC}{AC},S_{ABC}=\frac{1}{2}AB\times DC=\frac{1}{2}AB\times AC\times\sin\angle BAC,$$

即三角形面积等于任意两边与其夹角正弦之积的一半.

* **正弦定理：**在图 7—9 右图中

$$S_{ABC}=\frac{1}{2}AB\times AC\times\sin A=\frac{1}{2}AB\times BC\times\sin B=\frac{1}{2}BC\times AC\times\sin C.$$

由此不难得到(同乘 2 并除以 $BC\times AC\times AB$)：

$$\frac{\sin A}{BC}=\frac{\sin B}{AC}=\frac{\sin C}{AB},$$

这就是刻画三角形边角关系的正弦定理.

现在可以证明“两角对应相等的两个三角形相似”了.

事实上，在 $\triangle ABC$ 与 $\triangle A'B'C'$ 中，若 $\angle A=\angle A'$, $\angle B=\angle B'$, 则根据三角形内角和定理容易得出 $\angle C=\angle C'$, 于是只需要证明对应边成比例就行了.

由正弦定理在 $\triangle ABC$ 和 $\triangle A'B'C'$ 中分别可以得到

$$\frac{BC}{\sin A}=\frac{AC}{\sin B}=\frac{AB}{\sin C}\text{和}\frac{\sin A'}{B'C'}=\frac{\sin B'}{A'C'}=\frac{\sin C'}{A'B'},$$

两式相乘，注意到

$\sin A=\sin A'$、$\sin B=\sin B'$、$\sin C=\sin C'$得

$$\frac{AB}{A'B'}=\frac{BC}{B'C'}=\frac{AC}{A'C'}.$$

根据相似三角形的定义得到$\triangle ABC$与$\triangle A'B'C'$相似. 由此得到

【相似三角形的 AA 判定定理】 两角对应相等的两个三角形相似.

这里 AA 就是两个角的意思.

作为练习，下面考察一个有趣的问题.

【实验 7—5】 五角星与黄金分割和黄金数.

打开课件第 7 页，如图 7—10，这是一个正五边形，其中还有一个正五角星.

7—7 五角星与黄金分割和黄金数

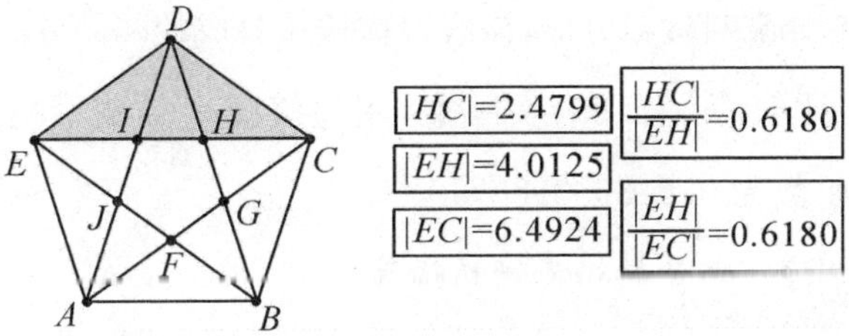

图 7—10 五角星与黄金分割和黄金数

利用相似三角形的判定定理，你能找出与$\triangle ABD$相似的三角形吗？能找出与$\triangle ABF$相似的三角形吗？

利用超级画板的测量功能测量 EH、EC、HC 并计算$\frac{HE}{EC}$和$\frac{CH}{HE}$，你发现了什么结果？能利用相似形的知识解释你发现的结果吗？

单击“显示对象”按钮，看看图 7—11，与你想的是否一致.

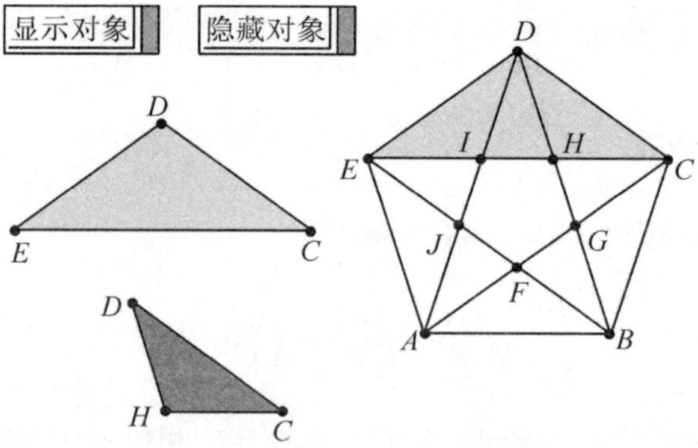

图 7—11 相似三角形产生黄金数

为便于观察，图 7—11 把原来图中的两个等腰三角形拉出来. 容易判定这两个三角形相似，于是有$\frac{CD}{EC}=\frac{HC}{CD}$.

$\because CD=DE=EH$，$\therefore \frac{HE}{EC}=\frac{HC}{HE}$，$HE^2=EC\times CH$.

即点 H 把线段 CE 分成两部分，其中一部分 HE 是整条线段 CE 和另外一部分 CH 的比例中项，也就是“小段比大段＝大段比全段”；我们把像 H 这样的分点叫线段的黄金分割点，这样的分割叫黄金分割，该线段被这点分成的两部分的比值叫黄金数.

图上显示这个比值为 0.6180；实际上，用超级画板的测量功能可以测量出这个黄金数的 15 位小数为 0.618033988749895.

【操作说明 7—2】 测量数据属性的设置.

超级画板的测量数据是一个文本对象. 缺省设置数据显示到两位小数，最多可以显示数据的 16 位有效数字.

双击测量数据可以使它进入可编辑状态. 例如在课件第 7 页(图 7—10)双击线段比$\frac{|HC|}{|EH|}$的测量数据，它进入可编辑状态，如图 7—12.

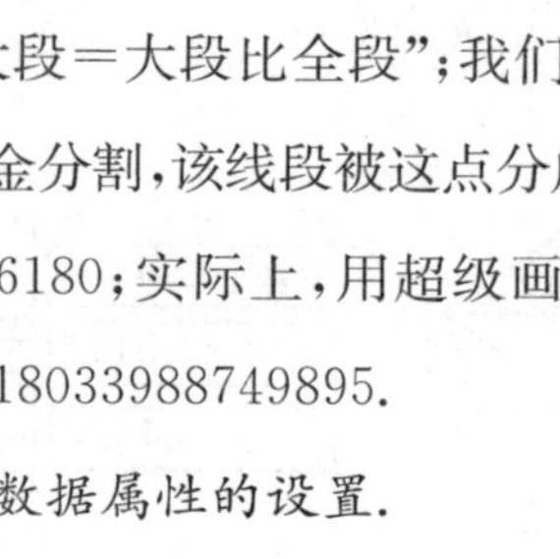

图 7—12 测量数据的可编辑状态

在图中的等号和等号左边的部分是对数据的说明或命名，可以改动为其他文本，例如改为“线段 HC 与 EH 之比”或“黄金数”；而等号右边不能任意改动，右边是数据格式，数字 4 表示当前设置为显示 4 位小数. 如果把 4 改为 15，左边改为“黄金数”，等号改为“≈”，然后鼠标在空白处单击，则测量数据退出可编辑状态改变为 15 位小数，如图 7—13.

黄金数≈0.618033988749895

图 7—13　测量数据经编辑后的变化

这样对数据编辑不能改变被测量的表达式. 如果想改变表达式，可以用右键单击测量对象，在弹出的右键菜单中单击属性，打开属性对话框，如图 7—14.

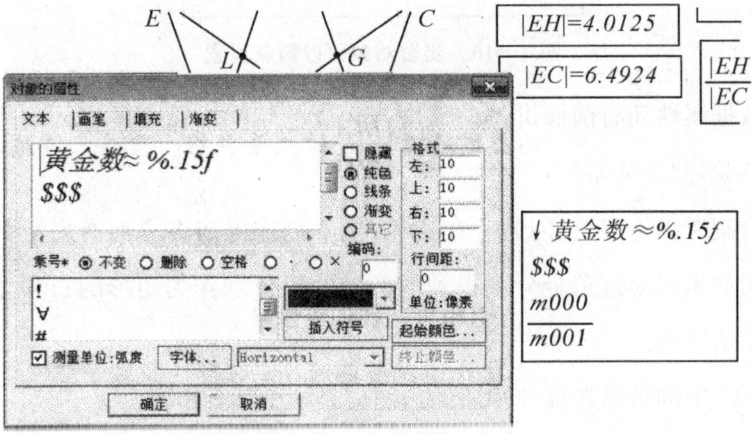

图 7—14　测量数据属性对话框

在属性对话框的可编辑窗口有一行符号“$ $ $”，它上方是数据的说明和格式的可编辑形式，和双击数据后看到的一样；拖动窗口右边的滚动条，可以看到“$ $ $”下方的面目，这才是被测量的对象. 如图 7—15.

我们知道，m000 和 m001 分别是两条线段测量数据的代号. 可以将它改为其他对象，也可以编辑“$ $ $”上方的说明和格式. 例如把 m000/m001 改为(m000/m001)^2，再把上方说明中的“黄金数”改为“黄金数平方”，单击“确定”后测量数据如图 7—16.

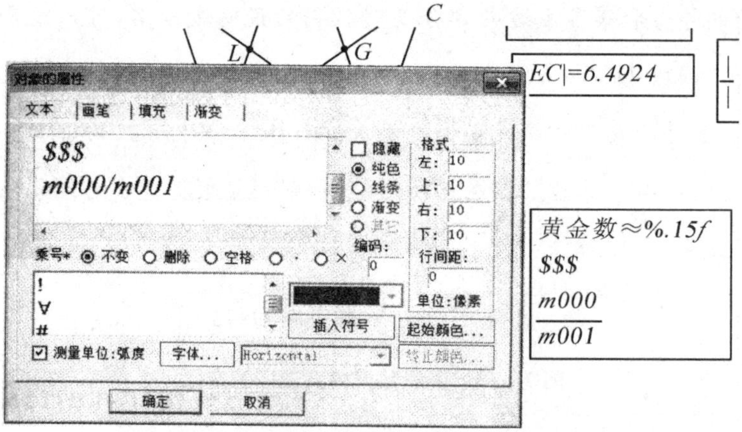

图 7－15　在测量数据属性框查看测量对象

黄金数平方≈0.381966011250105

图 7－16　测量对象可以重新设置

测量数据属性还有前面讲过的弧度与角度的切换以及文本框外观等,读者可通过操作体验,此处从略.

黄金分割所以重要,是因为它在建筑、艺术创作等诸多方面有广泛的应用. 例如人们认为如果把通过黄金分割得到的两条线段分别作为矩形的长和宽,这样得到的矩形是最美的.

图 7－17 中的希腊帕提侬神庙的构图就是一个黄金矩形.

图 7－17　古建筑中的黄金矩形

维纳斯塑像的肚脐所在位置就是全身身长的黄金分割点,而我们从达 · 芬奇的名画蒙娜丽莎的构图中也能看到黄金矩形,如图 7－18.

图 7－18　艺术作品中的黄金分割

打开课件第 8 页，如图 7－19，你能看到这里面有好几个黄金矩形.

7－8　这里有多少黄金矩形？

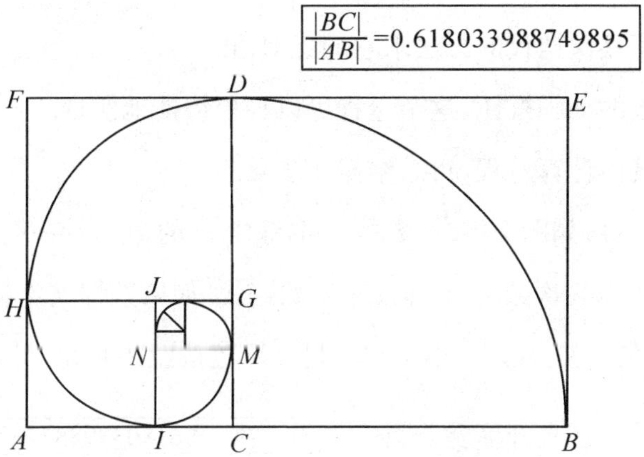

图 7－19　这里面有好几个黄金矩形

黄金分割如此重要，怎么求出黄金数呢？看下面的图 7－20.

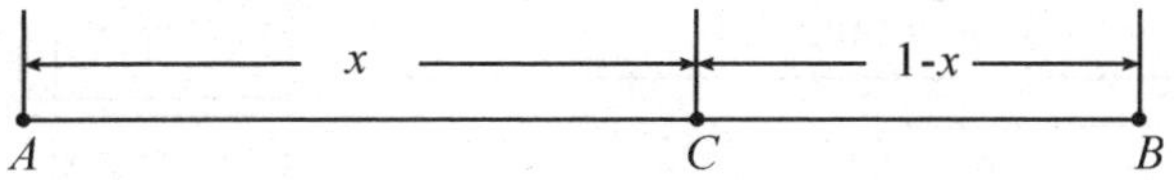

图 7－20　列方程求黄金数

为简便计算，设 $AB=1$，C 为 AB 的黄金分割点，即$\frac{AB}{AC}=\frac{AC}{CB}$. 设 $AC=x$，则$\frac{1}{x}$

$=\frac{x}{1-x}, x^2=1-x.$

当然我们可以利用二次方程求根公式求出此方程的根，这里给出一个求出方程的近似解的算法.

【实验 7－6】 计算黄金数.

把方程 $x^2=1-x$ 化成 $x^2+x=1$，继而得到 $x=\frac{1}{1+x}$，可以把它看成一个递推公式，把上式右面分母中的 x 以 $\frac{1}{1+x}$ 代入得到 $x=\cfrac{1}{1+\cfrac{1}{1+x}}$，不断继续这个过程，黄金数就可以表示成下面这样一个无限连分数的形式

$$x=\cfrac{1}{1+\cfrac{1}{1+\cfrac{1}{\vdots}}}$$

在计算机上可以用逐次迭代的方法求它的近似值.

使用超级画板的动画按钮，这个过程可以轻松快捷地实现.

我们先看看具体计算过程，再总结操作步骤.

翻到课件第 9 页，如图 7－21. 数据文本框中 x 的值 1.00…表示开始迭代时 $x=1$，而 $n=0$ 表示迭代次数为 0，即尚未开始迭代. 如果数据文本框中 x 的值不是 1.00…，或者 n 的值不是 0，分别单击浅蓝色和绿色按钮的副钮，可以让它们回到起

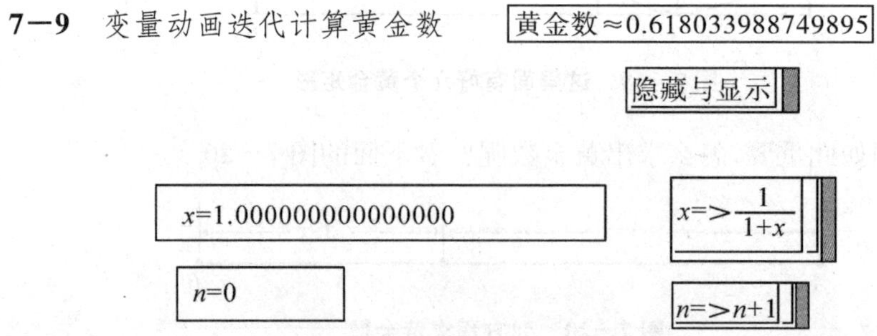

图 7－21 用变量动画迭代计算黄金数

始值，右上角黄金数的参考值可以用来对比检查我们计算的效果.

单击浅蓝色按钮，即标有“$x=>\frac{1}{1+x}$”的按钮，计算机把 $x=1$ 代入$\frac{1}{1+x}$得到$\frac{1}{2}=0.5$，于是数据显示 $x=0.5000\cdots$；再按一下绿色按钮，数据显示 $n=1$，表示这是迭代一次的结果.

再单击浅蓝色按钮，计算机把 $x=0.5000\cdots\cdots$ 代入$\frac{1}{1+x}$，数据显示 $x=0.6666\cdots\cdots$；再按绿色按钮，数据显示 $n=2$，表示这是迭代两次的结果.

重复如上操作，我们看到 x 的值越来越接近黄金数. 迭代 36 次后，15 位小数和参考值完全一致，如图 7—22.

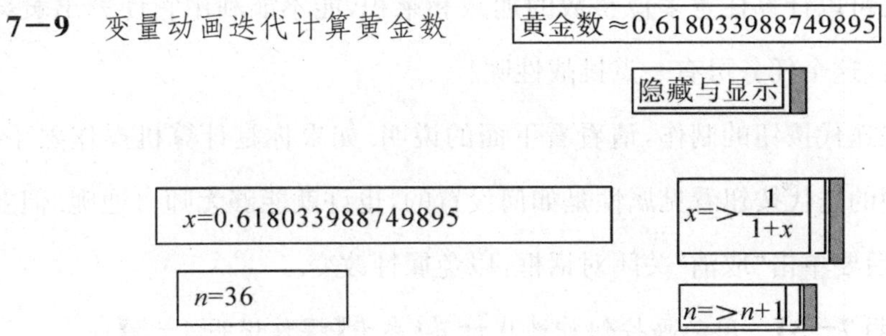

图 7—22 用变量动画迭代计算黄金数

用迭代的方法求黄金数有没有其他的公式呢?

两次单击“隐藏与显示”按钮，换了一个新的淡蓝色按钮. 这次上面的表达式为“$x=>\frac{x^2+1}{2x+1}$”. 分别单击两个按钮的副钮使数据回到起点，再按上面的操作步骤轮流单击两个按钮，看看效果如何. 简直令人惊讶，仅仅 5 次就达到同样的效果！如图 7—23.

迭代公式 $x=>\frac{x^2+1}{2x+1}$是如何得到的呢？从黄金数满足的二次方程 $x^2+x=1$ 出发，两端加 x^2 得 $2x^2+x=x^2+1$，再用 $2x+1$ 除得到 $x=\frac{x^2+1}{2x+1}$，就这么简单！

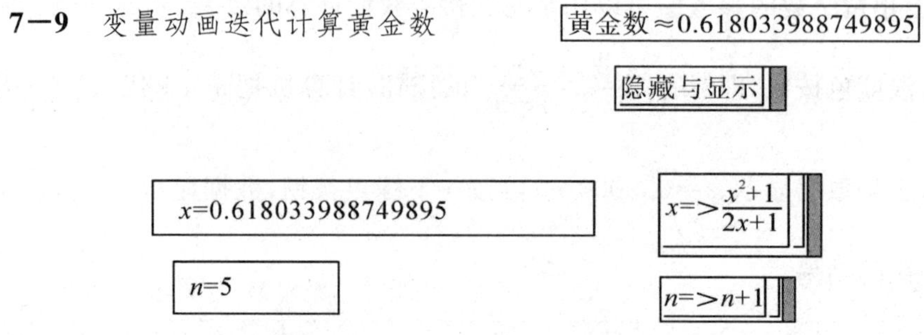

图 7—23 迭代 5 次得到同样的效果

你不妨试试自己去发现其他的求黄金数的迭代公式.还可以思考:二次方程有两个根,另外一个根能不能用迭代公式计算?这迭代公式又是什么样子?进一步还可以想,这里只能计算黄金数的 15 位小数,能不能设法计算到 30 位?要知道超级画板程序区可以计算任意多位整数的加减和乘积,能不能利用它计算出黄金数的 30 位小数?这个任务可有一点挑战性呢!

为了掌握迭代按钮的制作,请看看下面的说明.如果你是计算机操作熟手,只要双击课件中的迭代按钮看见属性是如何设置的,也许就能够无师自通呢.但要注意,看完属性后要单击“取消”关闭对话框,以免属性改变.

【操作说明 7—3】 用动画按钮作迭代计算(参看【操作说明 4—5】).

以黄金数的计算为例:迭代公式为 $x=>\dfrac{1}{1+x}$,迭代初始数值为 1.

不选择任何对象,单击上方“动画”图标(图 7—24 左),或单击右键在右键菜单中单击动画(图 7—24 右).

由于你没有选择任何对象,超级画板判断你要作变量动画.这时会弹出对话框请你输入变量名,键入迭代变量 x 和迭代次数纪录变量 n,如图 7—25.

单击确定后生成两个动画按钮,并且弹出变量 n 的动画属性对话框.设置频率为 1,最小值为 0,最大值为 $n+1$,类型为一次运动,如图 7—26.为清楚起见,单击对话框上方“文本”切换到动画文本编辑栏,把文字改成“$n=>n+1$”,单去确定完成变量 n 的动画属性设置.

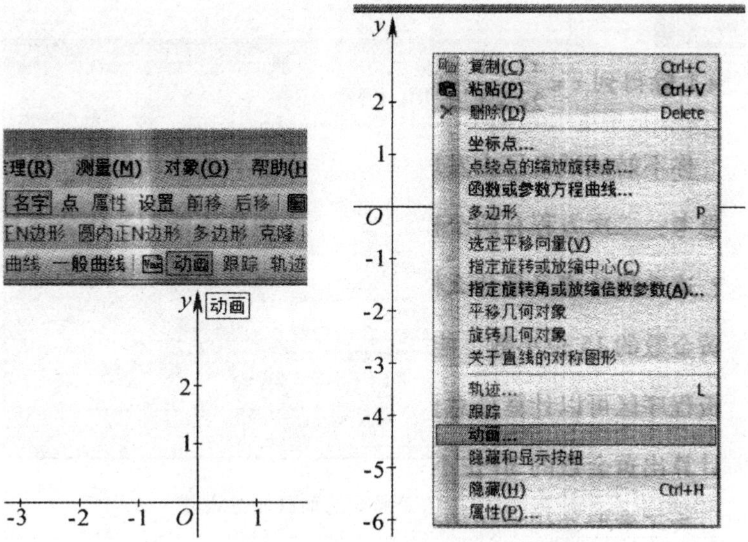

图 7—24　动画图标和右键菜单中动画项

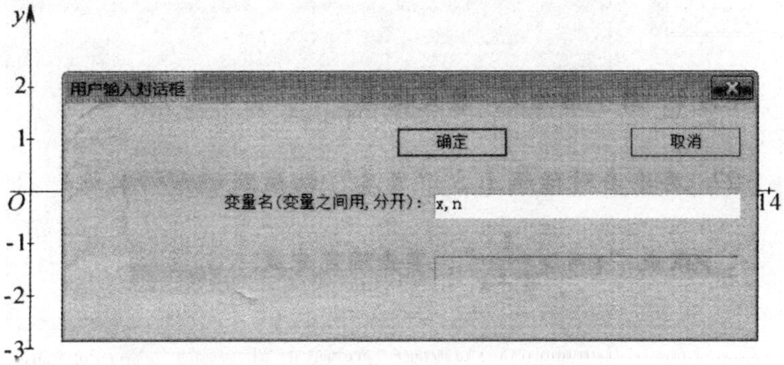

图 7—25　键入迭代变量 x 和迭代次数纪录变量 n

选择另一个动画按钮，即变量 x 的动画按钮，单击右键，在右键菜单中单击属性，弹出变量 x 的动画属性对话框. 设置频率为 1，最小值为 1，最大值为 $\frac{1}{1+x}$，类型为一次运动如图 7—27. 再单击对话框上方“文本”切换到动画文本编辑栏，把文字改成“$x=>\frac{1}{1+x}$”，单击确定完成.

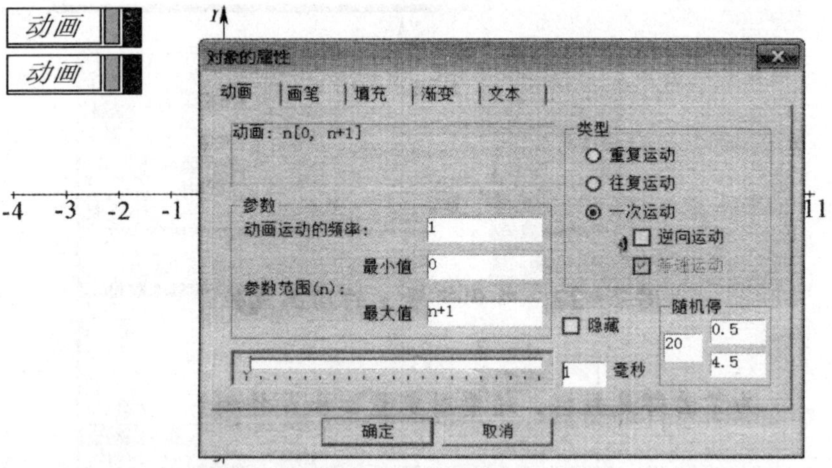

图 7—26　计数变量 n 的动画属性设置

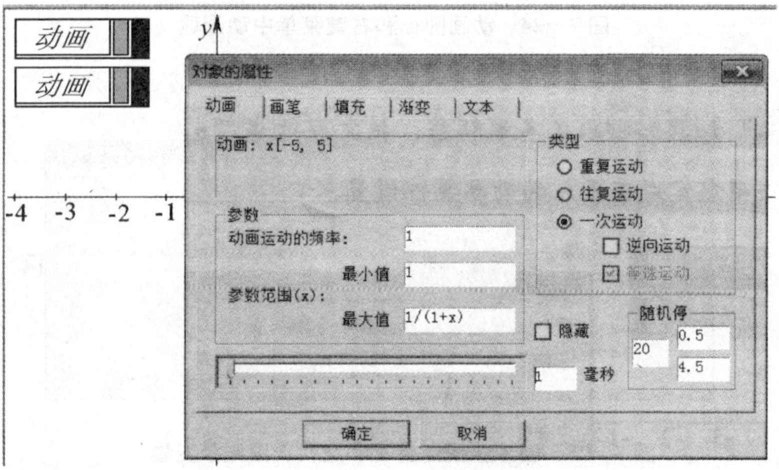

图 7—27　迭代变量 x 的动画属性设置

为了看得见数据，还要对变量 x 和 n 作测量，这可以使用菜单命令“测量|测量表达式”或单击上方测量表达式按钮(图 7—28)，在弹出的对话框上方键入 x 单击确定，再键入 n 单击确定，最后关闭它(参看【操作说明 4—6】).

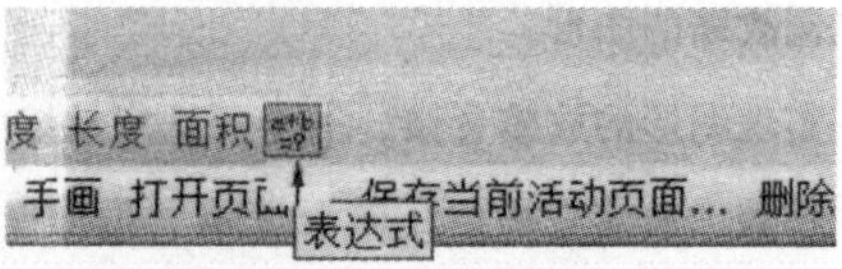

图 7—28　测量表达式图标

分别单击两个变量动画按钮的副钮设好初始值，就可以迭代了.

现在回到关于相似的讨论，我们已经知道相似形是指形状相同而大小不同的平面图形，而已知一个图形，要画出与它相似的图形实际上就是要对原来的图形进行放缩.

【实验 7—7】 对图形进行放缩.

打开课件第 10 页，如图 7—29. 拖动变量尺的滑块，你将看到图形的放大和缩小，拖动虚线的交点，你将得到不同位置的按给定比例放缩的图形.

7—10 多边形的放缩

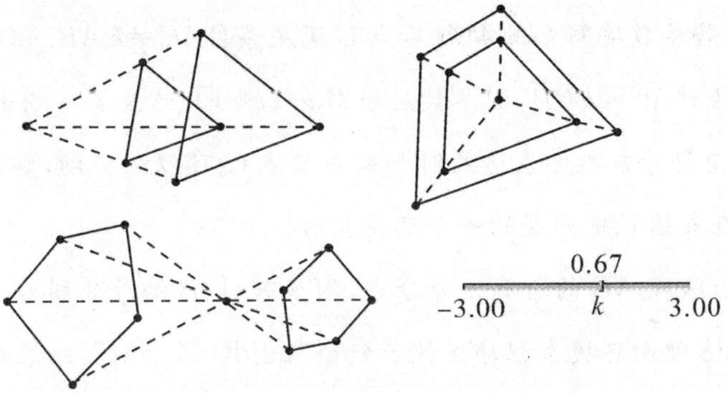

图 7—29 图形的放大和缩小

所以要实现图形的放缩变换，一个要选定放缩中心，一个要选择放缩系数. 放缩变换在几何中也叫“位似变换”. 一般说来，若两个相似多边形的对应顶点连接的直线都交于同一点，这两个多边形就叫做相互位似. 这些直线的共同交点叫做位似中心，即放缩中心.

对图形作放缩的方法有多种，请按下面的说明做一做.

【操作说明 7—4】 作一条线段的定比分点，如黄金分割点.

以黄金分割为例. 先作线段 AB，再用智能画笔在 AB 上作一点 C，右键单击点 C，在弹出的右键菜单中单击“属性”打开点 C 的属性对话框，右边两行数据修改. 上面一行参数填写 0.618(如希望更准确，可以多写至 15 位小数，或写(5^0.5—1)/2，即 $\frac{\sqrt{5}-1}{2}$，如图 7—30. 单击“确定”，点 C 就成了黄金分割点.

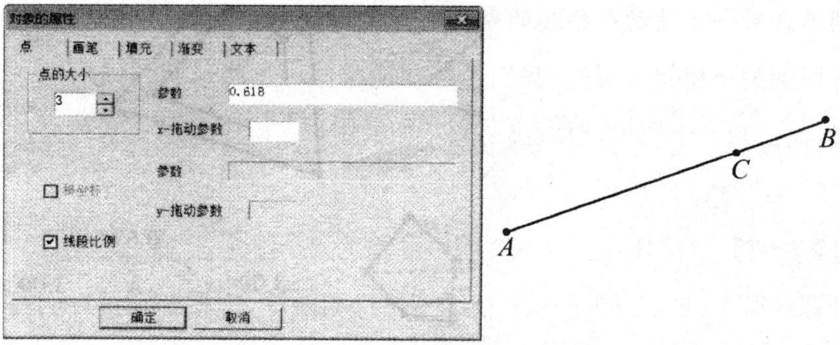

图 7—30　修改点 C 的参数使它成为黄金分割点

在此基础上可以完成图 7—19 的黄金矩形作图.

一般而言,若参数填写 k,则执行后点 C 满足条件$\overline{AC}=k\,\overline{AB}$. 但有时要求作定比分点 C 满足条件$\overline{AC}=k\,\overline{CB}$,则参数应填写 $k/(l+k)$. 这里 k 可以是数字、符号或数学表达式,k 是符号或数学表达式时如果希望点 C 可以被拖动,则在下面的拖动参数行要填写在表达式中出现的一个变量符号.

如果要作出线段 AB 的所有 n 等分点,例如若 A、B 编号分别为 6 和 7,作 5 等分点,可以进入方便面环境在程序区执行命令“ndfd(6,7,5);”,结果如图 7—31. 这里“ndfd”表示“n 等分点”.

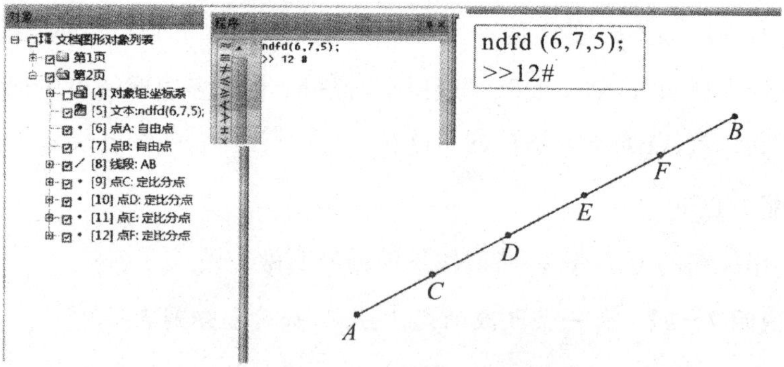

图 7—31　用方便面命令作线段的 5 等分点

【操作说明 7—5】 图形的放缩,也叫位似变换.

若图形可以由几个点确定,可以简单地应用上面介绍的作定比分点的操作. 下面以三角形的放缩为例说明其步骤.

用智能画笔作三角形 ABC 和另一点 D，自 D 分别向 A、B、C 连线段 DA、DB、DC；注意作每条线段时都要从 D 开始画. 在线段 DA、DB、DC 上按上面【操作说明 7—4】分别作相同参数 k 的分点 E、F、G（也可以选择这些线段执行菜单命令"作图|点|直线上的点"，一次作多个点再将其参数都修改为 k；这样操作简便且可避免干扰失误.），再把点 E、F、G 连成三角形. 最后插入变量尺 k 控制放缩系数的变化，可以得到三角形放缩的动态画面（插入变量尺参看【操作说明 4—4】）.

有时要放缩的图形是曲线、多边形区域、手写手画图形或可变换文本，就不便使用定比分点方法而要用放缩变换功能了.

用方便面命令作放缩变换：在方便面环境（参看【操作说明 4—3】），作出要放缩的对象和作为放缩中心的点后，在程序区执行方便面命令"ws(D,P,k);"，即可作出放缩得到的对象. 若 k 为变量可插入变量尺（参看【操作说明 4—4】）来控制放缩倍数，这里命令文本"ws"是"位似"的拼音缩写，命令参数 D 是要放缩的对象的编号，P 是作为放缩中心的点的编号，k 是放缩倍数. 如果要放缩的对象不止一个，例如要放缩的 3 个对象编号为 D、E、F，则可用方便面命令"ws3(D,E,F,P,k);"，方便面环境提供最多放缩 5 个对象的命令"ws5(D,E,F,G,H,P,k);". 要对更多对象作放缩变换，可以多次操作.

如超级画板软件已经注册，可用菜单命令作放缩变换：

作一些图形，确定一点作为旋转中心. 选择该点后执行菜单命令"变换|指定旋转或放缩中心"（或在右键菜单中单击"指定旋转或放缩中心"，如果事先已经指定了中心，此菜单项会是"当前的旋转或放缩中心是…"），这就把放缩中心定下来了. 以后若无新的选择，中心始终不变.

接着执行菜单命令"变换|指定旋转角或放缩倍数参数"（或在右键菜单中单击"指定旋转角或放缩倍数参数"，如果事先已经指定了旋转角或放缩倍数参数，此菜单项会是"当前的旋转角或放缩倍数参数是…"），在随后弹出的对话框中填写放缩倍数参数，可以是数字、字母或数学表达式.

用鼠标选择一个或多个要放缩的几何对象，执行菜单命令"变换|放缩几何对

象”，屏幕马上呈现放缩后的图形. 注意如果放缩倍数较大，放缩后的图形可能在屏幕之外而看不见. 用变量尺调小放缩参数即可看见.

掌握了上面的基本操作现在可以尝试作一些更复杂的图形了.

观察周围的世界，你会发现世界上有不少事物的总体和局部、大处和小处在结构上都有某种相似性. 例如人体的血管、树木的枝条、天空的云朵、植物的根须……下面是初春在马路边新栽的一排小树，这是利用平移旋转和放缩变换在超级画板上制作的模拟图，你能观察出它在哪些方面呈现出自相似的特性吗？能否在超级画板上复制出这个图形或者自己设计一个类似的图形？

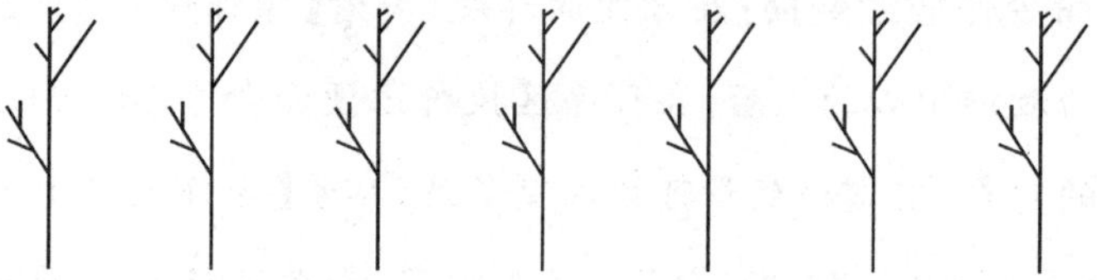

图 7—32　带有自相似部分的小树图案

翻到课件第 11 页，如图 7—33. 这个二叉树是从一条线段（树干）多次放缩、旋转和平移而成. 选择下方一个红点后按左右箭头键微调其位置以改变所对应的数据，可以改变树的形状姿态；单击动画按钮可以观察作图的过程.

7—11　二叉树

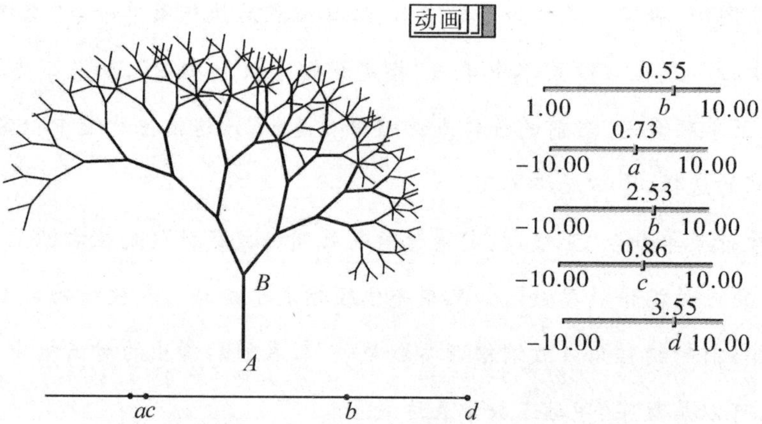

图 7—33　观察二叉树随参数的变化

通过观察实验，你能够指出几个参数所起的作用吗？

翻到课件第 12 页，如图 7－34. 这个由一系列相似三角形构成的图形，因数学家谢尔宾斯基而得名. 单击动画按钮，可以看到图形是如何一步一步作出来的.

7—12 谢尔宾斯基地毯

图 7－34 谢尔宾斯基三角地毯

现在让我们在超级画板上作个较为简单的谢尔宾斯基地毯. 通过动手实践来了解其结构.

(1)作正三角形 ABC，并连接三边中点成内接正三角形并涂色；

(2)选择放缩系数为$\frac{1}{2}$、放缩中心分别为三角形 ABC 的三个顶点，对涂色三角形进行放缩变换；

(3)不断继续施行上一步的操作(也可以考虑与平移变换结合起来大大简化操作).

这样你将得到如图 7－35 所示的一系列图形(参看课件第 13 页)，这样的图形有什么特点呢？

如果设三角形 ABC 的面积为 1，那么第一个涂色三角形的面积就是$\frac{1}{4}$，空白三角形面积的和为$\frac{3}{4}$，而周长却是三角形 ABC 的 1.5 倍；第二层的一个涂色三角形的面积就是$\frac{1}{16}$，空白三角形面积的和为$\frac{7}{16}$，周长又增长了 50%；请你计算下一层空白三角形,并猜想这样一个过程无限继续下去会发生什么情况.

你将发现这些空白三角形"缝隙"的面积将趋近于0,而周长却要多大有多大,我们面前呈现了一个具有无限周长却面积有限的奇妙图形!

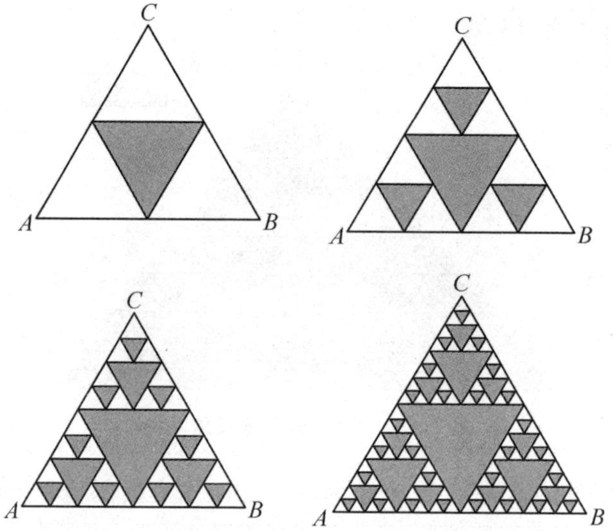

图7—35　自己动手作谢尔宾斯基地毯

奇妙吗?细想起来也不奇妙,其实客观世界的绝大多数实物并不像我们学过的点、线段、圆那样单纯,那样有规则.复杂是宇宙的本性.仅就我们自身的血管而言,你想想从主动脉、静脉到小血管直到毛细血管,它是什么形状的,这样就容易理解仅占人体质量5%的血管何以遍布人体的全身了.

我们实际上已经走到一个新的数学分支——分形几何的门口,这是一门崭新的数学分支.1967年法国数学家蒙德尔布罗特(B. Mandelbrot)在《科学》杂志发表的文章《英国海岸线有多长?》标志着这一门科学分支的开启.

海岸线长度涉及实际的地理测量问题,英国人理查森考察这一问题时发现在西班牙、葡萄牙、比利时、荷兰等国出版的百科全书记录的一些海岸线长度竟相差20%.这是怎么一回事呢?蒙德尔布罗特对此进行了研究,认为这和海岸线的不规则有关.设想如果驾驶飞机沿着海岸从空中拍照片进行测量会是一种什么情况,用尺度量我们会截弯取直用一些折线段的长计算出海岸线的长,尺度大些的话,海岸线曲折的凸凹部分就被忽略掉了，换尺度小些的尺子，测量出的海岸线的长度就会长一些，如果最后我们以自己的步长去量，长度还会大一些．继续下去不断放大测量的比例尺甚至用放大镜力图把海岸线所有的曲折都考虑进去，那海岸线的长度几乎可以要多大有多大了．

分形的基本性质是自相似性，蒙德尔布罗特开启的分形集合是描述自然界大量存在的不规则现象的中心的数学工具，目前已经应用到研究海洋湍流、大气运动、矿物结晶、天文学中银河系的星体聚合结构、生物学领域的蕨类植物的结构、人体循环系统的结构等方面．

人们甚至还在计算机上利用分形进行图案设计，数学和艺术完美地结合在一起了．你在网上可以搜索到专门作分形图的免费软件，用它来自己作分形是很有趣的．也可以找到现成的美丽的分形图案来欣赏．最后让我们欣赏几幅美丽的图形作为这次漫话相似讨论的结束吧！

08　两个点如何相加

长度可以相加，面积也可以相加，两个点能不能相加呢？

这个怪问题有来头. 它是德国数学家和哲学家莱布尼兹提出来的.

莱布尼兹为什么要提出这样的问题呢？

他想，几何图形的基本元素是点. 点可以用字母表示，字母又可以代替数进行运算. 如果点一旦能够像字母那样进行运算，就可能用代数运算的方法研究图形的几何性质了.

图 8—1　莱布尼兹(*Leibniz*，1646—1716)

我们已经学了数轴的知识. 在数轴上每个点都代表一个数，反过来每个数都可以用数轴上的一个点表示，数能相加，代表数的点是不是也能相加呢？

我们做一些实验来探索这个问题. 这种实验可以用纸和笔来做，如果你想得清楚甚至可以在头脑里做. 但如果有条件，最方便的还是在计算机上来做.

【实验 8—1】　探索两个点相加的意义.

打开课件第 1 页，如图 8—2，数轴上有几个点. 让我们对照图形思考，研究两个点如何相加.

8—1 用数轴探索两点相加的意义

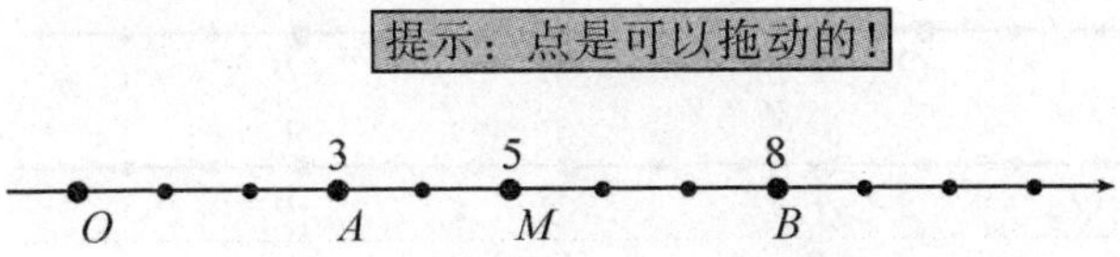

图 8—2　$A+M=B$ 对不对呢

在这条数轴上，点 A 表示 3，点 M 表示 5，点 B 表示 8. 既然 $3+5=8$，看来可以认为 $A+M=B$.

这个想法好像有道理，但是为了确认正确，还是多实验几次.

拖动一下原点，这时出问题了，如图 8—3，尽管 A、M、B 三点没有动，但由于原点动了，它们代表的数变了，现在 $A+M=B$ 肯定不对了. 看来回答莱布尼兹提的问题有一定难度.

8—1 用数轴探索两点相加的意义

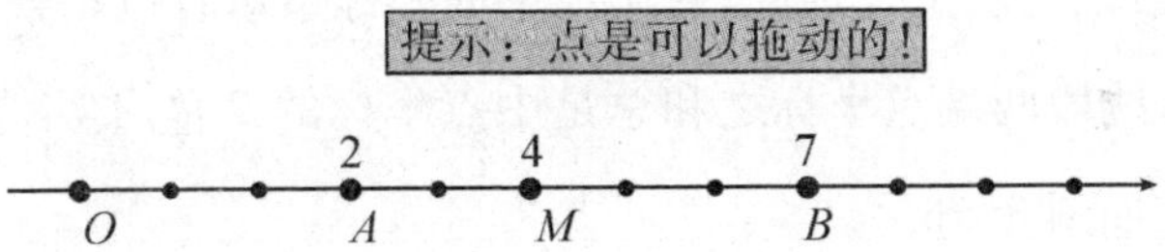

图 8—3　$A+M=B$ 肯定不对了

能不能找到点所表示的数之间的运算关系，使得不论原点如何移动，这关系都成立呢？

让我们继续实验，思考，探索.

拖到如图 8—4 的样子，发现一个等式 $B-M=M-A$.

8—1 用数轴探索两点相加的意义

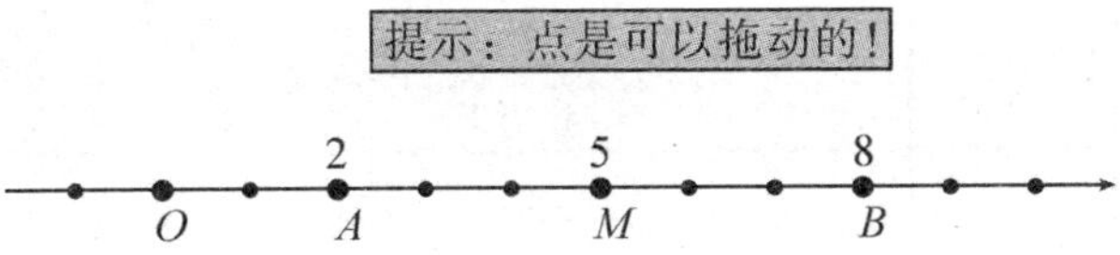

图 8—4　这时应当有 $B-M=M-A$

这个等式和刚才的 $A+M=B$ 不同. 在图 8—4 情形下，无论如何再拖动原点，

仍然有 $B-M=M-A$. 如图 8－5.

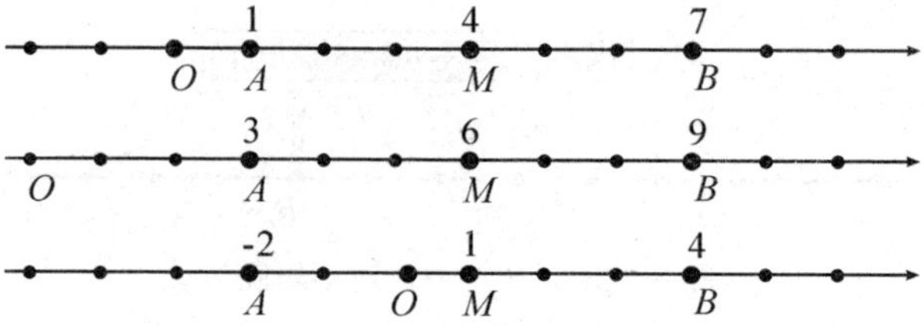

图 8－5　无论如何拖动原点仍有 $B-M=M-A$

想想其中的道理，便会相信：即使改变了数轴的方向和原点的位置，改变了数轴上单位的大小，总有 $B-M=M-A$. 道理很简单，因为 M 是线段 AB 的中点，A 到 M 和 M 到 B 这两段的距离和方向都相同！

但是，人家问的是两点相加，现在找到的等式是两点相减，不是答非所问吗？再思考下去，加和减是可以相互转化的，把好不容易得到的等式 $B-M=M-A$ 通过移项能得到 $A+B=2M$. 也就是说，我们可以规定两点 A 与 B 之和是线段中点的两倍.

这个规定从数轴上看是合理的，其实在平面坐标系里看也是合理的. 无论看横坐标还是纵坐标，线段两端点坐标之和总是中点坐标的 2 倍. 你不妨拖动课件第 2 页上的点做实验，如图 8－6.

8－2　在平面坐标系中观察 $A+B=2M$ 的意义

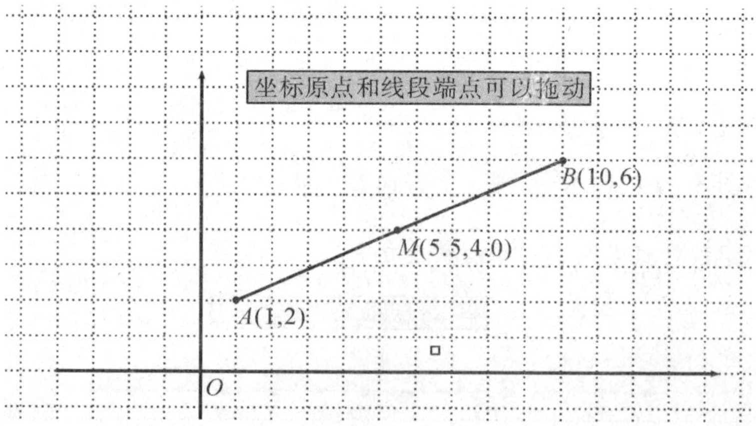

图 8－6　在平面坐标系里看 $A+B=2M$ 也是合理的

【实验 8－2】　进一步思考探索，等式 $A+C=B+D$ 有什么意义呢？

设线段 AC 的中点为 M，BD 的中点为 N，则 $A+C=2M$，$B+D=2N$；从 $A+C=B+D$ 推出 $2M=2N$，从而 $M=N$. 这表明线段 AC 和 BD 的中点是同一个点，即两条线段相互平分.

从 $A+C=B+D$ 移项得到 $A-D=B-C$ 和 $A-B=D-C$，从几何图形上看，这又是什么意思呢？

翻到课件第 3 页，如图 8—7. 拖动各点，观察字母之间的加减关系所包含的几何意义.

8—3 在平面坐标系中观察 $A-B=D-C$ 的意义

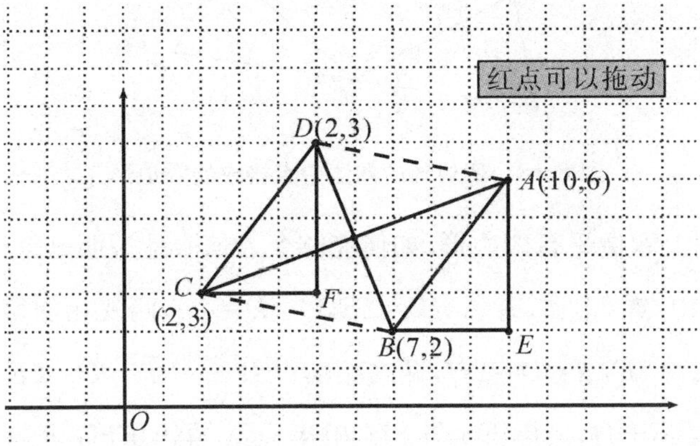

图 8—7 探索 $A-B=D-C$ 的几何意义

观察的结果，你很容易看出 AB 和 DC 平行而且相等，这也就是 $A-B=D-C$ 的几何意义；同样的道理，$A-D=B-C$ 的几何意义是 AD 和 BC 平行而且相等；总之，$ABCD$ 是平行四边形.

于是，从 $A+C=B+D$ 移项得到 $A-D=B-C$ 和 $A-B=D-C$ 这一番代数运算，翻译成几何语言就是：

“若 AC 和 BD 相互平分，则 $ABCD$ 是平行四边形.”

反过来，从 $A-D=B-C$ 或 $A-B=D-C$ 移项得到 $A+C=B+D$，翻译成几何语言就是：

“若 $ABCD$ 是平行四边形，则 AC 和 BD 相互平分.”

看,用代数运算代替几何推理,多么简洁明快!

但这点成果来之不易,是因为我们通过探索实验发现了对两个点相加的合理说明,也可以说是合理的定义.

这定义和中点有关,用它解决涉及中点的几何问题很方便.

【例 8－1】 如图 8－8,四边形 $ABCD$ 的四边中点顺次为 E、F、G、H,探索四边形 $EFGH$ 有什么特点?

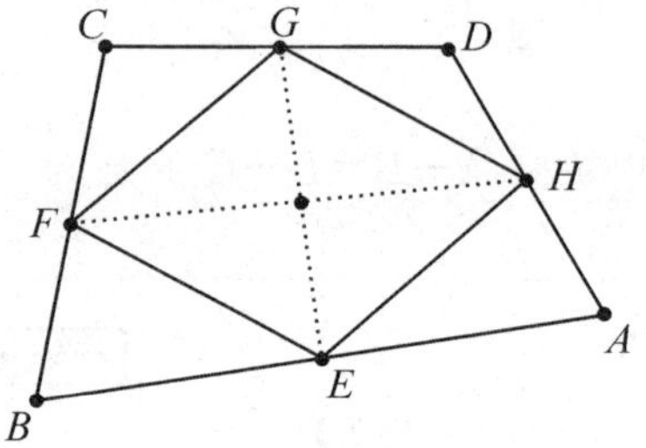

图 8－8　四边形的四边中点构成的四边形

【解】 从图上看像平行四边形,如何能够令人信服地说明这个论断呢?

方法 1　利用点的相加,有 $A+B=2E$,$C+D=2G$,两式相加得 $A+B+C+D=2E+2G$;$B+C=2F$,$A+D=2H$,两式相加得 $B+C+A+D=2F+2H$.

于是 $E+G=F+H$,所以 EG 与 FH 相互平分,推出 $EFGH$ 是平行四边形.

注意,上面我们用了类似代数运算的方法证明了一个几何论断.

在这里我们默认了 $A+B+C+D=B+C+A+D$,也就是点的加法满足交换律和结合律.还默认了等式的传递性,以及从 $2E+2G=2F+2H$ 可以推出 $E+G=F+H$.这些本来是数字与符号的运算性质,为何也适用于点的加法呢?这不能想当然,要想想其中的道理.

原来,点的加法本是联系着数轴上和坐标系中点所对应的数的加法而引进的运算,于是它继承数的运算规律也就不足为奇了.

方法 2　利用减法,有

从 $A+B=2E$,$B+C=2F$,两式相减得 $A-C=2E-2F$;

从 $A+D=2H$,$C+D=2G$,两式相减得 $A-C=2H-2G$;

于是 $E-F=H-G$，所以 EF 与 HG 平行且相等，推出 $EFGH$ 是平行四边形.

【例 8-2】 A、B、C、D、E、F、G、H 是任意 8 个点，分成 4 组，每组两点，连成 4 条线段，4 条线段的 4 个中点又分成两组，每组两点，连成两条线段，两条线段的两个中点连成一条直线；这样由于分组不同连成的不同直线可能有很多(我估计有 800 多条，你认为呢?)，请你作出几条，猜想这些直线有什么特点.

【实验 8-3】 用超级画板的智能画笔作出 8 个自由点，任意分组连线作出几条这样的直线，如图 8-9(参看课件第 4 页)，拖动自由点观察思考. 作图如果不顺利，先看看后面的【操作说明 8-1】了解快捷键作中点的窍门.

8-4 8 个点分组连线作中点产生的 3 条直线

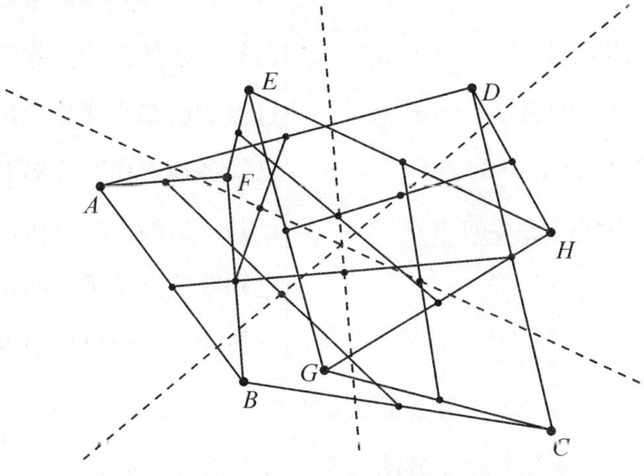

图 8-9 探索分组连线作中点产生的直线特点

图中用不同的分组方法产生了 3 条直线，用不同颜色的虚线表示. 你一眼就看出来三线共点，是不是偶然? 拖动 8 个自由点继续观察，3 条虚线总是交于一点! 这样任意分组作出的几百条直线难道都交于一点吗? 是不是有点不可思议?

这个问题留给你进一步思考. 按照两点相加的意义想下去，你会发现，不论如何分组，最后得到的两点连线的中点的 8 倍总等于 8 个自由点之和! 这就是全部奥秘之所在.

在作图过程中，你会感到点和线太多了有点干扰. 下面告诉你一个作中点的简便方法.

【操作说明 8—1】 用快捷键作中点以及其他有用的快捷键.

选择几条线段,按一下 M,这几条线段的中点都作出来了.

选择几个点,按一下 M,这几个点按你选择的顺序两两连成线段,并且作出了每条线段的中点.

使用快捷键可以使作图大大方便. 超级画板免费版本的内置快捷键如下表.

一般操作快捷键
保存页面 Ctrl+Y
打开页面 Ctrl+K
撤销前面的操作 Ctrl+Z
设置对象的字体 Ctrl+F
隐藏或显示全部点的名字 Ctrl+A
隐藏所选择的对象 Ctrl+H
显示或隐藏文本或多边形的边界 Ctrl+B

作图操作快捷键
切换到智能画笔 B
切换到选择状态\
过点作已知直线的垂线 D
已知一边的两端点作等边三角形 E
过点到已知直线作垂足 F
已知各顶点作多边形 P
已知一边的两端点作矩形 K
已知 3 顶点作平行四边形/
已知两点或线段作中点 M

课件 8—4 附 1 页和 8—4 附 2 页供你练习熟悉快捷键.

你自己也可以根据需要和习惯修改或定义新的快捷键.

用菜单命令"查看|工具栏|自定义"打开自定义对话框,单击上面的"键盘"项,切换到快捷键设定栏如图 8—10;在左边选择类别和命令后,在右边下面窗口输入要设定的快捷键. 如果你的设定和原有的设定不冲突,"指定"按钮会被激活,这时单击"指定",就完成了设定;可继续设置其他. 注意这些操作要在英文输入状态进行;对于未注册的超级画板,用菜单命令不能执行的功能用快捷键也不能执行,但大多数可以用文本命令或方便面执行.

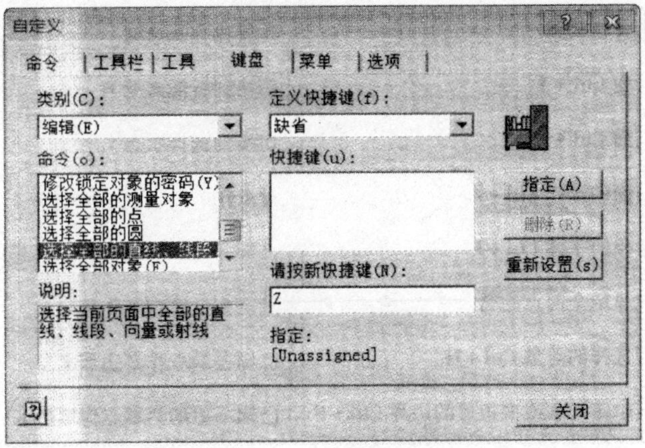

图 8—10　自定义对话框中的快捷键设定栏

上面的例子是 8 个点，如果是 3 个点或 5 个点有没有类似的规律？你不妨作图探索一番.

【例 8—3】 若 AB 和 AC 的中点分别为 D 和 E，探索线段 DE 和线段 BC 有什么关系？

如图 8—11，通过作图观察你发现了什么？

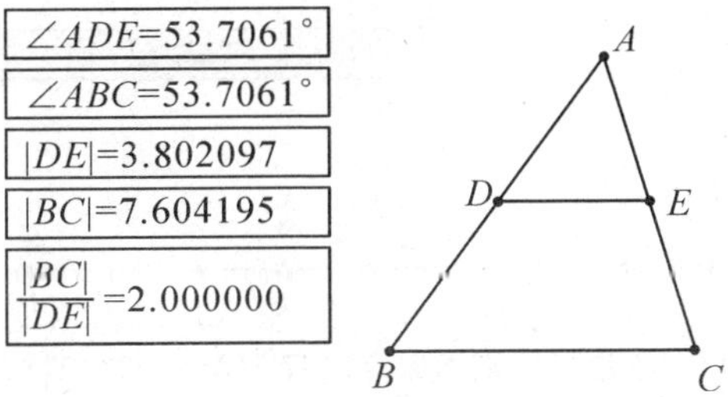

图 8—11　通过作图观察你发现了什么？

如果你有所发现，这发现很容易从点的相加的性质推导出来. $A+B=2D$，$A+C=2E$，两式相减得 $B-C=2(D-E)$，这表明直线 BC 和 DE 平行，并且线段 BC 的长度是 DE 的两倍.

上面几个例子都涉及中点，如果涉及三分点五分点，能不能用点的加法来表示和推导呢？

【实验 8—4】 翻回到课件第 1 页，拖动点如图 8—12，思考如何用点的加法表

示 A、B 和 M 之间的关系.

8—1 用数轴探索两点相加的意义

提示：点是可以拖动的！

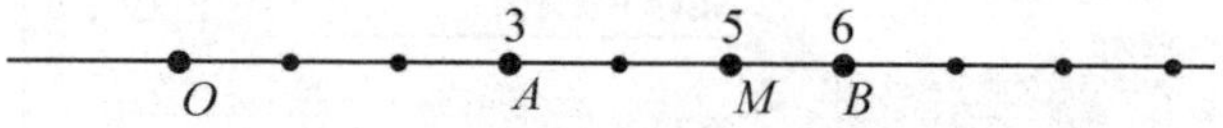

图 8—12 如何用点的加法表示 3 点之间的关系？

现在我们有经验了，可以从减法寻求突破.

不论如何拖动原点，总有 $M-A=2(B-M)$. 移项整理把减法变成加法，得到 $A+2B=3M$.

再拖动点 B，如图 8—13，又该如何表示呢？

不论如何拖动原点，总有 $3(M-A)=2(B-M)$. 移项整理把减法变成加法，得到 $3A+2B=5M$.

8—1 用数轴探索两点相加的意义

提示：点是可以拖动的！

图 8—13 不论如何拖动原点总有 $3(M-A)=2(B-M)$

新的套路被你发现了.

$A+2B=3M$ 可以表示 M 是线段 AB 的一个 3 等分点，且 $AM=2MB$.

$3A+2B=5M$ 可以表示 M 是线段 AB 的一个 5 等分点，且 $3AM=2MB$.

你会猜想到，当 $m+n\neq0$ 时，等式 $mA+nB=(m+n)P$ 可以表示 P 是线段 AB 上的一个 $m+n$ 分点，且 $mAP=nPB$.

想一想，m 和 n 不是整数可以吗？是负数可以吗？多画些图做实验，你可以得出自己的结论.

翻到课件 8－5 页，把 3 个点放到坐标系里看，如图 8－14. 再把 $A+2B=3M$ 写成 $M=\frac{A+2B}{3}$，把等式中点的名字换成它的横坐标或纵坐标，不就是定比分点公式吗？而且更简洁更便于推导了.

8－5 在平面坐标系中观察 $A+2B=3M$ 的意义

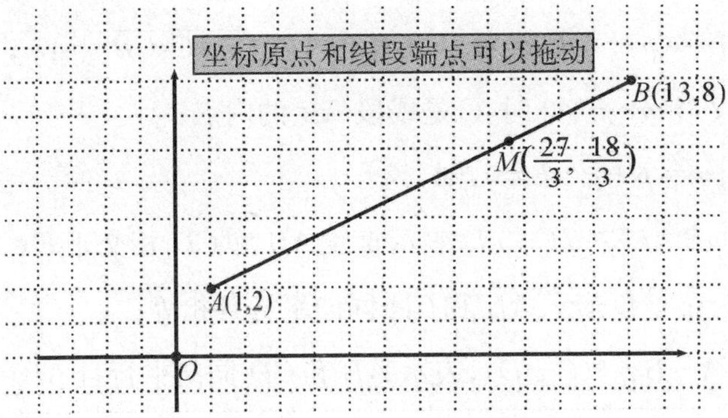

图 8－14 $A+2B=3M$ 不就是定比分点公式吗？

我们从点的相加开始探索，结果不得不引出点的倍数相加. 在类似于 $A+2B=3M$ 或 $3A+2B=5M$ 这样的等式中，对每个点所赋予的系数还有更多的意义吗？

请看课件 8－6 页，如图 8－15，杠杆左端是一个球，右端是两个同样的球，如果忽略杆和线的重量，使杠杆能够平衡的支点，应当满足条件 $AM=2MB$，这正是 $A+2B=3M$ 的意义. 而 M 的系数 3，正好表示这个支点所受的力相当于 3 个球的重量.

8－6 $A+2B=3M$ 的物理意义

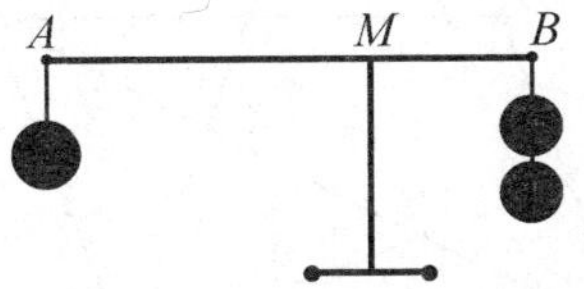

图 8－15 每个点所赋予的系数还有物理意义

从这个角度看，几个点分别乘上系数加起来，相当于求一组质点的重心，点的位置就是质点的位置，点的系数就是质点的质量，相加后得到的点的位置就是重心的位置，其系数就是所有这些质点的质量之和！所以，这种研究几何的方法，叫做“质点几何”的方法.

质点几何的基本法则很简单，就下面这么几条：

> 小结
>
> 1. 若 $m+n\neq 0$，则
>
> $m+nB=(m+n)C$ 表示 C 在直线 AB 上，$\overline{AC}:\overline{CB}=n:m$；
>
> 当且仅当 $m\cdot n>0$ 时，C 是线段 AB 的内点；
>
> 2. 若 $m+n=p+g=k\neq 0$，则
>
> $mA+nB=kE=pC+qD$ 表示直线 AB 和 CD 相交于 E；
>
> 3. $A-B=C-D$ 表示 AB 和 CD 同向平行且相等；
>
> $k>0$，$A-B=k(C-D)$，表示 AB 和 CD 同向平行且 $AB=kCD$.

虽然只有这几条，用它解决几何问题却相当有力.

用质点几何的法则，可以表示平移：如果平移向量为 $\overrightarrow{AB}$，点 X 经平移成为 Y，则 $Y=X+(B-A)$.

用质点几何的法则，可以表示位似（放缩）：如果位似中心为 O，放缩倍数为 k，点 X 经位似变换成为 Y，则 $Y=O+k(X-O)$ 或写成 $y=kX+(1-k)O$.

用质点几何的法则，可以方便地解决一些几何问题，下面再看几个例子.

【例 8—4】 如图 8—16，$ABCD$ 是平行四边形，E 是 DC 中点，F 是 AD 中点，BE、BF 分别交 AC 于 G、H；试确定 G、H 的位置（课件 8—7 页）.

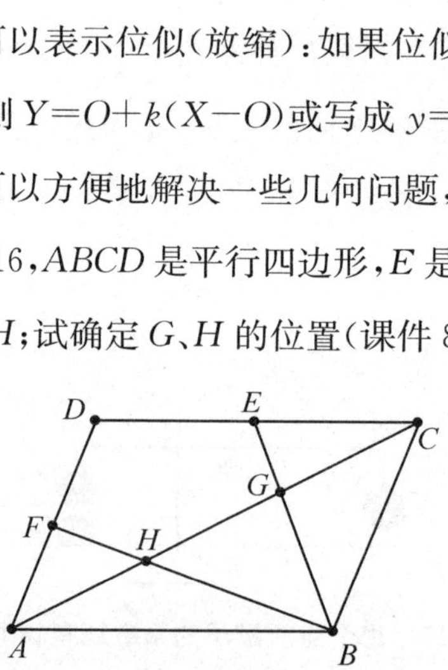

图 8—16　试确定 G、H 的位置

【解】 由条件得 $A-B=D-C=2(E-C)$，展开移项得

$$A+2C=B+2E=3G.$$

可见 $AG=2GC$ 且 $BG=2GE$；同理 $CH=2HA$ 且 $BH=2HF$.

【例 8－5】 如图 8－17，D 是 AB 中点，E 是 BC 中点，AE 与 CD 交于 F，求线段 AF 与 FE 长度之比(参看课件 8－8).

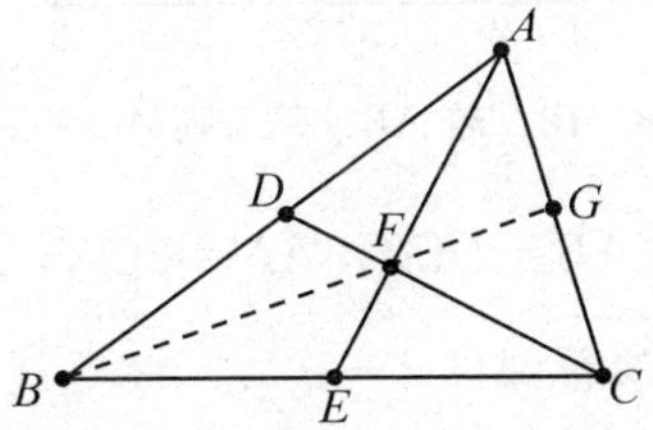

图 8－17　三角形两条中线的交点

【解】 由已知条件得 $B+C=2E$ 和 $A+B=2D$，相减得 $A-C=2D-2E$；于是 $A+2E=C+2D=3F$，可见 $AF=2FE$.

如果 G 是 AC 的中点，同理可知 BG 也经过 AE 的 3 分点 F，由此推出"三角形的三条中线交于一点."

也可以不求 AF 与 FE 长度之比而直接证明三条中线交于一点：

由于 $A+C=2G$，$B+C=2E$ 和 $A+B=2D$，故

$$A+B+C=B+2G=A+2E=C+2D$$

这表明 BG、AE、CD 三线共点.

另一种方法，先作直线 BF 而设 G 是 BF 与 AC 的交点，则将两式 $B+C=2E$ 和 $A+B=2D$ 相减整理得 $A+2E=C+2D=3F$，由 $B+C=2E$ 代入得 $A+B+C=3F$，移项得 $A+C=3F-B=2G$，可见 G 是 AB 中点.

你看，代数式的多种变换方式都能解读成几何关系呢！

【例 8－6】 如图 8－18，若 $CD/\!/AB$，BC、AD 交于 F，EF 交 AB 于 G，则 $AG=GB$(参看课件 8－9).

【解】 由平行条件得 $A-B=k(C-D)$，整理移项得

$$A+kD=B+kC=(1+k)F \text{ 和 } B-kD=A-kC=(1-k)E$$

相加得 $A+B=(1+k)F+(1-k)E=2G$，可见 G 是 AB 中点.

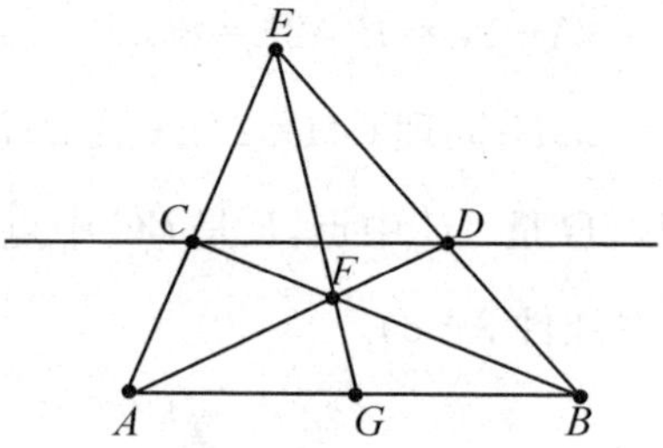

图 8－18　若 $AB /\!/ CD$，则 $AG=GB$

【例 8－7】　如图 8－19，$AB=2AM$，$3AN=2CN$，求线段 FC 与 MF 的长度之比，GN 与 MN 的长度之比(参看课件 8－10)。

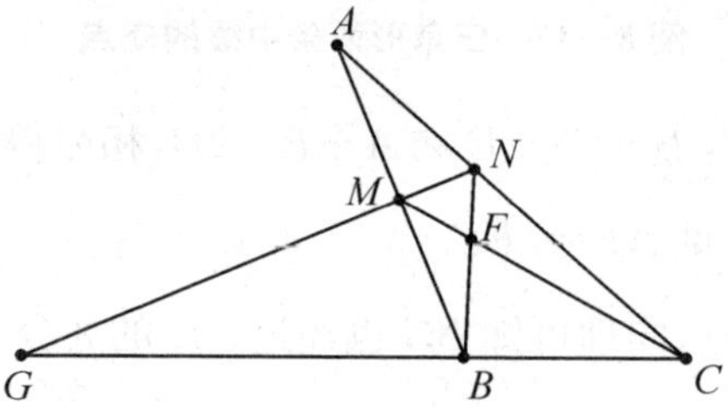

图 8－19　$AB=2AM$，$3AN=2CN$，求 $\frac{FC}{MF}$ 和 $\frac{GN}{MN}$

【解】　由条件得 $A+B=2M$ 和 $3A+2C=5N$，从两式消去 A 得

$$6M+2C-5N+3B=8F \text{ 和 } 6M-5N=3B-2C=G$$

故得 $FC=3MF$，$GN=6MN$.

此题顺便还知道 $5NF=3FB$ 以及 $2CB=BG$.

如果去掉此题的定量条件，再添一条线如图 8－20(参看课件 8－10，单击显示按钮)，要求证明等式 $\frac{BH}{HC}=\frac{GB}{GC}$，就成了一道名题. 数学大师华罗庚曾用三角方法

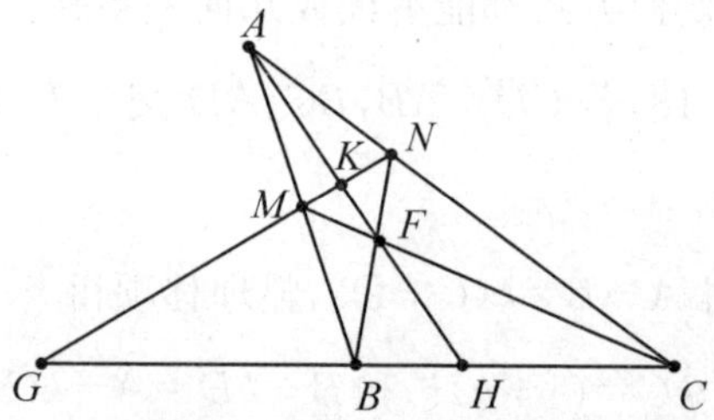

图 8－20　等式 $\frac{BH}{HC}=\frac{GB}{GC}$ 包含了射影几何基本原理

给出过此题的解答，并称此题包含了射影几何的基本原理.

现在问能够用点的加法处理此题吗？让我们试一试.

设$\frac{BH}{HC}=u$，即 $B+uC=(1+u)H$；

再设$(1+u)H+xA=(1+u+x)F$.

代入消去 H 得到$B+uC+xA=(1+u+x)F$，

故得 $uC+xA=(1+u+x)F-B=(u+x)N$，

$B+xA=(1+u+x)F-uC=(1+x)M$；

两式相减消去 A 可得

$$B-uC=(1+x)M-(u+x)N=(1-u)G.$$

于是得 $B-G=u(C-G)$，即$\frac{GB}{GC}=u=\frac{BH}{HC}$，这正是我们想要的.

你不妨试一试改变本题的题设，用多种方法推出这个等式.

【例 8—8】 翻开课件 8—11，如图 8—21. 四边形各边的三等分点相对连线把它分为 9 块. 测量表明，中间一块恰是整个四边形面积的$\frac{1}{9}$. 怎么会这么巧呢？

8—11 井田问题

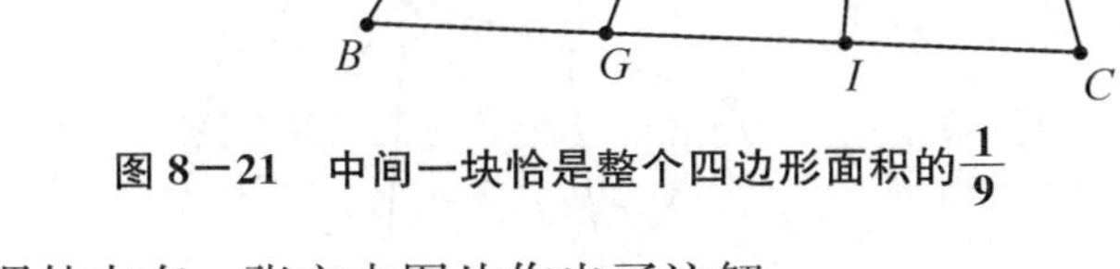

图 8—21 中间一块恰是整个四边形面积的$\frac{1}{9}$

对此现象，课件中有一张文本图片作出了注解：

$2A+D=3H$，$2B+C=3G$；
$2A+B=3E$，$2D+C=3F$；
上下相减：
$D-B=3H-3E$，$2(D-B)=3F-3G$；
再消去 B 和 D：$6H-6E=3F-3G$；
整理得 $2H+G=2E+F=3M$.
所以 M 是 HG 和 EF 的 3 分点.

同理，P、Q、N 都是所在线段上的三等分点.

知道了 M、N、P、Q 都是所在线段上的三等分点，如何进一步计算四边形 $MNQP$ 的面积呢？

如图 8－22（课件 8－12 页），在四边形 $ABDC$ 的两边 AB 和 CD 上取三等分点 E、F 和 G、H，则△BEC 的面积是△BAC 的$\frac{2}{3}$，△BCH 的面积是△BDC 的$\frac{2}{3}$，所以四边形 $BECH$ 的面积是四边形 $ABDC$ 面积的$\frac{2}{3}$；又因为△HEF 的面积和△HFB 相等，△HGE 的面积和△GCE 相等，所以四边形 $EFHG$ 的面积是四边形 $BECH$ 面积的一半，即四边形 $ABDC$ 面积的$\frac{1}{3}$.

8－12 井田面积计算基础

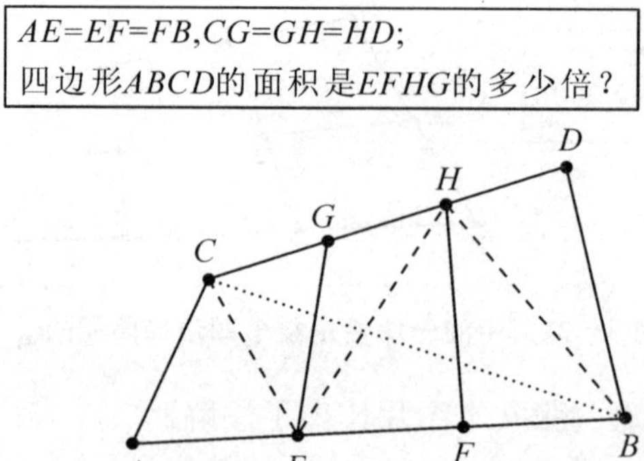

图 8－22 四边形 $EFHG$ 的面积是 $ABDC$ 面积的$\frac{1}{3}$

现在，要说明图 8－21 所画中间一块恰是整个四边形面积的$\frac{1}{9}$已经不难了；剩下的推理请你自己来完成吧.

在图 8－4 中看到，点的加法产生的等式，可以转变成坐标之间的等式. 下面的实验告诉我们，它还可以转变成面积之间的等式.

【实验 8－5】 点的加法转化为面积之间的关系.

翻到课件 8－13，如图 8－23. 拖动各点观察测量数据，初步观察发现，3 个三角形$\triangle APQ$、$\triangle BPQ$和$\triangle MPQ$的面积之间的关系与三个点A、B、M之间的关系是相同的.

三个点之间的关系：$A+2B=3M$.

三个三角形面积之间的关系：

$$s(APQ)+2s(BPQ)=3s(MPQ).$$

8－13　$A+2B=3M$ 与面积的关系

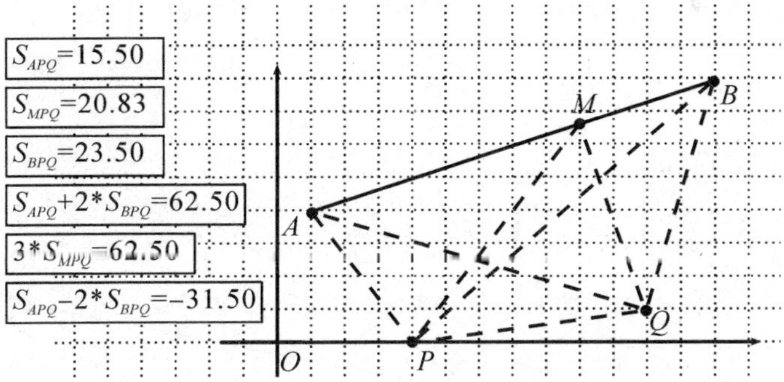

图 8－23　三点的关系转化为三个三角形面积的关系

然而，这是不是普遍的规律呢？

拖动各点对更多的情形观察实验，很快会发现：当直线PQ与线段BM相交时，上述关系不对了. 但是，如果把其中一项前面加个负号，则另一种等式成立，如图8－24.

8—13 $A+2B=3M$ 与面积的关系

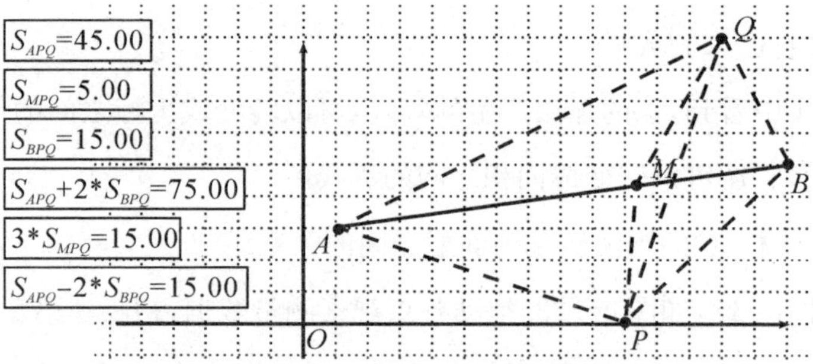

图 8—24 直线 PQ 与线段 BM 相交时的测量数据

图 8—24 告诉我们，当直线 PQ 与线段 BM 相交时，与等式 $A+2B=3M$ 相对应的面积之间的关系成为

$$s(APQ)-2s(BPQ)=3s(MPQ).$$

继续拖动，还会发现另一种情形：当直线 PQ 与线段 AM 相交时，如图 8—25，与等式 $A+2B=3M$ 相对应的面积之间的关系成为

$$s(APQ)-2s(BPQ)=-3s(MPQ).$$

8—13 $A+2B=3M$ 与面积的关系

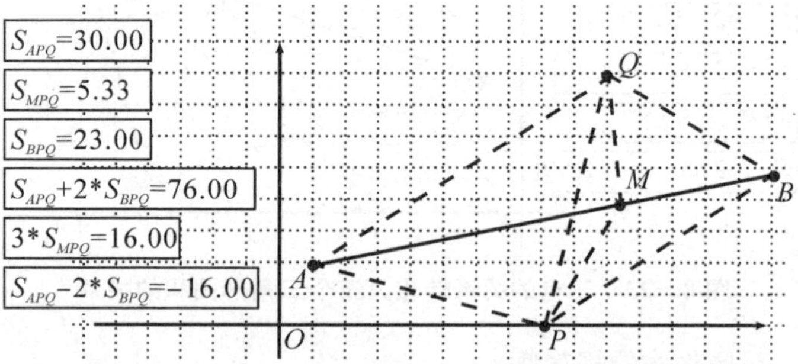

图 8—25 直线 PQ 与线段 AM 相交时的测量数据

数学贵简，能不能把多种情形统一成为一条规律呢？

观察思考，看出来等式中改变的仅仅是正负号，而正负又依赖于三角形的一个顶点在对边的这一侧还是另一侧. 如何描述三角形的 3 个顶点之间的这种位置关系呢？

如图 8—25，在$\triangle APQ$中沿$A-P-Q-A$绕一圈，则绕圈的方向为反时针方向；在$\triangle BPQ$（或$\triangle MPQ$）中沿$B-P-Q-B$（或$M-P-Q-M$）绕一圈，则绕圈的方向为顺时针方向；这样就把三角形的 3 个顶点之间的位置关系描述出来了.

于是我们引进一个"带号面积"的概念. 设$\triangle ABG$的面积为S，如果沿$A-B-C-A$绕圈的方向为反时针方向，则约定$\triangle ABC$的带号面积为S；如果沿$A-B-C-A$. 绕圈的方向为顺时针方向，则约定$\triangle ABC$的带号面积为S的相反数，即$-S$；简单地用ABC记$\triangle ABC$的带号面积.

按此约定，$\triangle ABC$的带号面积ABC与字母顺序有关，画图观察不难得到等式$ABC=BCA=CAB=-ACB=-CBA=-BAC$. 也就是说，两个字母换位时带号面积改变符号.

做更多的实验，便会发现从$uA+vB=(u+v)M$可以推出带号面积之间的关系：$uAPQ+vBPQ=(u+v)MPQ$. 这很像乘法对加法的分配律. 所以可以把点的乘法与带号面积对应起来，但是要注意，这样的乘法是不可交换的，交换就要改变符号，而且要 3 点相乘才有意义.

用你的几何知识，试一试能够把其中的道理说清楚吗？

利用这种关系，可以方便地计算三角形的面积.

【例 8—9】 如图 8—26，$AB=3AP$，$AC=2AQ$，F是BQ和CP的交点. 若已知$\triangle ABC$的面积，求$\triangle PFQ$的面积（课件 8—14）.

8—14 点的加法与面积计算

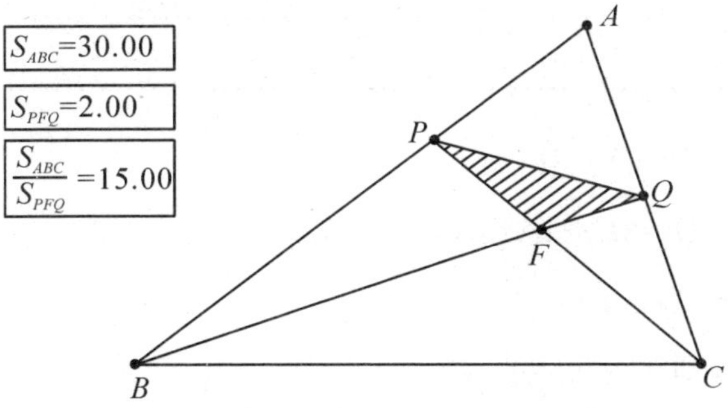

图 8—26 求三角形 PFQ 的面积

【解】 由条件得 $3P=2A+B$，$2Q=A+C$；消去 A 得到 $3P-4Q=B-2C$，即

$$3P+2C=B+4Q=5F，故\ 5F=2A+B+2C.$$

应用点的加法与带号面积的对应关系，类比乘法得到：

$$\begin{aligned}30PFQ &= 3P\times5F\times2Q=(2A+B)\times(2A+B+2C)\times(A+C)\\ &=2ABC+2BAC+2BCA\\ &=2ABC+2BAC-2BAC=2ABC.\end{aligned}$$

最后得出 $15PFQ=ABC$. 即△PFQ 的面积是△ABC 的$\frac{1}{15}$.

上面的计算过程中，3 个括弧相乘按分配律展开本来应当有 12 项. 但是如果某项有两个字母相同它就是零，所以实际只有 3 项了.

最后看一个有趣但不太容易的题目.

【例 8—10】 如图 8—27(课件 8—15).

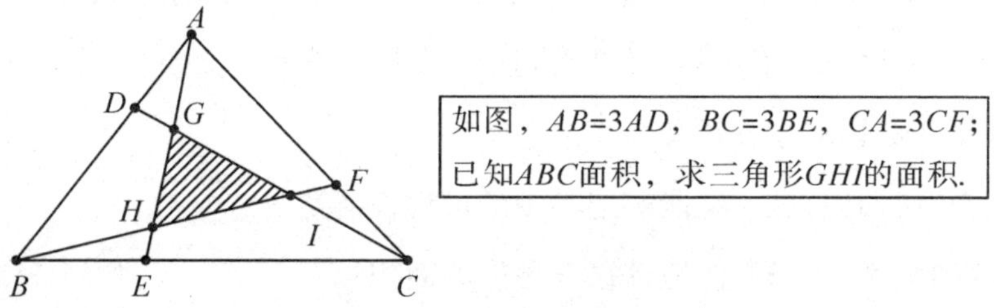

图 8—27 三角形的井田问题

【解】 计算过程几乎是机械地进行，如下所示：

$2A+B=3D$ ………………………………………… (1)
$2B+C=3E$ ………………………………………… (2)
$2C+A=3F$ ………………………………………… (3)
(2)－2×(1)：$C-4A=3E-6D$，
推出　$C+6D=3E+4A=7G$
$7G=C+2B+4A$
同理　$7H=A+2C+4B$
$7I=B+2A+4C$

$$
\begin{aligned}
7^3 GHI &= (C+2B+4A)(A+2C+4B)(B+2A+4C) \\
&= 64ABC+8ACB+8BAC+8BCA+CAB+8CBA \\
&= 64ABC-8ABC-8ABC+8ABC+ABC-8ABC \\
&= 49ABC
\end{aligned}
$$

$$GHI=\frac{ABC}{7}$$

最后的答案表明，图中阴影部分的面积是大三角形的$\frac{1}{7}$.

现在不妨回想一下我们思考和实验的历程：从“两个点如何相加?”这个问题出发，应用我们学过的有关数轴的知识试图给出回答，第一次想法错了，但大方向没错，终于在“点可以表示数”的基础上找到了合理的回答. 当我们进一步明白了点的加法的几何意义和物理意义时，就可以用代数运算来解决几何问题了. 为了解决更多的问题，我们考察了点的加法与坐标的关系、与面积的关系，开拓了我们的知识，提高了解决问题的能力，这让我们认识到，提出并思考一个好的数学问题，能够把我们引入一片新的天地，获得许多新的知识. 可见提出好的问题多么重要.

09　从面积到正弦

我们知道，“三角形面积等于底乘以高的一半”.

看看图 9－1，想想三角形面积公式是怎么得到的?

这里画出三角形的高干什么? 不过是把原来的三角形分割成两个直角三角形，再通过旋转变换这两个直角三角形，补成一个矩形，而矩形的面积又可以通过边长为一的单位正方形的面积来度量，上述数学思考的妙处在于转化和构造，把未知三角形面积的计算转化为已知的矩形面积的计算，再看看这个矩形里面有多少个单位正方形.

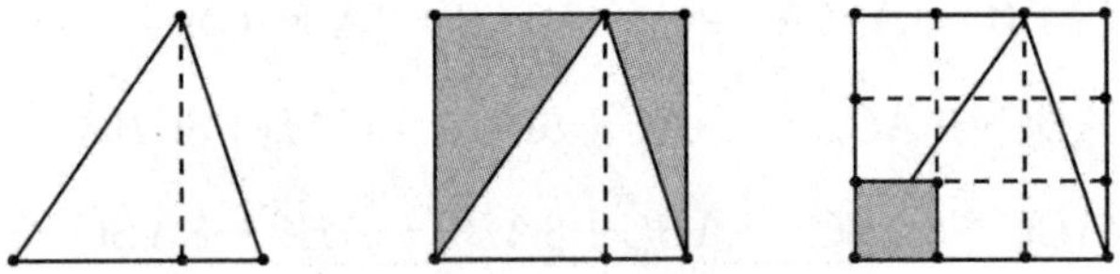

图 9－1　三角形面积公式是怎么得到的

但是，如果不知道三角形的高，能求这个三角形的面积吗？

为了探索这个新问题，先看两个例子.

【例 9－1】　有关三角形花坛面积的计算.

在下面(图 9－2)三角形(ABC)的花坛中摆放了黄、红、紫三种不同颜色的花，已知$\frac{AD}{AB}=\frac{2}{3}$，$\frac{AE}{AC}=\frac{1}{3}$，问：黄、红、紫三种不同颜色的花坛的面积各占整个花坛面积的几分之几？

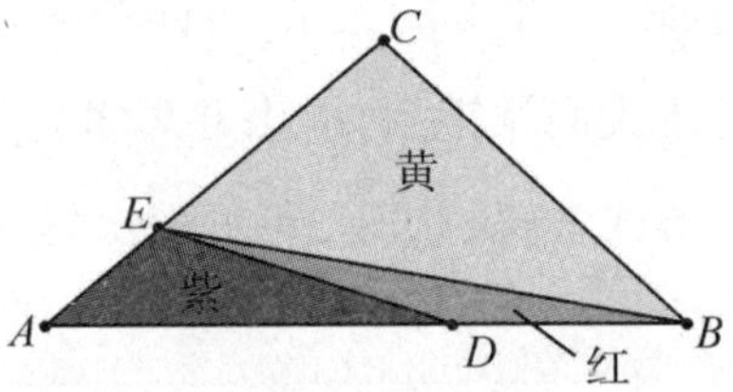

图 9－2　不同颜色的花坛的面积各占多大比例

拿起笔来算一算，看看$\triangle ADE$ 与$\triangle ABE$ 的面积有什么关系，$\triangle ABE$ 与$\triangle ABC$ 的面积有什么关系？这样一来如果知道了$\triangle ABC$ 的面积就能计算$\triangle ADE$ 的面积，反过来也一样.

看来从数学的角度考虑，这里有关三角形花坛面积的计算本质上是这样一个问题："两个有公共角的三角形面积的比与夹这个公共角的两边的比有什么关系？"你能概括出其中的规律吗？

【例 9－2】　有关三角形水稻田面积的计算.

例如有一块三角形的水稻田(图 9－3)，测量这个三角形的高不方便，只能在田埂上走来走去，怎么计算这块田的面积？

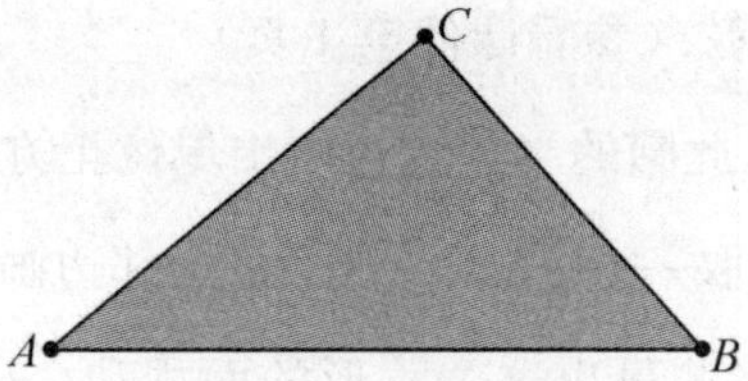

图 9—3　三角形的水稻田面积如何计算

由于有“只能在田埂上走来走去”条件的限制，我们只能测量出三角形稻田三边的长或三角形稻田的三个角的大小. 于是这里的数学问题就是“已知三角形的两边和夹角的大小求三角形的面积”或“已知三角形的三边的大小求三角形的面积”，下面思考第一个问题.

设想分别在这个三角形的 AB、AC 边上取点 D、E 使得 $AD=AE=1$(如图 9—4)，称$\triangle ADE$ 为单位等腰三角形. 由上一问题的启发，如果知道了单位等腰三角形的面积，那稻田的面积不就好算了吗？设 $AB=a$，$AC=b$，$\triangle ADE$ 的面积$=s$，你能用 a、b、s 这三个字母表示出$\triangle ABC$ 的面积吗？(注：我们把有两条边相等的三角形叫做等腰三角形，那两条相等的边叫做等腰三角形的腰，第三条边叫做底边，把两腰所夹的角叫等腰三角形的顶角，腰和底边所夹的角叫底角.)

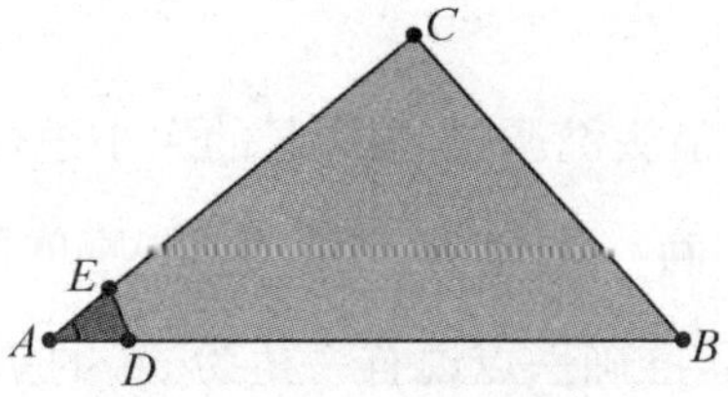

图 9—4　知道小三角形的面积求大三角形面积

现在的问题清晰了：只要能求出那个单位等腰三角形的面积，一切问题就都可以解决了！而这个等腰三角形的面积又与它的顶角的大小有关，那么它们之间到底有什么关系呢?

让我们进入超级画板认识一个新朋友，它的名片上写有“正弦”两个字，外文的名字叫 sin. 很生疏吗？不要紧，按照下面进行操作，你很快就会熟悉它的，认识了它，以后能帮助我们解决许多问题呢！

【实验 9—1】 认识正弦.(参看课件第 1 页)

画出半径为 1 的圆,以此圆的半径为边画出单位正方形,并测量出这个正方形的面积,如图 9—5;在圆上取一点 E,以 AB、AE 为邻边画出菱形,这个菱形各边长都是 1,所以叫"单位菱形".测量出这个菱形的面积和$\angle BAE$ 的度数;用鼠标选择点 E 拖动,观察单位菱形面积和这个角的变化.

9—1 角度变化面积打折

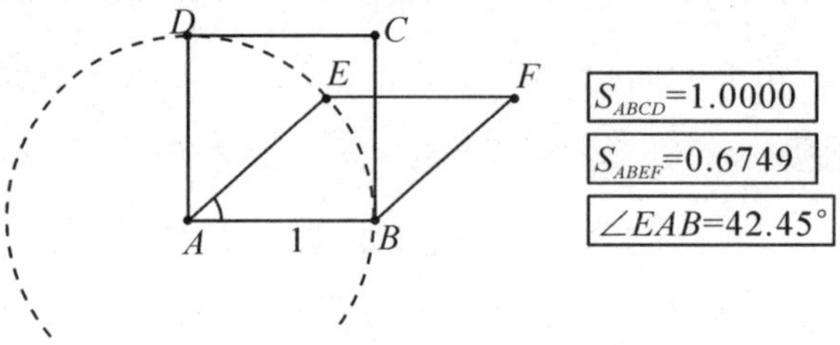

图 9—5 把正方形压成菱形面积打折了

也可以直接打开课件来观察.

你会发现单位菱形的面积与单位正方形相比有了一个"折扣",而且这个折扣随$\angle BAE$ 而变化.因为单位正方形面积为 1,所以这个折扣的数值就是单位菱形的面积.

选择点 F,按上下左右箭头键调整$\angle BAE$ 的大小进行观察,你会看到,$\angle BAE=53°$时面积约打 8 折,准确一点说有一角为 53°的单位菱形面积为 0.799;而$\angle BAE=30°$时面积打 5 折,准确一点说有一角为 30°的单位菱形的面积为 0.500.为了说话和书写的方便,引入正弦定义.

【正弦定义】 有一角为 A 的单位菱形的面积叫做角 A 的正弦,记作 $\sin A$.

"正弦"这个词有点古怪,它的来历后面再解释.

在屏幕上画出一个角,怎样测出它的正弦呢?

执行菜单命令"测量|测量表达式",从弹出的对话框下都看到$\angle BAE$ 测量数据的代号是 $m002$,在上方键入 $\sin(m002)$后选择"确定"(图 9—6),屏幕将呈现该角的正弦值.

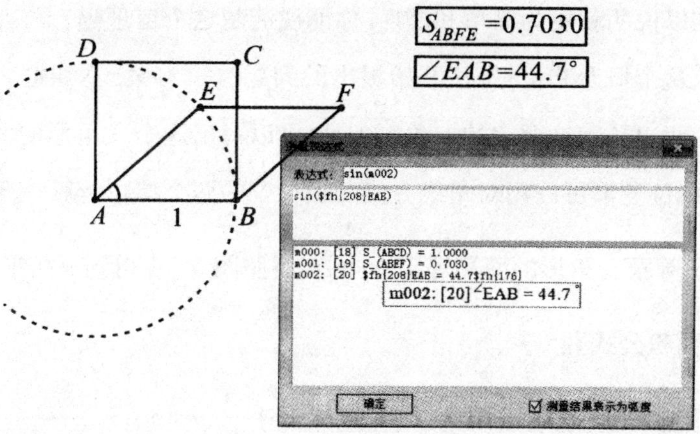

图 9—6　测量$\angle BAE$的正弦值

测量后继续拖动观察就会看到，$\angle BAE$ 的正弦值总等于单位菱形 $ABFE$ 的面积，如图 9—7.

9—1　角度变化面积打折

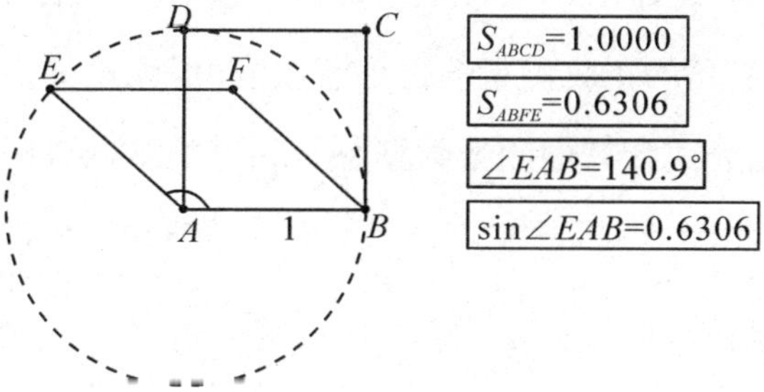

图 9—7　$\angle BAE$ 的正弦值总等于单位菱形 $ABFE$ 的面积

你将看到对于任何一个确定的角都有一个确定的正弦值与之对应，而这个数值恰好等于单位菱形与单位正方形面积之比，也就是由于角的改变菱形面积随之变化的“折扣”.

明白了什么是角的正弦，就不难回答下面的问题：

$$\sin 0° = ?,\ \sin 90° = ?,\ \sin 180° = ?$$

为什么总有 $\sin(180° - A) = \sin A$?

这些问题当然可以在上述课件页面上测量验证. 但是利用正弦的定义对上述

正弦的性质加以说明就更为简单和严谨.你能说清楚这个道理吗?

有了正弦这个概念和记号,一开始提出的问题有了答案.不知道三角形的高,只要知道它的两边长和这两边的夹角大小,也可以写出这个三角形的面积公式了.事实上,因为单位菱形可以用对角线分成面积相等的两个单位等腰三角形,所以顶角为 A 的单位等腰三角形的面积等于 $\frac{1}{2}\sin A$,对照图 9—4 得到三角形面积公式:

【三角形面积公式】

$$S_{ABC}=\frac{1}{2}bc\sin A=\frac{1}{2}ac\sin B=\frac{1}{2}ab\sin C.$$

回顾一下例 9—1 和例 9—2,想想正弦的定义,不难理解这个公式.

【实验 9—2】 验证面积公式

$$S_{ABC}=\frac{1}{2}bc\sin A=\frac{1}{2}ac\sin B=\frac{1}{2}ab\sin C.$$

翻到课件第 2 页,如图 9—8,三角形 ABC 的顶点可以拖动,其边长和角度的测量数据随着改变,各角的正弦测量值也随着改变.但无论如何变化,三角形面积的直接测量数据和按公式计算的测量数据总是相等的.这验证了我们推出的面积公式.

9—2 通过测量验证面积公式

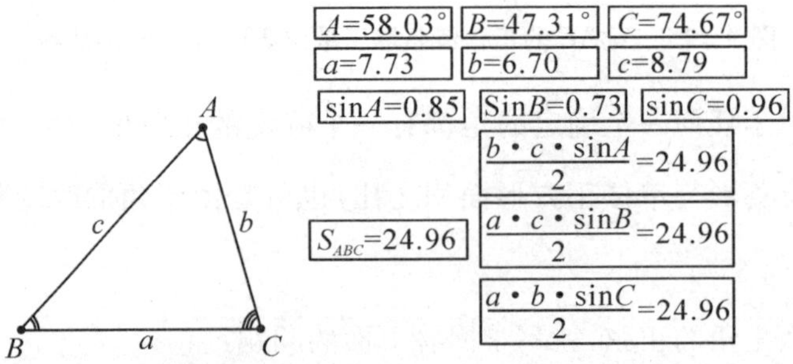

图 9—8 验证面积公式 $S_{ABC}=\frac{1}{2}bc\sin A=\frac{1}{2}ac\sin B=\frac{1}{2}ab\sin C$

我们现在还不会根据角度的大小直接计算其正弦值,但可以用超级画板先画出角来测量它.如果不画出角,直接测量 sin30°或者 sin120°行不行呢?让我们试一试.

执行菜单命令“测量|测量表达式”，在弹出的对话框上方键入 sin(30)后选择“确定”，测量数据如图 9—9.

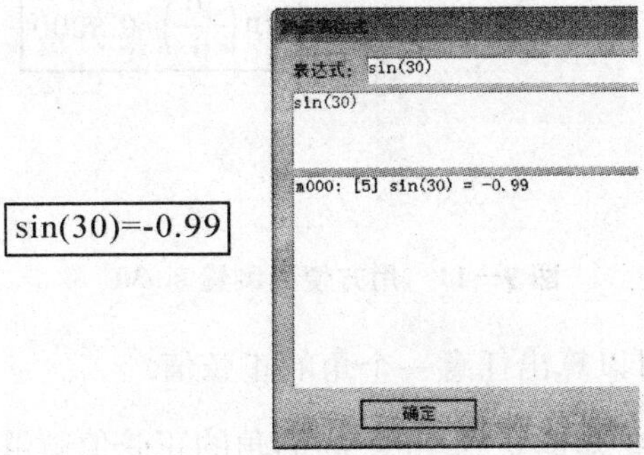

图 9—9　sin(30)的测量数据

怪了！前面做过实验，已经知道“有一角为 30°的单位菱形的面积为 0.500”，也就是说 30°角的正弦是 0.5，怎么成了 -0.99 呢？

原来在超级画板的正弦测量功能中，总假定键入的数字是角的弧度数，如果原始数据是角度，要乘上 pi/180$\left(\text{即}\dfrac{\pi}{180}\right)$，如图 9—10 就对了.

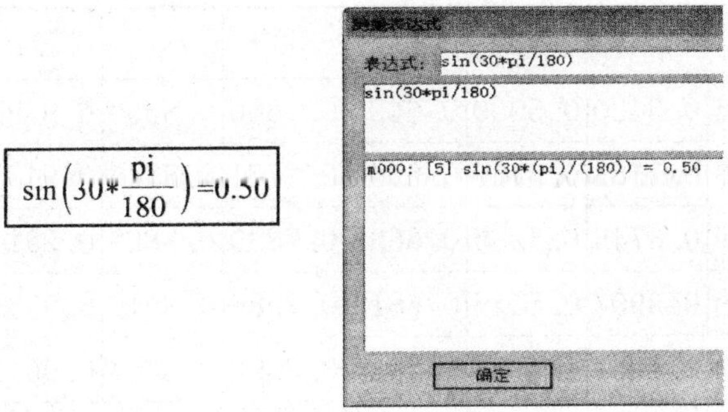

图 9—10　测量 sin30°的正确输入方法

在方便面环境下测量表达式，有一个命令“cbds”(“测表达式”的拼音缩写). 当原始数据 x 为角度时在表达式中用 j(x)代替 x，就可以自动转化. 例如，打开页面 fbm. pag 进入方便面环境后，在程序区键入“cbds(sin(j(30)));”后按Ctrl+Enter，就可以测出 sin30°的值，如图 9—11.

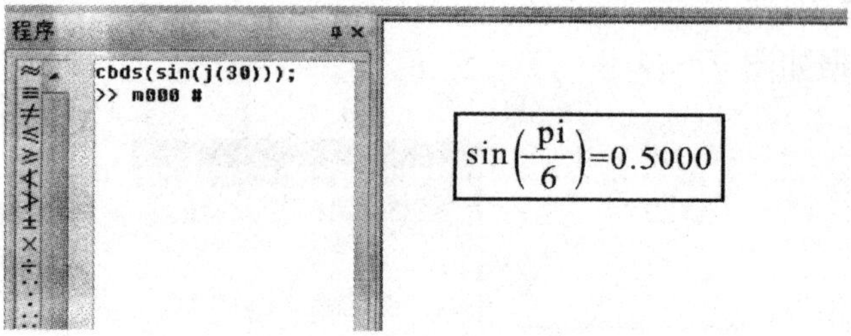

图 9—11　用方便面测量 sin30°

用科学计算器也可以算出任意一个角的正弦值.

为了实际需要，只要知道 0°到 90°之间的角的正弦值就够用了(为什么?). 在没有现代计算机的年代，人们把 0°到 90°之间的角的正弦近似值编制成表备用. 图 9—12 是最简单的正弦表. 例如，要查 76°的正弦先在上方找到 70°所在列，再在左方找到 6°所在行，行列交叉处为 0.9702，即得 sin76°≈0.9702；对于大于 90°的角，例如要查 125°的正弦，则利用 sin125°＝sin(180°－125°)＝sin55°，查出 sin55°≈0.8191，于是 sin125°≈0.8191.

正弦表

	0°	10°	20°	30°	40°	50°	60°	70°	80°	90°
0°	0.0000	0.1736	0.3420	0.5000	0.6427	0.7660	0.8660	0.9396	0.9848	1.0000
1°	0.0175	0.1908	0.3583	0.5150	0.6560	0.7771	0.8746	0.9455	0.9876	0.9998
2°	0.0348	0.2079	0.3746	0.5299	0.6691	0.7880	0.8829	0.9510	0.9902	0.9993
3°	0.0523	0.2249	0.3907	0.5446	0.6819	0.7986	0.8910	0.9563	0.9925	0.9986
4°	0.0697	0.2419	0.4067	0.5591	0.6946	0.8090	0.8987	0.9612	0.9945	0.9975
5°	0.0871	0.2588	0.4226	0.5735	0.7071	0.8191	0.9063	0.9659	0.9961	0.9961
6°	0.1045	0.2756	0.4383	0.5877	0.7193	0.8290	0.9135	0.9702	0.9975	0.9945
7°	0.1218	0.2923	0.4539	0.6018	0.7313	0.8386	0.9205	0.9743	0.9986	0.9925
8°	0.1391	0.3090	0.4694	0.6156	0.7431	0.8480	0.9271	0.9781	0.9993	0.9902
9°	0.1564	0.3255	0.4848	0.6293	0.7547	0.8571	0.9335	0.9816	0.9998	0.9876

图 9—12　最简单的正弦表

有了"角的正弦"这个新朋友，又有了上面这张正弦表.

我们的本事就大了.不知道三角形的高，也不用超级画板测量，只要知道三角形的两边长和这两边的夹角，就可以求这个三角形的面积了.

三角形面积公式 $S_{ABC}=\frac{1}{2}bc\sin A=\frac{1}{2}ac\sin B=\frac{1}{2}ab\sin C$ 不但可以用来计算面积，还可以用来研究三角形的性质.例如，各项用 2 乘再除以 abc，便得到非常重要的正弦定理.

【正弦定理】 在任意三角形 ABC 中，有

$$\frac{2S_{ABC}}{abc}=\frac{\sin A}{a}=\frac{\sin B}{b}=\frac{\sin C}{c}.$$

当三角形的一个角为直角时，正弦定理变得更为简单.

例如，若 $\angle C=90^\circ$，则 $\sin C=1$ 且 $S_{ABC}=\frac{ab}{2}$，于是正弦定理成为

【直角三角形中锐角正弦公式】

若在 $\triangle ABC$ 中 $\angle C=90^\circ$，则

$$\frac{\sin A}{a}=\frac{\sin B}{b}=\frac{1}{c},$$

于是 $\sin A=\frac{a}{c}$，$\sin B=\frac{b}{c}$.

也就是说，在直角三角形中，锐角的正弦等于该角的对边与斜边之比.这和我们的课本上的锐角正弦的定义是一致的.

【实验 9—3】 打开超级画板，用智能画笔在 x 轴上取一点 A，作线段 AB，再自 B 向 x 轴引垂足 C，连接 AC 得到直角三角形 ABC.顺次测量线段 BC、AC 的长度和两者之比，再测量 $\angle BAC$ 和它的正弦，如图 9—13.如果直接打开课件第 3 页，也就不用自己作图了.拖动点 B，观察测量数据，看到线段 BC、AB 的长度之比总等于 $\angle BAC$ 的正弦.

9—3 直角三角形中锐角的正弦

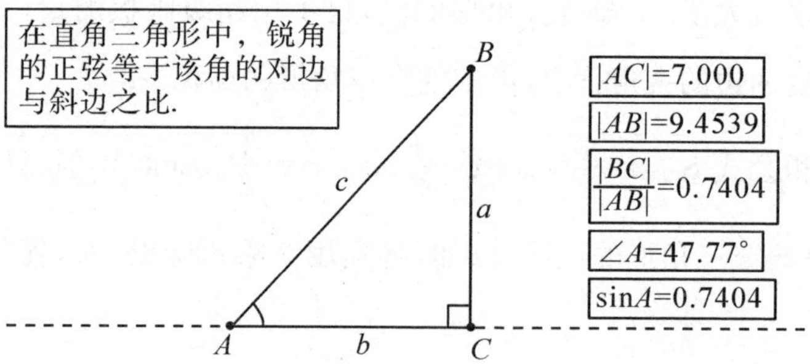

图 9—13　直角三角形中锐角的正弦

有了这点知识，在有些场合很容易看出一个角的正弦来. 例如，在课件第 4 页中，如图 9—14，你能马上说出$\angle AOB$、$\angle AOC$、$\angle AOJ$、$\angle AOD$、$\angle HOE$这些角的正弦吗？

9—4 你能看出这几个角的正弦吗？

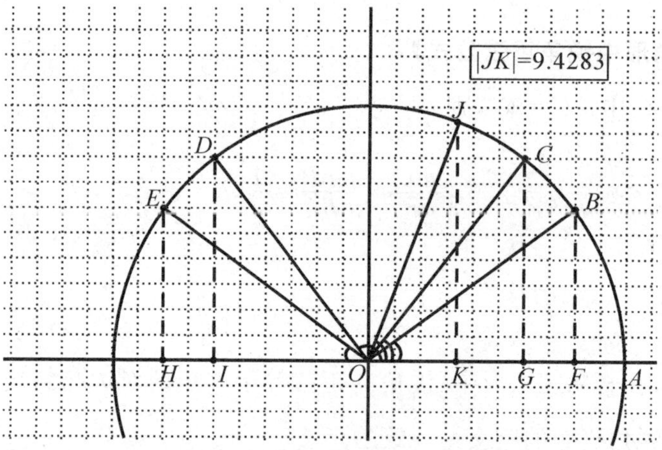

图 9—14　直接看出几个角的正弦

注意到$\angle AOB=\angle FOB$，而$\triangle FOB$中$\angle BFO$为直角且斜边$OB=10$，$\angle FOB$的对边$BF=6$，于是$\sin\angle FOB=\frac{BF}{BO}=\frac{6}{10}=0.6$，对照正弦表还能估计出$\angle FOB$大约是$37°$.

如果你很细心又很喜欢讲道理，就会发现上面的操作过程有一个小小的漏洞. 什么漏洞呢？

我们知道 $\sin\angle FOB=\dfrac{BF}{BO}=\dfrac{6}{10}=0.6$，想在正弦表上查$\angle FOB$是多少度，但是表上只查到 $\sin 37°$的值 0.6018 和 $\sin 36°$的值 0.5877，为什么从 $0.5877<0.6<0.6018$就能推出 $36°<\angle FOB<37°$呢？

这是因为当角度从 0°增加到 90°的过程中，它的正弦也随着增加，具体说来，有这样一条规律：若 $\alpha<\beta$ 是 0°到 180°之间的两个角，若 $\alpha+\beta<180°$，则 $\sin\alpha<\sin\beta$.

其中道理可以从面积公式 $S_{\triangle ABC}=\dfrac{1}{2}bc\sin A=\dfrac{1}{2}ac\sin B=\dfrac{1}{2}ab\sin C$ 推出. 如果一时想不出来，可参看《新概念几何》一书.

类似的方法，根据测量数据 $JK=9.4283$ 可得

$$\sin\angle AOJ=\frac{JK}{JO}\approx\frac{9.4283}{10}=0.94283.$$

用类似的方法，你能说出另外几个角的正弦和大约的度数吗？

下面，让我们在动态几何环境中体验一下正弦定理的几何含义.

【实验 9－4】 正弦定理的几何意义.

翻到课件第 5 页，如图 9－15.

9－5 正弦定理的几何意义

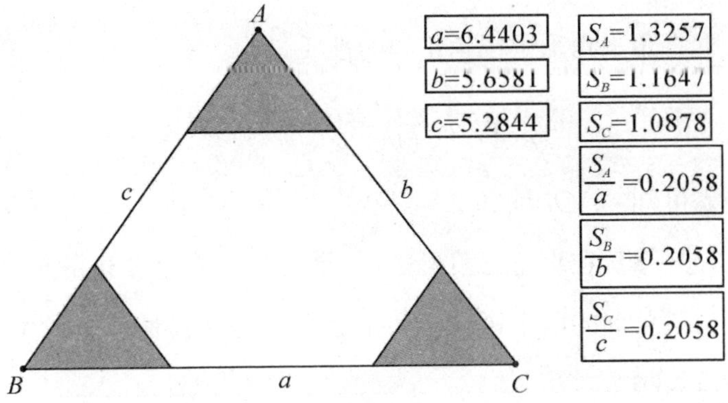

图 9－15 正弦定理的几何意义

图中，在任意三角形 ABC 的三个角上各截取一个等腰三角形. 这些等腰三角形的腰彼此相等，它们的面积分别记作 S_A、S_B 和 S_C；三角形 ABC 的三边分别记作

a、b 和 c. 测量数据表明，不论如何拖动三角形 ABC 的顶点，各角上的等腰三角形面积和对边的比值总是相等的.

想一想，这和正弦定理有什么联系？

下面看看几个应用的例子.

【例 9－3】 自动扶梯中的数学.

在火车站、地铁车站、飞机场、大型商场自动扶梯随处可见. 当你乘坐自动扶梯时是否想到怎样计算自动扶梯的坡度呢？

图 9－16 是一个大型商场的自动扶梯的示意图，你能计算出自动扶梯的斜面和水平面夹角$\angle AOB$ 的大小吗？

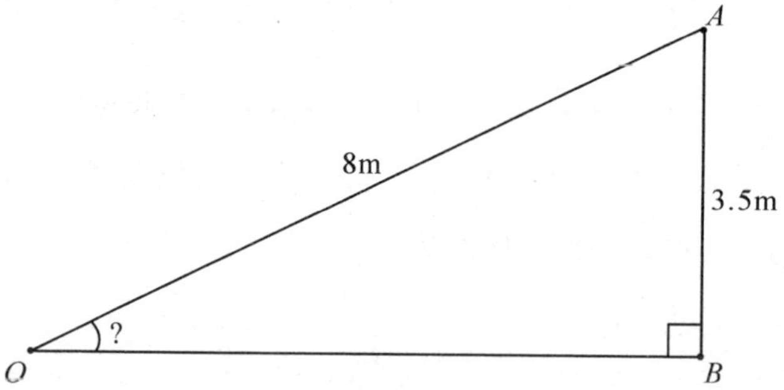

图 9－16　求自动扶梯的倾斜角

【解】 根据直角三角形中锐角正弦的性质，有

$$\sin\angle AOB=\frac{AB}{OA}=\frac{3.5}{8}=0.4375.$$

对照正弦表可知$\angle AOB\approx 26°$.

举一反三，想一想，在直角三角形中，如果已知一条直角边的长和斜边的长如何求出这个直角三角形的两个锐角？如果已知斜边和任何一个锐角的大小，能求两条直角边的边长吗？

【例 9－4】 呼救船只离观察站有多远？

如图 9－17，海上 C 处有一船只发出呼救信号，A、B 是岸边相距 1000m 的两个观察站，从这两个观察站测得船只的方向如图所示，如果你现在正在观察站 A，你能计算出呼救船只离你有多远吗？

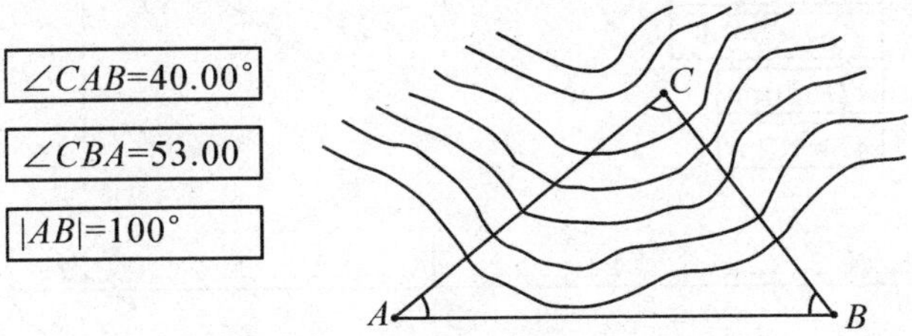

图 9—17　呼救船只离观察站有多远

【解】　正弦定理告诉我们$\frac{\sin A}{a}=\frac{\sin B}{b}=\frac{\sin C}{c}$，如果知道了 $\sin C$，在等式$\frac{\sin B}{b}=\frac{\sin C}{c}$中就只有 $b=AC$ 是未知数了. 由三角形内角和等于 180°可知$\angle C=180°-40°-53°=87°$，于是得到方程

$$\frac{\sin 53°}{b}=\frac{\sin 87°}{1000},$$

查表得 $\sin 53°\approx 0.7986$、$\sin 87°\approx 0.9986$，所以得到

$$AC=b=\frac{1000\cdot\sin 53°}{\sin 87°}\approx\frac{1000\times 0.7986}{0.9986}\approx 799.7(\text{m}),$$

即呼救船只离观测点 A 距离约 799.7 m.

【例 9—5】　怎么测量围墙外的建筑物的高度？

学校围墙外有一高层建筑物. 现在要在学校操场里测量建筑物的高度. 同学们用仪器测量得数据如图 9—18 所示. 如果三脚架高 AB 是 1.2m，问校园外的该建筑物有多高？

【解】　因为 $GE=AE\cdot\sin\angle GAE=AE\cdot\sin 25°$，所以关键是求 AE. 对$\triangle ADE$ 应用正弦定理，有

$$\frac{\sin\angle AED}{AD}=\frac{\sin\angle ADE}{AE}$$

于是得 $AE=\frac{AD\cdot\sin\angle ADE}{\sin\angle AED}=\frac{20\times\sin 34°}{\sin 9°}\approx\frac{20\times 0.5591}{0.1564}\approx 71.50.$

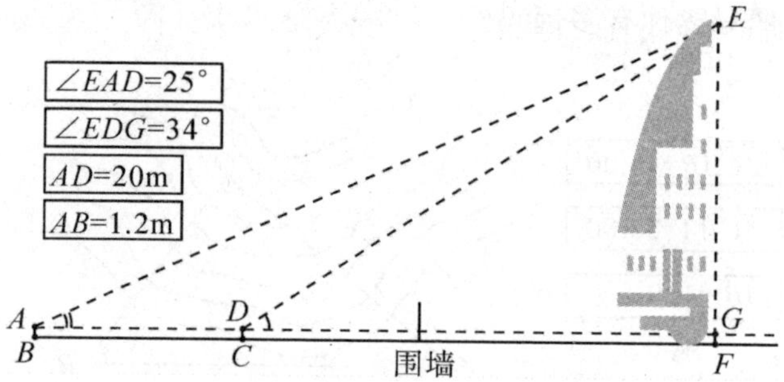

图 9—18　测量围墙外的建筑物的高度

进一步求出 $GE=AE\cdot\sin25°\approx71.50\times0.4226\approx30.22$，于是所测建筑物高度约为 $30.2+1.2=31.4$m.

这三个例子显示出正弦定理的初步应用.

这些问题的解决，涉及分析、列出算式、查表和计算，一不小心就会出错. 在实际问题中如果采用直接作图测量的办法，往往可以迅速准确地获得答案. 另一方面，作图测量也是检验计算结果是否正确的手段，做好习题用超级画板作图检查，有错早点发现，有助于促进学习积极性，提高成绩.

上面几个问题都属于已知三角形两角一边求未知边的类型. 利用动态几何作图的优势，可以做一个适合这类问题的模板，对于具体问题只要调整一下数据，就可以获得答案. 下面先看看模板的使用方法，后面再介绍有关的作图操作供有兴趣的读者参考.

【实验 9—5】　已知三角形两角一边求未知边的计算模板.

注意，根据三角形内角和定理，已知两角也就是已知 3 个角！

翻到课件第 6 页，如图 9—19. 图中用蓝色表示已知量，即 AB 边的长和 $\angle A$、$\angle B$ 的度数；红色表示要求的量，即 AC、BC 两边长. 拖动右上方的三条变量尺，可以大体上设置 AB 边的长和 $\angle A$、$\angle B$ 的度数；使用调整按钮可以使数据更精确.

具体的操作方法有：

(1)单击"调整 AB"按钮的副钮，则 AB 取整数值；

(2)拖动右下方 u 的变量尺可以改变"调整幅度"单位，单位取值为 0.001、

0.01、0.1、1、10、100、1000 等;

(3)单击"调整 AB"按钮的主钮,则 AB 增加一个"调整幅度".

9—6 已知两角一边解三角形的模板(ASA)

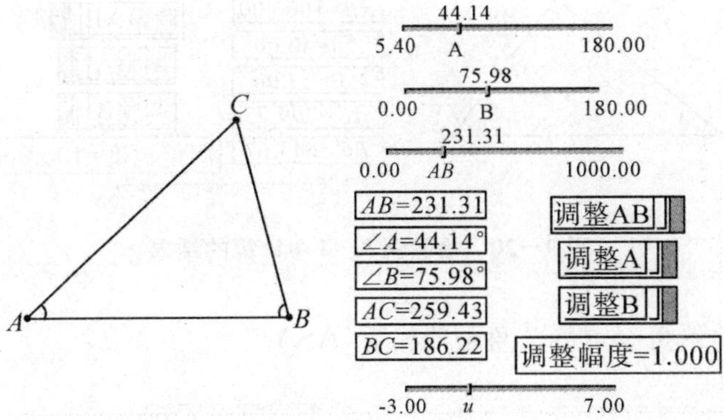

图 9—19 已知三角形两角一边求未知边的计算模板

现在图中$\angle A=44.14°$,如果希望将它调整为 47.25°,可以先单击"调整 A"按钮的副钮,则数据取整数成为 44. 注意当前的"调整幅度"为 1,于是单击"调整 A"按钮的主钮 3 次可使数据成为 47;向左拖动右下方 u 的变量尺缩小"调整幅度"成为 0.1,于是单击"调整 A"按钮的主钮 2 次可使数据成为 47.2;再向左拖动右下方 u 的变量尺缩小"调整幅度"成为 0.01,单击"调整 4"按钮的主钮 5 次可使数据成为 47.25.

下面我们用这个模板检验前面两个例子的答案.

在例 9—4 中,$\angle A=40°$、$\angle B=53°$,而 $AB=1000$,设置这些数据后立刻看到 $AC=799.73$,和前面计算的结果一致,如图 9—20.

注意在例 9—5 中三角形顶点标注字母与模板不同. 相当于模板中$\angle A=25°$、$\angle B=146°$,而 $AB=20$,设置这些数据后立刻看到 $AC=71.49$,与例题计算的中间结果 $AE=71.50$ 基本一致;这时图上的三角形可能过大,只要单击上方减号图标就可以把三角形缩小,如图 9—21.

9—6 已知两角一边解三角形的模板(ASA)

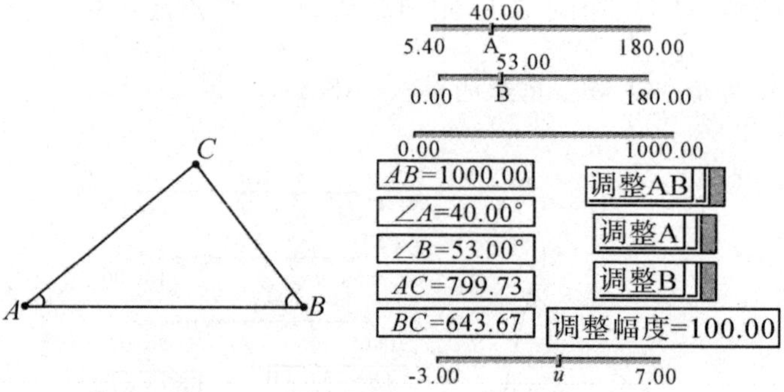

图 9—20 检验例 9—4 中计算的结果

9—6 已知两角一边解三角形的模板(ASA)

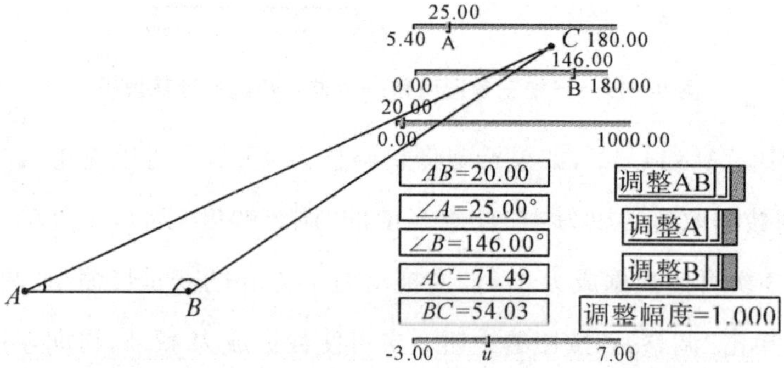

图 9—21 例 9—5 中第 1 步计算结果的验证

这个例子的第 2 步计算也可以用这个模板验证，只要设置 $AB=71.49$、$\angle A=25°$和$\angle B=65°$，立刻看到 $BC=30.21$，如图 9—22. 在原来的问题中就是 GE 约等于 30.21 米，和前面的计算结果一致.

但是，这个计算模板不适合例 9—3 的情形. 在例 9—3 中知道了三角形的两边和其中一边的对角(斜边对角为 90°)，属于另一种类型.

那么，在三角形的三边三角中，知道一部分求其余部分的问题还有多少种类型呢?

我们可以按已知边的数目来分类. 各类的命名记号中 S 代表边而 A 代表角.

第 1 类(ASA)：已知一边两角(即一边三角)，已有模板；

9—6　已知两角一边解三角形的模板(ASA)

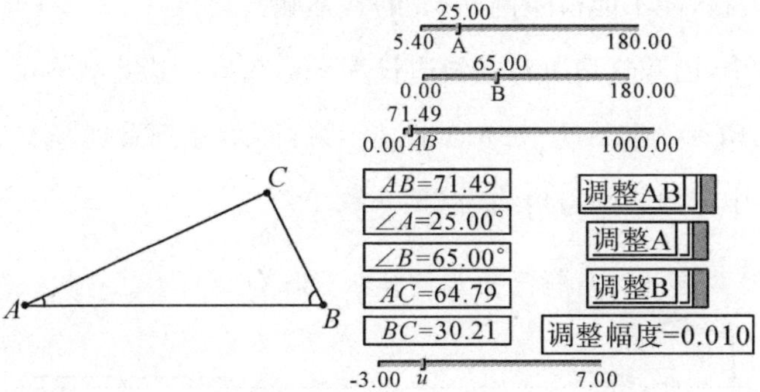

图 9—22　例 9—5 中第 2 步计算结果的验证

第 2 类(SSA):已知两边和其中一边的对角;

第 3 类(SAS):已知两边和这两边的夹角;

第 4 类(SSS):已知三边.

下面提供后面三类问题的计算模板备用.

【实验 9—6】 已知三角形两边或三边求未知边或角的计算模板.

打开课件第 7 页,如图 9—23,这是已知两边和其中一边对角的计算模板.我们看到,这时有两个三角形都满足所给的条件!

9—7　已知两边一对角解三角形的模板(SSA)

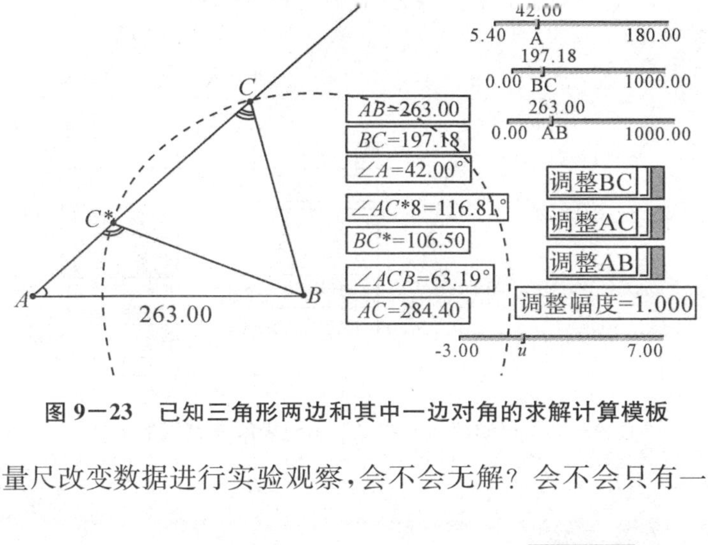

图 9—23　已知三角形两边和其中一边对角的求解计算模板

拖动变量尺改变数据进行实验观察,会不会无解?会不会只有一个解?什么条件下无解？什么条件下只有一个解呢？

使用这个模板，能不能检验例 9—3 的答案呢？

在例 9—3 中，已知直角所对的斜边长为 8m，另有一边为 3.5m. 于是我们可以设置$\angle A=90°$、$BC=8$ 和 $AB=3.5$. 如图 9—24 所示，立刻看到$\angle ACB=25.94°$，这与前面例 9—3 中求出的倾斜角约为 26°一致.

9—7 已知两边一对角解三角形的模板(SSA)

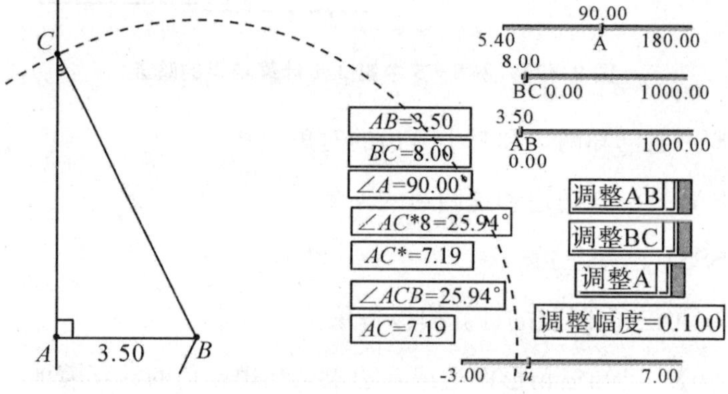

图 9—24 用模板检验例 9—3 的答案

课件第 8 页是已知两边一夹角求解三角形的模板(SAS). 这是 4 种情形中最简单的情形，在各种条件下总有唯一的解答. 如图 9—25.

9—8 已知两边及其夹角解三角形的模板(SAS)

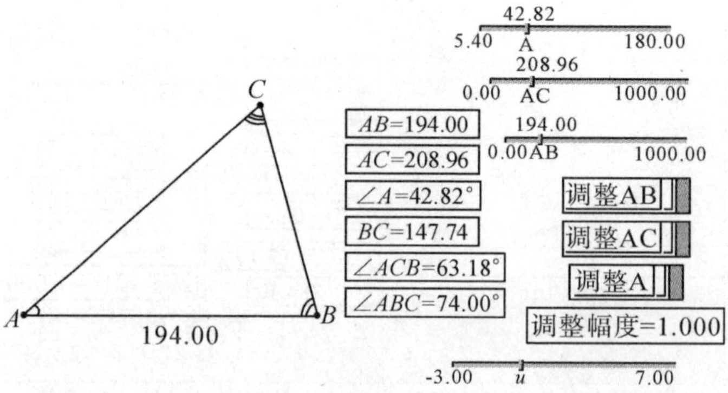

图 9—25 已知两边一夹角(SAS)求解三角形的模板

课件第 9 页是已知三边求解三角形的模板(SAS)，如图 9－26. 建议你拖动变量尺实验观察，在三边长度满足什么条件时能够构成三角形？

9－9 已知三边解三角形的模板(SSS)

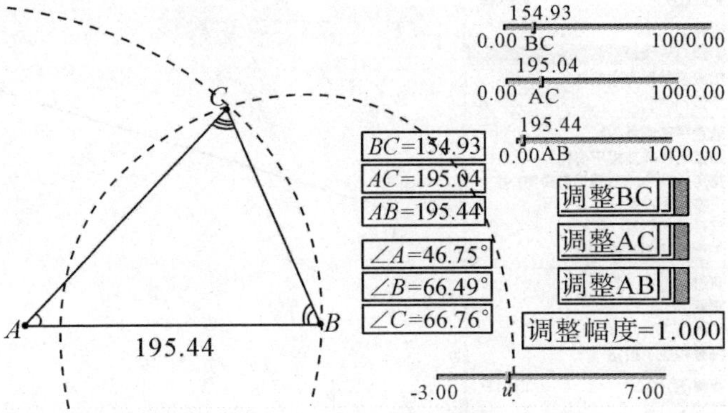

图 9－26 已知三边求解三角形的模板

在初中数学课中，也许还没有学习上面几种解一般三角形的问题. 但是有解直角三角形的问题. 上面几种模板当然也能够解决直角三角形求解问题. 但是如果有专用的直角三角形求解的模板就更方便了. 直角三角形求解问题也可以分成 4 类：

(1)已知一锐角和斜边；

(2)已知一锐角和一直角边；

(3)已知两直角边；

(4)已知斜边和一直角边.

课件第 10 页到 13 页提供了上述 4 类问题的求解模板. 对照课本上的这类例题和习题使用这些模板，是有益的活动.

在使用这些模板时，你可能会想到一个操作问题：给定了角度的三角形是如何画出来的呢？在数学的教学和学习中，准确地作出一个给定大小的角并标注是很有用的操作，下面就来讲讲这个问题.

【操作说明 9－1】 作出给定大小的角.

如果你用的是超级画板的注册版，可以用菜单直接操作.

例如已经作出了线段 AB，现在的任务是作点 C 使 $\angle CAB=53^\circ$. 顺次选择两点

B 和 A，按右键打开右键菜单，选择命令项“点绕点的缩放旋转点”，如图 9—27，单击执行后弹出对话框.

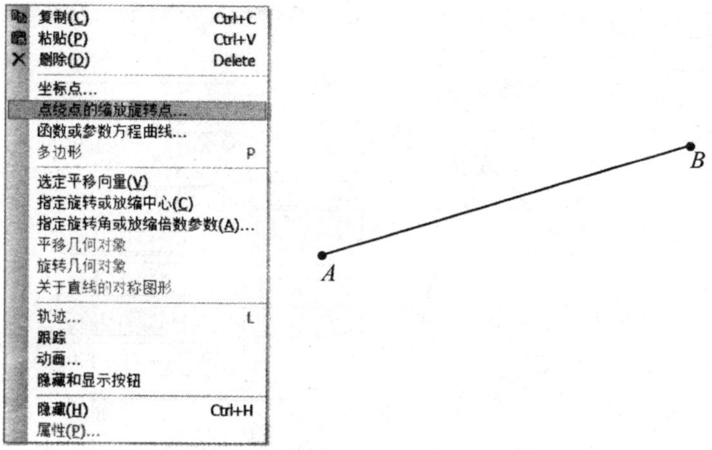

图 9—27　右键菜单命令项“点绕点的缩放旋转点”

对话框上面一栏是“缩放比例”，即要作出的线段 AC 与 AB 的比. 填写 1 就表示 $AC=AB$，“旋转角”就是要作出的线段 AC 与 AB 的夹角，按要求 $\angle CAB=53^{\circ}$ 所以填写 53，如图 9—28. 单击确定完成作图，如图 9—29.

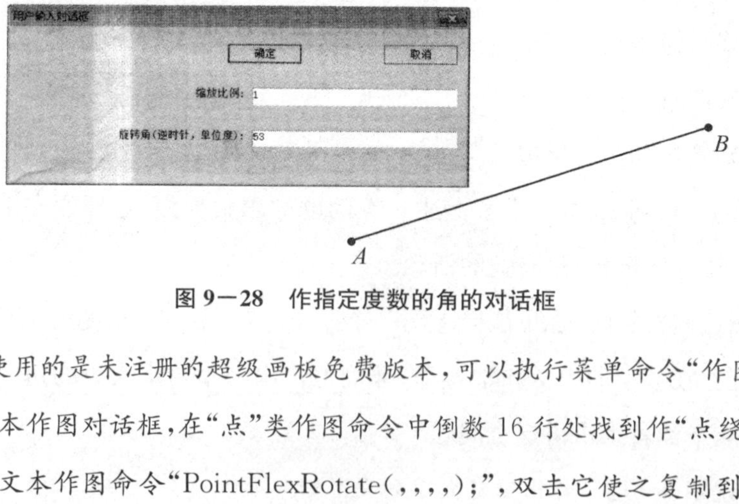

图 9—28　作指定度数的角的对话框

如果使用的是未注册的超级画板免费版本，可以执行菜单命令“作图 | 文本作图”打开文本作图对话框，在“点”类作图命令中倒数 16 行处找到作“点绕点的缩放旋转点”的文本作图命令“PointFlexRotate(, , , ,);”，双击它使之复制到上方的文本框里，顺次填写点 B 的编号 6，点 4 的编号 5，缩放比例 1 和角度大小 53，如图 9—30，再单击“运行命令”即可.

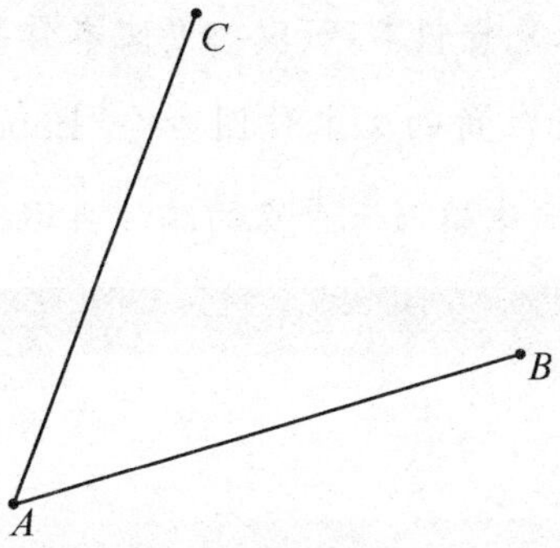

图 9—29　作出了指定度数为 53°的角

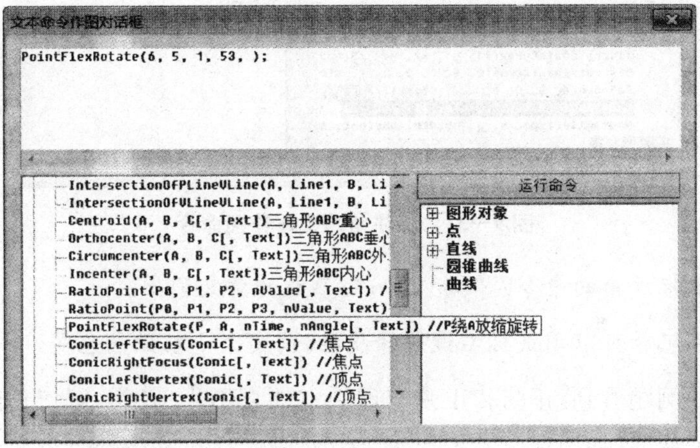

图 9—30　作“点绕点的缩放旋转点”的文本命令

注意用文本作图命令只能作出点 C，线段 AC 要自己再画. 使用方便面命令作“点绕点的缩放旋转点”最简单，只要在程序窗口执行命令“xzd(b,a,r,n);”即可. 命令中参数的意义和文本作图相同：b 和 a 分别是 B 和 A 两点的编号，r 是缩放比例，n 是指定的角度. 比例和角度都可以使用字母变量.

【操作说明 9—2】　标注角.

在几何图形中常要对角作标注，即在角的内部接近顶点处画一小段圆弧，超级画板提供了方便的标注角的工具.

在注册版本中，要标注 $\angle CAB$，可以顺次选择 C、A 和 B，执行菜单命令“作图|标注角”即可.

对于未注册的超级画板免费版本，可以打开文本作图对话框，在“曲线”类作图命令中倒数第2行处找到标注角的文本作图命令“LabelAngle(,,,);”，双击它使之复制到上方的文本框里，顺次填写三个点的编号再运行命令. 如图 9—31.

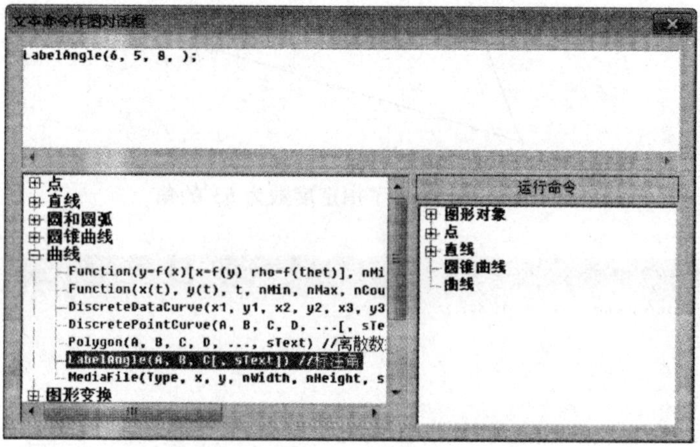

图 9—31　标注角的文本作图命令

方便面中标注角的命令是“bzj(,,);”，参数的意义同上.

角的标注记号可以用鼠标右键选择属性，改变大小粗细颜色等.

从上面的例题看到，正弦和正弦定理的本领真不小. 其实，解三角形仅仅是正弦的一点小本领，它的用处还要多得多. 不用计算，从正弦定理可以得出好几条几何定理，例如：三角形中大边对大角，大角对大边，等边对等角，等角对等边（由此推出三角形中两边之和大于第三边）；等边三角形的三个角都等于 60°（由此推出直角三角形中 30°的锐角的对边是斜边的一半）；若两个三角形有两角对应相等，则其对应三边成比例；有两角一边对应相等的两个三角形全等，等等.

回顾一下，我们做了些什么事情，竟然获得了如此丰富的几何知识呢？

首先，为了计算不知道高的三角形的面积，引进了正弦.

这个“正弦”仅仅是一个名字，是面积打的折扣的名称，所谓的 $\sin A$，我们只知道它是一个角为 A 的单位菱形的面积. 知道了 A 如何计算 $\sin A$？我们完全不知道！

我们仅仅知道，对于每个角 A，有一个确定的数值 $\sin A$ 与之对应. 仅仅根据有这个确定的对应关系，就能写出面积公式，就能探讨出许多几何性质来. 这说明“确定的对应关系”是一个很有用的数学思想. 这个思想，就是函数的思想. 所谓函数，就是两个量之间的“确定的对应关系”.“正弦”就是一种函数. 因为是在研究三角形的过程中引进的，所以叫做三角函数. 三角函数不止一种，还有“余弦”、“正切”、“余切”等，在初中学的数学课程中我们会初步认识它们，高中阶段会学到更多与它们有关的知识.

在更深入地认识几何图形的性质后，角的概念和正弦的概念还会有所发展. 作为本节的结束，下面的实验会启发我们思考更多的问题.

【实验 9－7】 游乐园的摩天轮引发的思考.

翻到课件第 14 页，如图 9－32. 单击动画按钮，摩天轮转动起来. 上面坐的游客有升有降，各得其乐.

9－14 摩天轮的数学

图 9－32 游乐园的摩天轮

设摩天轮的半径是 3m，轮的中心距离地面 6m，如果你坐在上图右侧距离地面恰好 6m 的位置，当摩天轮逆时针旋转 30°时，你距离地面有多高？

容易算出来，当摩天轮逆时针旋转 30°时，你升高了 $3 \cdot \sin 30° = 1.5$m.

如果问：当摩天轮从原来的位置顺时针旋转 30°，你升高了多少米？你马上会说："我降低了 $3 \cdot \sin 30° = 1.5$m，或者说升高了 $-3 \cdot \sin 30° = -1.5$m."

进一步思考，可以提出不少问题.

当摩天轮逆时针旋转 150°时，你距离地面有多高？旋转 120°呢？

在摩天轮不断旋转的过程中，你距离地面最高是几米？距离地面最低是几米？

看来你需要重新认识角了，如果仅把角看成是从一点出发的两条射线组成的图形，那就不好解释摩天轮旋转的情况了：逆时针转半圈是转了 180°，那转$\frac{3}{4}$圈呢？转一圈半$\left(\frac{3}{2}\text{圈}\right)$相当于旋转了多大的角呢？你能重新描述一下"角"的概念吗？

当摩天轮逆时针旋转 210°时，你距离地面有多高？旋转 240°呢？什么时候你在升高，什么时候你在降低？

你可能会想：sin120°、sin150°还好理解，可怎么理解 sin240°和 sin210°呢？看来我们需要与时俱进给"任意角的正弦"的概念一个新的解释，使之既与原来的概念不冲突，又能解决现在我们面临的新问题.

现在我们用直角坐标系代替摩天轮继续思考下去，不妨把摩天轮的中心看作坐标原点，过这点的水平方向的直线作为 x 轴，过这点竖直方向的直线作为 y 轴，如图 9—33，而你是图中的 $P(P')$点.

当摩天论逆时针旋转 30°时，你从 A 旋转到了 P 的位置，MP 的箭头向上表示你在 x 轴上方，顺时针旋转 30°时，你从 A 旋转到了 P'的位置，MP'的箭头向下表示你在 x 轴下方，前者 $MP = |OP| \cdot \sin 30°$，$\sin\angle AOP = \frac{MP}{|OP|}$；后者 $MP' = |OP| . \sin(-30°)$，$\sin\angle AOP' = \frac{MP'}{|OP|}$.

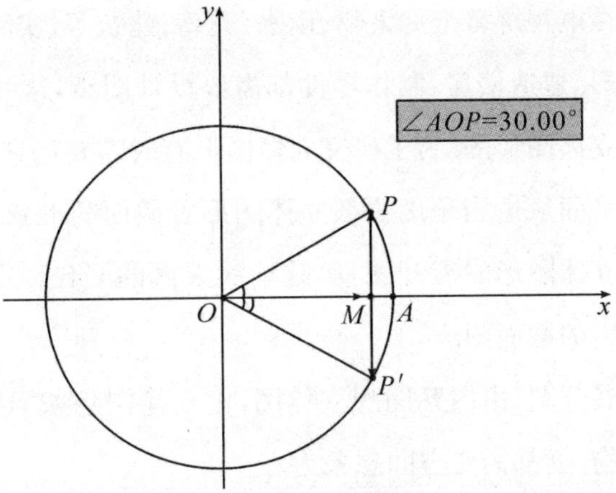

图 9—33　坐标系与单位圆代替摩天轮

“欲穷千里目，更上一层楼”，现在我们可以从一个新的高度理解角的正弦了. 首先，角可以理解为一条射线围绕它的端点旋转而成的图形，逆时针旋转记为正角，顺时针旋转记为负角，把射线的起始位置叫角 α 的始边，旋转的最终位置叫角的终边（于是你可以随便转了）. 然后如此建立直角坐标系：把角 α 的顶点作为原点，角 α 的始边所在直线作为 x 轴，过原点垂直于 x 轴的直线作为 y 轴. 设角 α 的终边上一点 $P(x,y)$，该点与原点的距离 $|OP|=r$，于是定义 $\sin\alpha=\frac{y}{r}$. 这样一来，当角不超过 180°时与原来的定义不矛盾，当角超过 180°时按新定义也能求出正弦. 你不妨在超级画板上实验一下，看看 360°以内的角的正弦的符号有什么规律，你还可以研究一下 $\sin(-\alpha)$、$\sin(180°\pm\alpha)$ 与 $\sin\alpha$ 有什么关系.

坐在摩天轮上，你大概又在想提出什么新问题了吧？

10　从正方体谈起

人们生活在三维空间，而不是生活在平面里，因此我们不仅需要研究平面图形，还必须研究立体图形.

立体图形与平面图形有密切的关系，展现或研究立体图形往往要借助平面图形，例如，在照片和在电视屏幕上的人物、山水、花鸟、建筑等，实际上都是在用平面图形表现的立体图形. 建造楼房、制作零件都需要设计图纸，这些图纸上的平面图形也都是为了表示立体图形的. 为了研究立体图形有时需要把它展开成平面图形，有时又需要用一个平面从适当角度去截立体图形看截面的形状. 例如裁衣服的纸样就可以看成一个立体图形的展开图，医院给病人做的 CT 照片就是从某个角度用计算机给人体作出的截面图.

由立体图形想展开图，由展开图想立体图，由立体图想截面图，由截面图想立体图形的形状和结构，这都需要空间想象力.

我们最熟悉的立体图形莫过于正方体了. 大家都知道它有 8 个顶点，12 条棱，6 个面，这 6 个面都是正方形，你能想清楚把它的各面展开是怎样的平面图形吗？现在做个测试：看看图 10－1 中哪个图形是正方体各面的展开图，哪些不是？

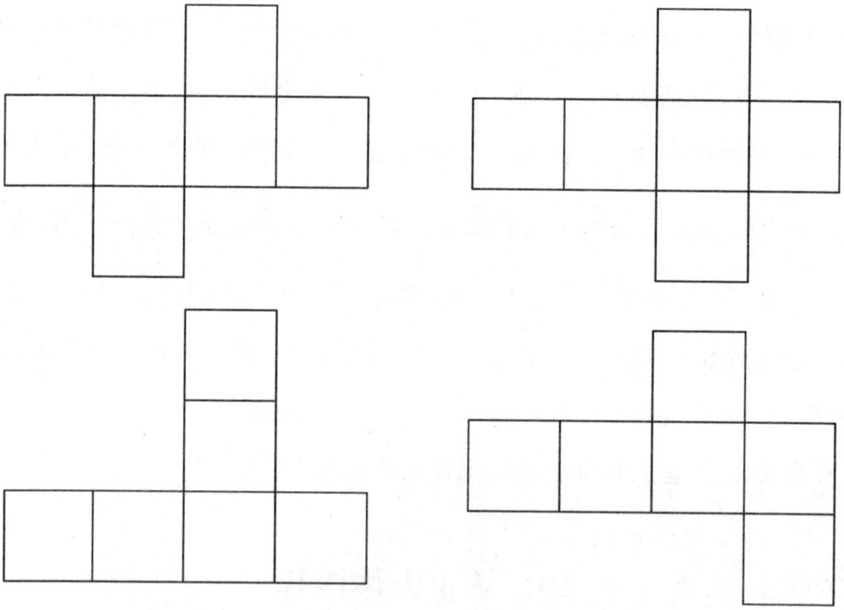

图 10－1　哪个图形是正方体各面的展开图

你不妨先想想，然后剪一些如上面图形的纸片折叠以验证你原来的想法是否正确，最后再打开课件观看正方体侧面展开的不同动态效果.

本节多数课件可以用《超级画板》的配套软件《立体几何》打开. 在《立体几何》

中找到可执行文件 sg. exe，将它用右键拖到桌面上并创建快捷方式图标，以后双击图标即可打开《立体几何》，在立体几何环境可以打开后缀为 sg 的文件.

【实验 10—1】 观察正方体的侧面展开与合拢.

在配套文件中的文件夹“10—1 正方体十一种展开”中有 11 个 sg 文件，双击第一个“正方体的展开 1. sg”打开它，接连单击图形窗口中的按钮，可以看到正方体展开的过程如图 10—2. 完全展开后继续单击按钮，进一步观察它合拢成为正方体的过程.

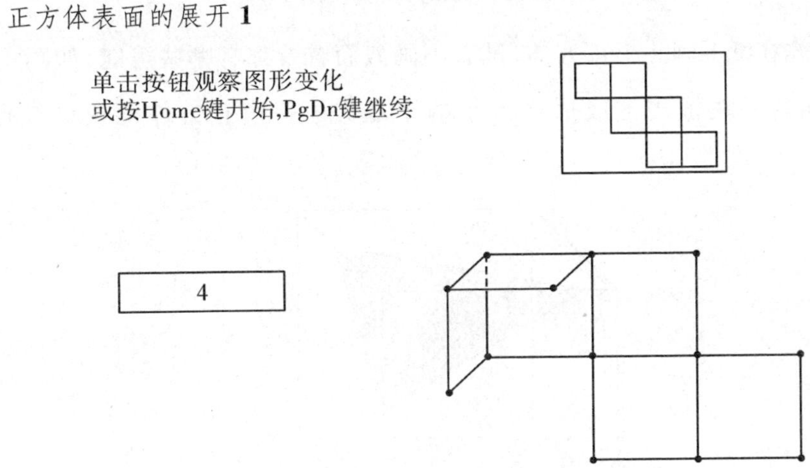

图 10—2　正方体表面的展开与合拢

通过实验观察，总结出正方体表面展开的 11 种方式，如图 10—3. 想一想还有没有其他的展开方式？

再想一想，如果是长宽高两两不相等的长方体，表面展开后的 11 种图形应当是什么样子？

下面再来考察正方体的截面.

如果我们面前有一个正方体形状的萝卜块，现在用一把锋利的刀猛地朝它砍下去，你能猜想截面是怎样的图形吗？是三角形还是四边形、五边形、六边形……

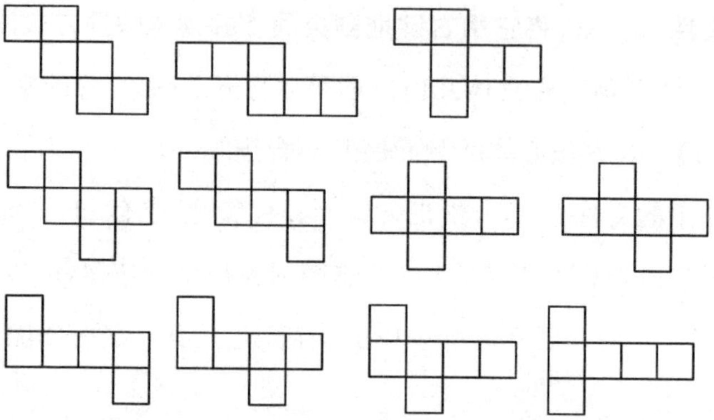

图 10—3　正方体表面的 11 种展开方式

你可以先在纸上画一个正方体，试着画画截面看看都有哪些可能，如图 10—4. 也可以准备一块橡皮泥或适当大小的土豆做成一个正方体的模型进行切割实验.

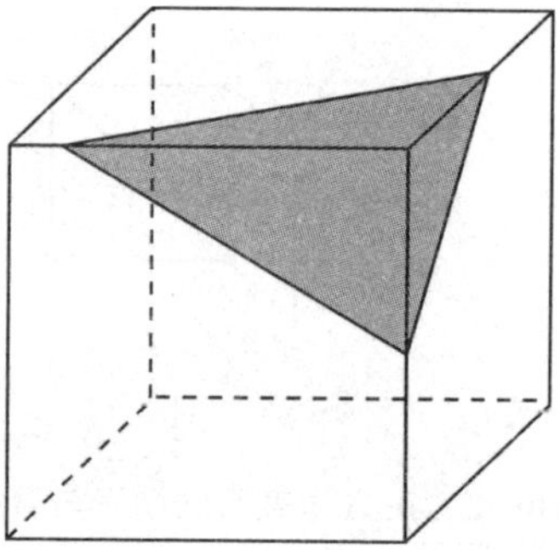

图 10—4　切割正方体

当然也可以在计算机上进行模拟实验，拖动鼠标观察所有可能的情况.

【实验 10—2】　正方体和长方体的截面.

在文件夹"10—2 正方体的截面"中选择文件"平面截正方体. sg"打开，如图 10—5. 拖动红点可以改变平面或正方体的位置；单击按钮可以启动立体的旋转，对同一种位置从不同的角度观察，从直观上认识平面截正方体产生的几何图形.

其实在画图或动手实验之前，不妨这样想想：正方体一共只有 6 个面，用一个平面去截这个正方体充其量最多与 6 个面相交. 于是平面和正方体的几个面相交截面就是几边形. 这样一想，因此截面至多是六边形，当然也可能是三角形、四边

平面截正方体

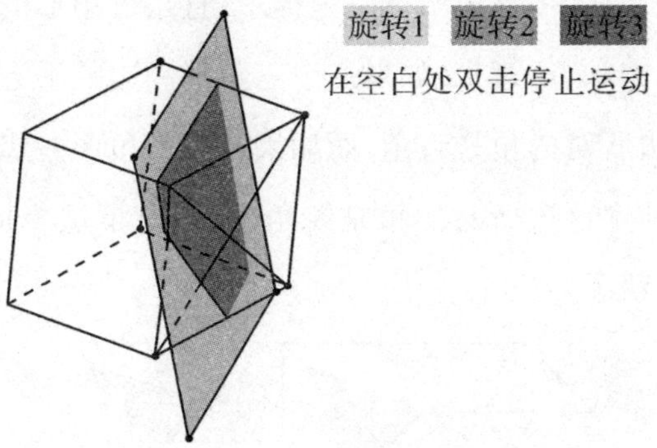

图 10—5　平面截正方体

形、五边形，截面的形状显然与切割正方体的角度有关. 接下来我们的问题是：如果截面是三角形，那么这个截面三角形有什么特点？

你可以先想，然后再做实验验证你的想法；也可以先通过实验观察出结果，然后再试图说明其中的道理.

正方体是长方体的特例，正方体截面的情形和长方体类似. 当截面是三角形的情况，两者没有什么区别. 所以不妨就看看长方体的三角形截面. 在文件夹“10－2 正方体的截面”中选择文件“长方体的截面. sg”打开，把三个红点分别拖到长方体的棱上，则此三点所确定的平面与长方体的截面是三角形. 测量角度反复实验发现，这个截面是三角形且总是锐角三角形(图 10－6).

长方体的截面

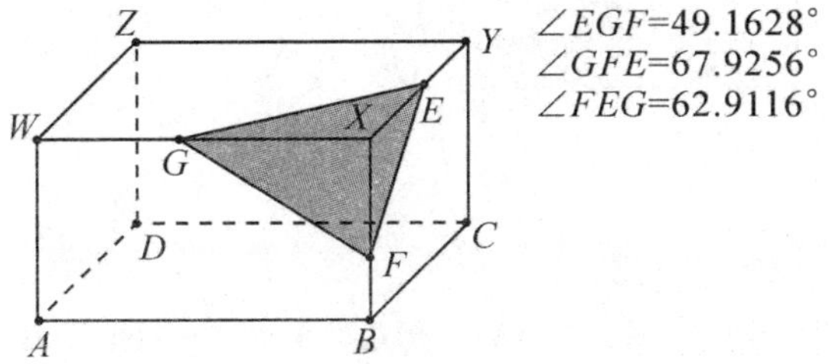

图 10—6　长方体的三角形截面总是锐角三角形

对于这种情况，不妨研究一下割下来的一个“角”——这是一个四面体，其中三个面都是直角三角形，第四个面就是三角形截面，如图 10－7. 研究它的形状可以从它的三边之间的关系入手，这里给你一个提示：直角三角形的三边满足斜边的平方等于两直角边的平方和，反过来，如果一个三角形一边的平方等于其他两边的平方和，就可以断定这边所对的角是直角，而如果一个三角形一边的平方小于其他两边的平方和，就可以断定这边所对的角是锐角. 相信有了这个提示，你马上就能判断出截面三角形的形状了.

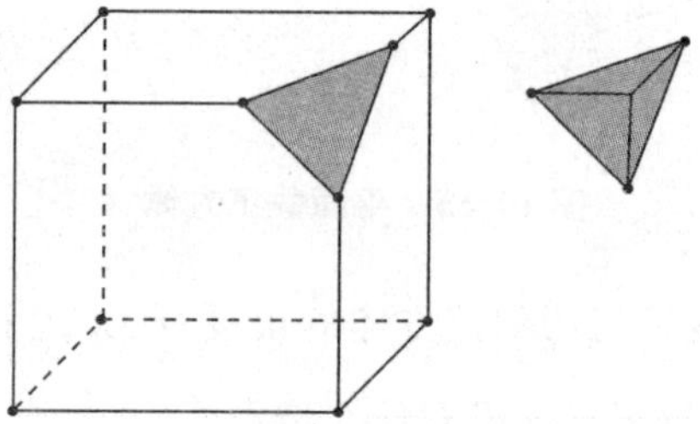

图 10－7　割下正方体的一个“角”

把红点 F 向下拖到线段 XB 的延长线上，截面成为四边形. 通过测量角度看出 $GE /\!/ PQ$，可见长方体的四边形截面至少有一对平行边，如图 10－8. 这道理很简单：长方体的六个面两两平行（两个平面平行即两个平面没有公共点），其中任意四个面中至少总有两个平行，它们和截面相交产生一对平行边.

长方体的截面

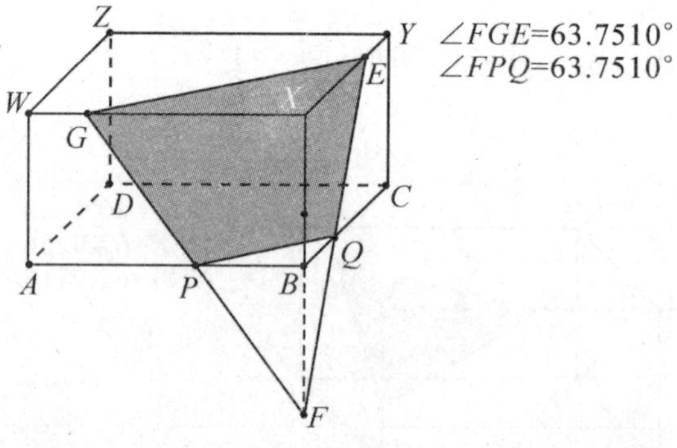

图 10－8　长方体的四边形截面至少有一对平行边

打开同一个文件夹里的文件“正方体沿四边形截面分割 1”，如图 10－9，对照观察，有助于想象梯形截面的样子.

正方体沿四边形截面分割 1

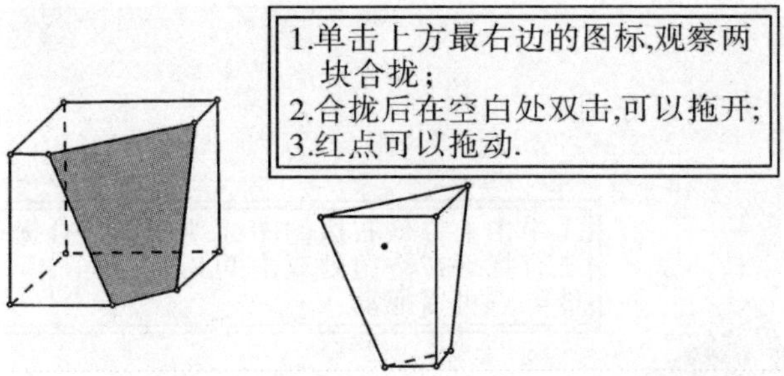

图 10—9　正方体沿梯形截面分割

两平行平面和第三平面相交,则两条交线平行(你能说清楚其中的道理吗),如图 10—10. 这是我们考虑长方体截面多边形特点的关键知识.

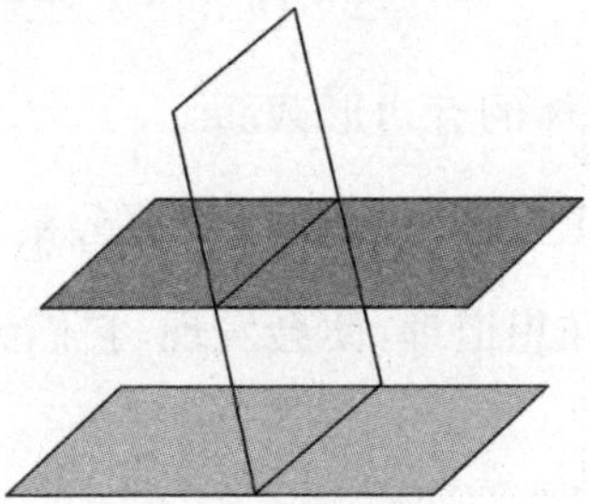

图 10—10　两平行平面和第三平面相交

把图 10—8 中的点 E 拖到线段 XY 的延长线上,并适当拖远一些,使得长方体和平面相交的四个面中有两对平行面,截面当然就是平行四边形了,如图 10—11.

长方体的截面

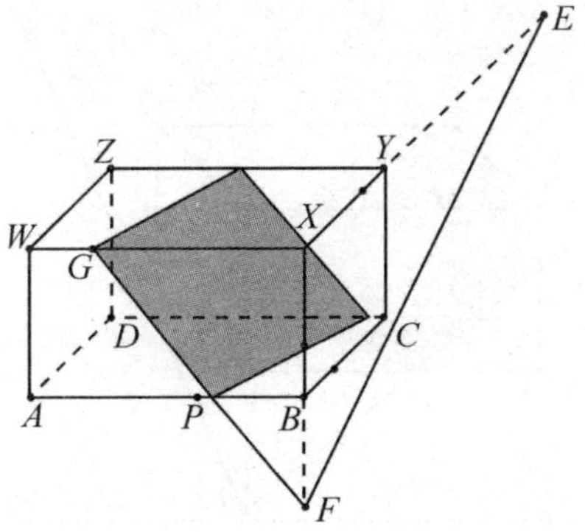

10—11　长方体的平行四边形截面

打开同一个文件夹里的文件“正方体沿四边形截面分割 2”，如图 10—12，可以对照观察.

正方体沿四边形截面分割 **2**

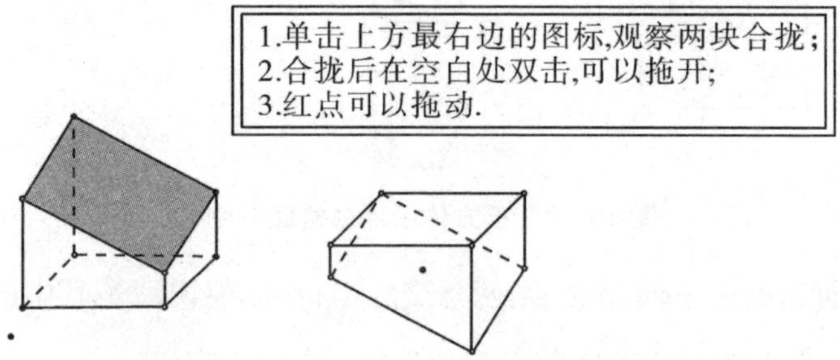

图 10—12　正方体沿平行四边形截面分割

图 10—13 呈现的是长方体的五边形截面.

与此对应，图 10—14 是正方体沿五边形截面分割的情形. 这些五边形截面有什么特点呢？通过实验观察和想道理，便会发现，它们无非是平行四边形砍掉一角而已.

在课件“长方体的截面. sg”中，适当向长方体外拖动点 E、F、G，可以得到六边形的截面，如图 10—15.

长方体的截面

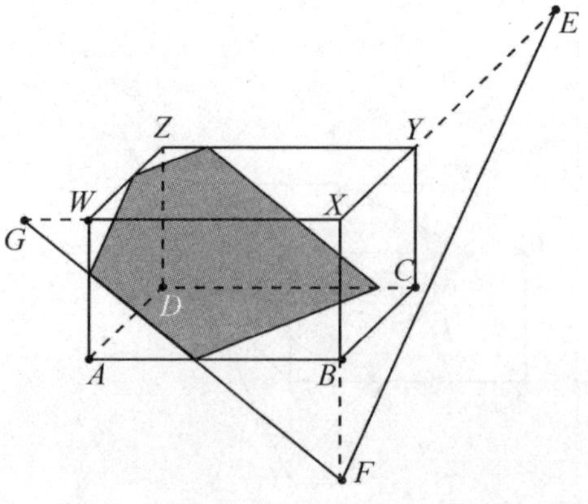

图 10—13　长方体的五边形截面是砍掉一角的平行四边形

正方体沿五边形截面切割

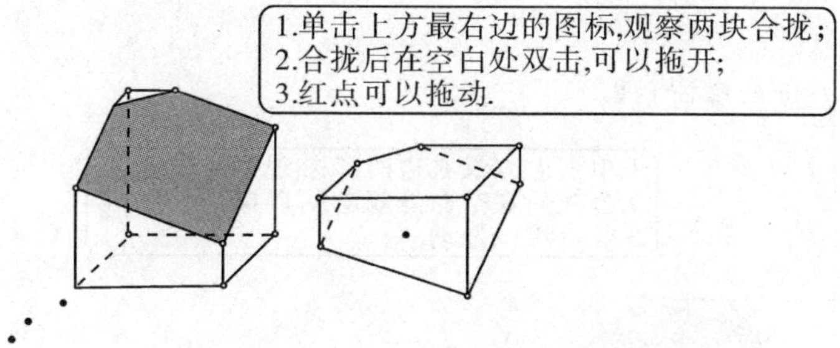

图 10－14　正方体沿五边形截面分割

长方体的截面

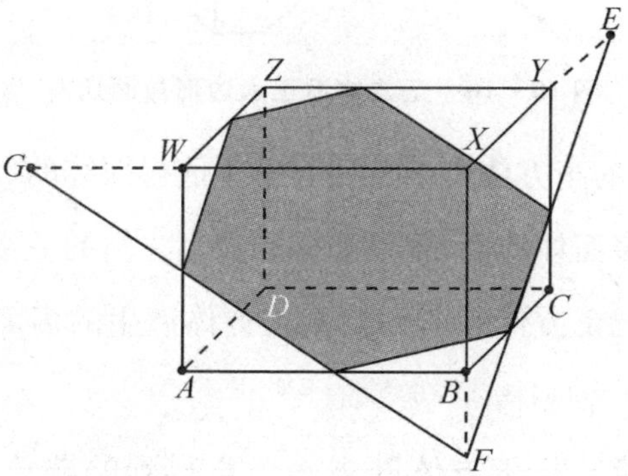

图 10－15　长方体的六边形截面

正方体的截面可以是正三角形或正方形，这比较容易想到. 会不会是正五边形呢？也容易想到这是不可能的. 因为正五边形的任意两边都不会平行，而长方体的五边形截面有两对平行边.

接着就是一个有趣的问题：正方体的截面会不会是正六边形呢？

如果想得到正方体木块的一个正六边形的截面，真的拿刀去砍，谁能保证砍得就那么准？还是先在各面上画出截面多边形的边然后再拿锯子锯比较好！不过要准确画出截面多边形的边也还需要一点点数学知识，这个问题不算太难，留给你思考.

打开同一个文件夹里的文件“正方体沿六边形截面切割”，如图 10－16. 当下方的三个红点都在图示的同一条小线段上时，截面是正六边形，相信这个课件会给你启发.

正方体沿六边形截面切割

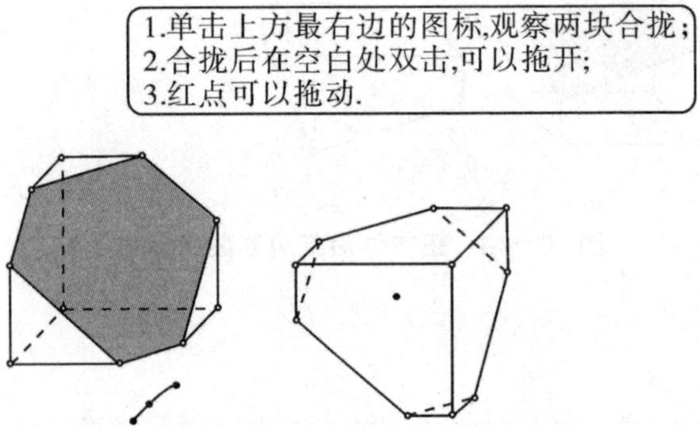

图 10－16　正方体沿正六边形截面切割

看，在我们最熟悉的正方体当中真还有不少值得探究的数学问题呢！

不过更微妙的是多面体的面、顶点和棱的数目之间的关系.

【实验 10－3】　把正方体和前面切割正方体产生的多面体放在一起看看，如图 10－17，尝试寻找一些规律.

首先是正方体，接着是正方体削去一个角得到的缺角正方体，还有削掉的“角”，它是一个四面体.

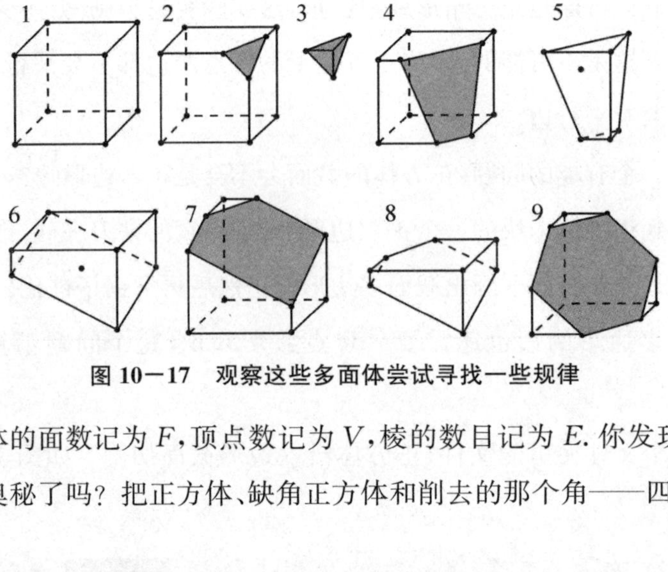

图 10－17　观察这些多面体尝试寻找一些规律

把多面体的面数记为 F，顶点数记为 V，棱的数目记为 E. 你发现隐藏在这三个数之间的奥秘了吗？把正方体、缺角正方体和削去的那个角——四面体的面数、顶点数和棱数填到下面的表中，细心观察一下，你一定能得到它们之间的关系.

	面数(F)	顶点数(V)	棱数(E)
1. 正方体	6	8	12
2. 缺角正方体	7	10	15
3. 四面体	4	4	6

最容易发现的是，原来面数与顶点数之和都比棱的数目大：$6+8>12$，$7+10>15$，$4+4>6$，进一步 $6+8-12=2$，$7+10-15=2$，$4+4-6=2$. 我们有了一个发现：这里 $F+V-E$ 是个不变量，都等于 2! 由一个特例受到启发，对于别的情况 $F+V-E$ 还是不变量 2 吗？你可以对图 10－17 中其余的多面体考察，数一数它们的顶点、棱和面是多少，并把结果补充填写在上面的表中.

由上述大量的特例，都得到相同的结果 $F+V-E=2$，继而我们猜想这个结果还适用于更一般的情况吗？这种从特殊到一般的思考方法叫做归纳猜想，这是探索科学问题时经常使用的一种方法.

法国大数学家拉普拉斯说：甚至在数学里，发现真理的主要工具也是归纳和类比.

我们还可以设计新的实验验证上述猜想.

前面我们做了那么多切割实验，现在给正方体加个顶，如图 10－18，看看是否还有那个不变量.

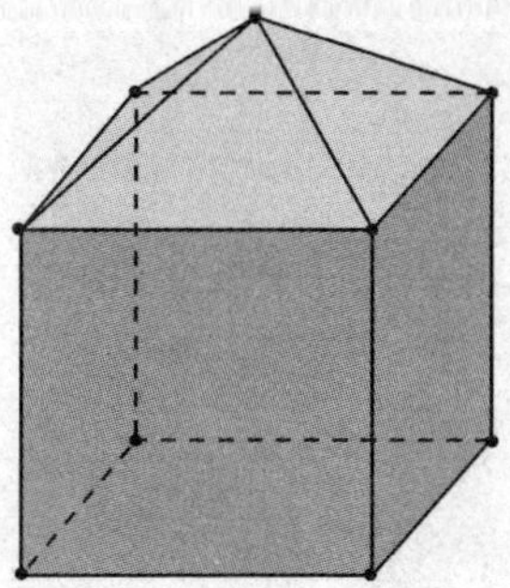

图 10－18　给正方体加个顶

数数看，这里 $F=9$，$V=9$，$E=16$，$F+V-E=9+9-16=2$. 如果不一一地数，而是研究正方体加顶前后面数、顶点数和棱数的变化，我们会有新的发现.

注意到我们是在正方形上加“顶”，于是在减少一个面的同时多出了四个面，棱数同时也增加了4个，顶点则增加了一个. 算算总账 $F+V-E$ 没有变化.

这样一来，我们就想到在任意一个多面体上加一个尖顶. 具体做法是在一个 n 边形上增加一个尖顶（一个 n 棱锥）. 设原来的多面体的面数为 F，顶点数为 V，棱数为 E，且 $F+V-E=2$. 加上一个尖顶后，面增加了 $(n-1)$ 个，顶点增加了一个，棱增加了 n 个，于是新的多面体的面数＋顶点数－棱数 $=F+(n-1)+V+1-(E+n)=F+V-E=2$.

对于任意一个多面体用“切角”或“加顶”的办法得到新的多面体，是否也可以用类似的方法探讨面数、顶点数和棱数的关系呢？我们把这个工作留给你.

你可以实地进行实验也可以在计算机上进行实验.

我们上面得到的公式：多面体的面数＋顶点数－棱数＝2，就是著名的欧拉公式.

回顾上面的活动，我们先是通过实验观察得出几个特殊的多面体的面数、顶点数和棱数的关系，而后从特殊的情况猜想一般是否也有这样的规律，接着再继续实验以增强我们对数学猜想正确性的信心. 这种从特殊到一般的思考方法叫做“归纳”.“归纳”和“猜想”是发现数学和创造数学的重要过程. 当然在此之后还需要证明，用证明的手段确认我们发现的是普遍的规律.

图 10－19　欧拉(Leonhard Euler**,1707－1783)**

莱昂哈德·欧拉(Leonhard Euler，1707－1783)是瑞士数学家和物理学家. 他被一些数学史学者称为历史上最伟大的两位数学家之一(另一位是卡尔·弗里德里克·高斯). 欧拉通过大量的实验提出了上面的猜想 $F+V-E=2$ 并给出了证明,欧拉在数学上的贡献很多. 他是第一个使用"函数"一词来描述包含各种参数表达式的人,还是把微积分应用于物理学的先驱者之一.

在平面几何中我们曾经研究过正多边形,如正方形、正三角形、正五边形、正六边形等. 把正方体与正方形类比,可以把正方体称为正六面体. 现在很自然的问题是在空间中还有没有其他正多面体?

所谓正多面体,指各面都是全等的正多边形且每一个顶点所接的面数都是一样的凸多面体.

对于正方体而言,从每个顶点观察相邻的三个面都是工方形. 能否在　个顶点处有四个正方形相邻呢? 回答当然是否定的. 你想如果有四个正方形相邻,计算集中在一个顶点处四个面的角的和该有 $90°+90°+90°+90°=360°$,这样一来这四个正方形就处于同一个平面了,而这是不可能的. 这促使我们思考集中在多面体一个顶点处各个面的角的和满足小于 $360°$ 条件都有哪些可能性. 例如,多面体的面能否是正三角形、正五边形、正六边形等?

让我们先考察正三角形的情况:考虑到 $60°+60°+60°=180°$,$60°+60°+60°+60°=240°$,$60°+60°+60°+60°+60°=300°$,都小于 $360°$,这样看来就有三种可能用正三角形作为正多面体的面构造正多面体,也就是集中在每一个顶点的棱可能是三条、四条和五条.

对于正五边形的情况:考虑到正五边形每一个内角是 $108°$,而 $108°+108°+108°=324°$ 小于 $360°$,因此也有可能以正五边形作为正多面体的面构造正多面体.

这样看来,正多面体至多有 5 种. 现在我们借助欧拉公式考虑这些可能的多面体的面数、棱数和顶点数.

设多面体的顶点数为 V,面数为 F,棱数为 E,按照欧拉公式有 $F+V-E=2$. 又设正多面体的每个面是正 n 边形,每个顶点处有 m 条棱.

计算正多面体的总棱数:每个面有 n 条边,F 个面就有 nF 条边,每两个重合在一起的边成为正多面体的一条棱，所以共有 $E=\frac{nF}{2}$ 条棱，$F=\frac{2E}{n}$.

另一方面，从每个顶点算有 m 条棱，V 个顶点就应该有 mV 条棱，又因为这样计算每条棱被重复计算了一次，所以总的棱数为 $E=\frac{mV}{2}$，$V=\frac{2E}{m}$.

代入欧拉公式有 $\frac{2E}{n}+\frac{2E}{m}-E=2$，两边除以 E 得到 $\frac{1}{m}+\frac{1}{n}=\frac{1}{2}+\frac{1}{E}$.

即
$$\frac{1}{m}+\frac{1}{n}-\frac{1}{2}=\frac{1}{E}>0.$$

因此 $\frac{1}{m}+\frac{1}{n}>\frac{1}{2}$，根据这个条件 m、n 不能同时大于 3. 另外又有 $m\geqslant 3$ 且 $n\geqslant 3$，所以 m 和 n 至少有一个等于 3.

当 $m=3$ 时，因为 $\frac{1}{n}>\frac{1}{2}-\frac{1}{3}=\frac{1}{6}$，$n$ 又是正整数，所以 n 只能是 3、4、5，见下表：

m	n	E	F	V
3	3	6	4	4
3	4	12	8	6
3	5	30	20	12

这说明以正三角形为多面体的面可以有正四面体、正八面体和正二十面体.

构造一个正四面体很容易：先在纸上画一个正三角形，然后取三边的中点，以三边中点连线为折痕折叠这个纸片，再用胶条粘好接缝处，就得到一个正四面体的纸模型，如图 10—20.

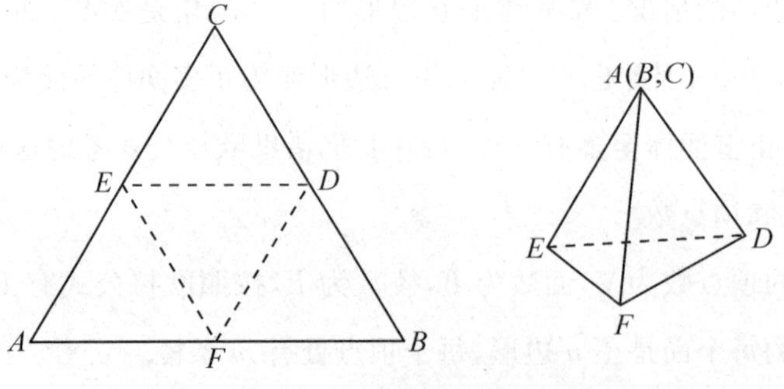

图 10—20　作一个正四面体的纸模型

我们还可以从正方体中切割出一个正四面体(当然不只切一刀),从正四面体切割出正八面体,从正八面体又切割出正方体.打开文件夹“10—3 正多面体”中的有关课件可以看到在计算机屏幕上虚拟切割的过程,图 10—21 说明如何从正方体中切割出一个正四面体.若正方体的棱长为 1,你能算出所切割出来的正四面体的体积吗?

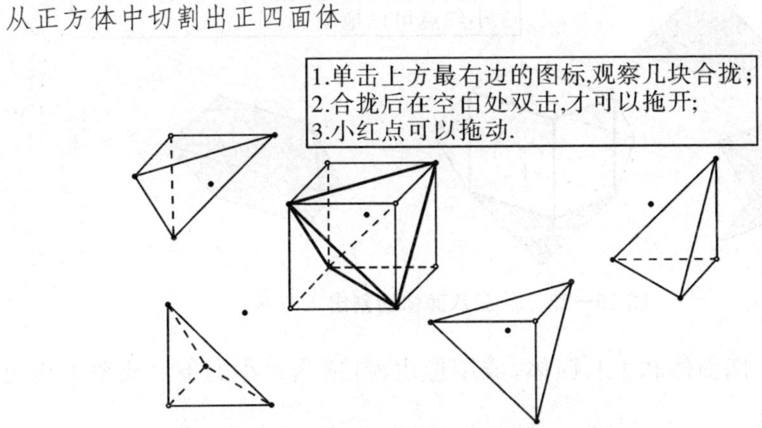

图 10—21 从正方体中切割出正四面体

图 10—22 告诉我们从正四面体中切割出正八面体的一种方法.想一想,用其他的方法,你能够切割出更大的正八面体吗?

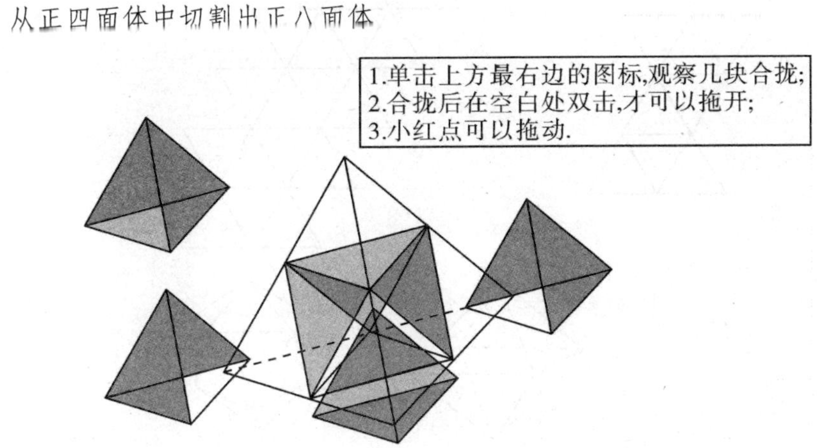

图 10—22 从正四面体中切割出正八面体

图 10—23 是从正八面体中切割出正方体的一种方法. 如果正方体的棱长为 2，你能计算出正八面体的棱长至少是多长吗？图中正方体的顶点是正八面体的棱的定比分点，这里的分比是多少呢？

从正八面体中切割出正方体

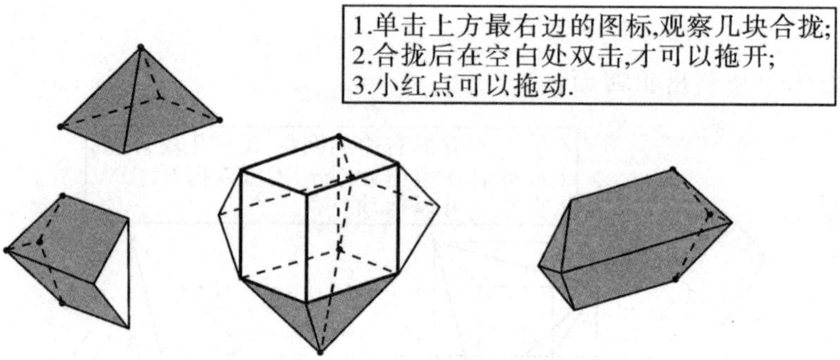

图 10—23　从正八面体切割出正方体

请你画出正四面体和正八面体，或用橡皮泥（适当大小的土豆或萝卜也可以）作一个正八面体.

你还可以在纸上画出下面的图形（也可以在计算机上画图再打印出来），然后通过折叠并用胶条粘接成正八面体和正二十面体的纸模型，如图 10—24.

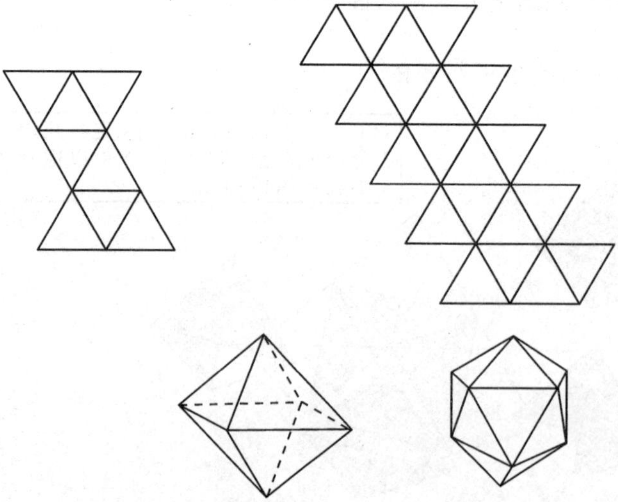

图 10—24　正八面体和正二十面体的纸模型

上面讨论了以正三角形为面构成的正多面体.

继续讨论,当 $n=3$,m 也只能是 3、4、5.

所以还有以下几种情况:

m	n	E	F	V
4	3	12	6	8
5	3	30	12	20

这里正六面体就是我们熟悉的正方体.

正十二面体的各面是正五边形,你可以在纸上画出下面的图形,当然在超级画板上画这个图形更方便,建议你在计算机上画出下图(图 10—25),然后打印出来

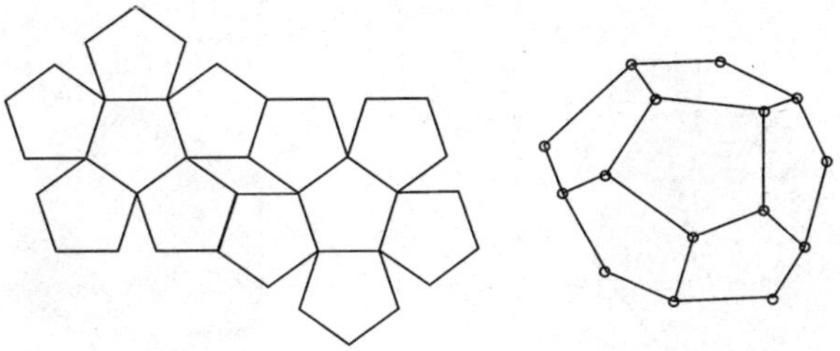

图 10—25　正十二面体的纸模型

(想想看,怎样画图最方便),然后再通过折叠并用胶纸条粘接成正十二面体的纸模型.

通过上面的讨论和实验,我们现在终于搞清楚了正多面体只有 5 种:正四面体、正方体、正八面体、正十二面体和正二十面体.

这 5 种正多面体早在古希腊的毕达哥拉斯学派就有研究,在被视为毕派经典的古希腊哲学家柏拉图(前 427—前 347 年)的著作《对话录》中,《蒂迈欧篇》就提到了这 5 种正多面体,因此这 5 种正多面体又称为“柏拉图体”.《蒂迈欧篇》还提出了它们与实际的对应关系:土是由立方体造成,因为它最稳定;金字塔即四面体最轻巧能动,所以造成火;其次是八面体,所以造成气;再其次是二十面体,所以造成水;至于剩下的十二面体,则造成天球的整体.在古希腊人看来,几何就与宇宙的基本质料的结构结合起来了.

正多面体在自然界中还见于某些矿石的晶体，还可以把金刚石或其他宝石打磨成正多面体的钻石首饰(图 10—26).

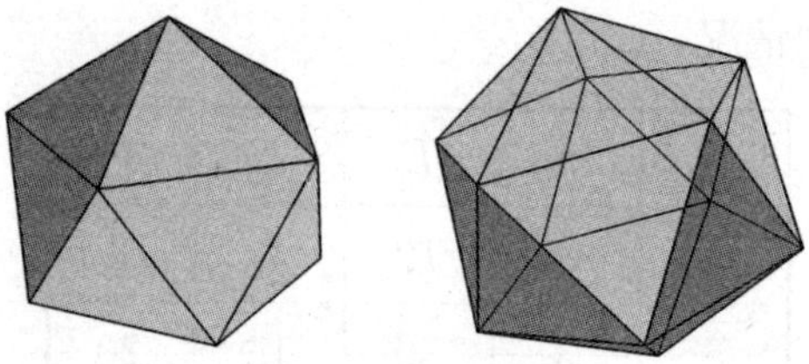

图 10—26　正多面体形状的宝石

为了增加对正多面体的直观认识，你可以打开文件夹“10—3 正多面体”中有关的课件，观察电脑屏幕上旋转的正十二面体和正二十面体. 如图 10—27 和图 10—28.

正十二面体

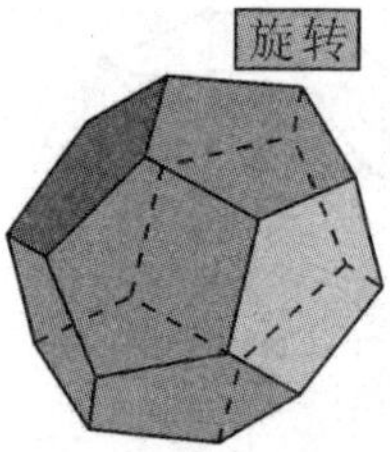

图 10—27　旋转的正十二面体

正二十面体

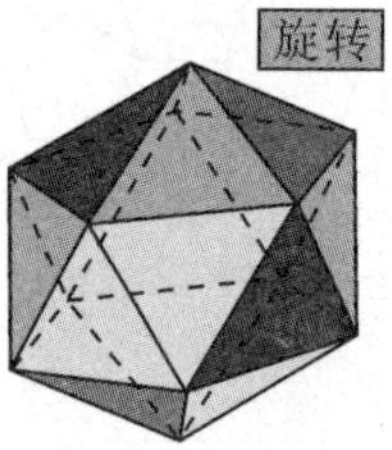

图 10—28　旋转的正二十面体

图 10—29 是一个艺术房屋，它的外壳是正二十面体.

二十面体纸住宅

图 10—29　二十面体的房子

桑福·庞德设计的Icosa Pods像怪诞的古老科幻影片中的道具,但它们不是道具,而是正儿八经的住房.因为造价非常低廉,现在在国外已经派上用场——为海啸受害者减轻痛苦.这种住房可以长远发展,虽然它们不是永久性住宅,但这些奇特的房子可以像乐高拼装玩具一样,而且是用纸板组成,代表着绿色环保,更何况这个凉爽的“旅馆”的售价并不高(售价:2150 美元).

我们的话题是从最熟悉的正方体展开的,谈到了多面体的展开和折叠,谈到了正方体的截面,由此又引出了隐含在这背后的不少问题.到此是否问题穷尽了?不!你还可以继续进行试验探索,例如:切去正四面体的 4 个角,切去正方体的 8 个角,切去正八面体的 6 个角……再改变截面的位置观察.打开计算机制作相应的动态图形,你会在那里得到极大的满足,感受数学与艺术的天然联系.

最后给你一个多面体的平面展开图(图 10－30),你可以把这个图形复制下来(或者自己在超级画板上作出这个图形,然后打印出来)作一个多面体的模型,这是由正八边形、正方形和正六边形围成的一个漂亮的多面体.你将为你亲自动手作出成功的艺术品而获得极大的喜悦.

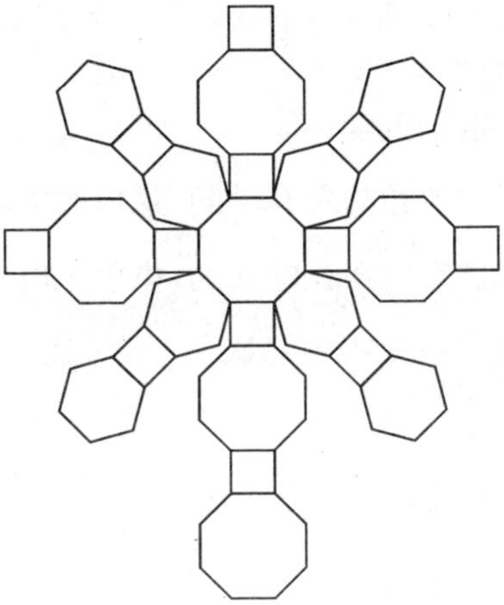

图 10－30　这是什么样的多面体的表面展开图

第二部分

电脑解题空间

11　电脑帮你解题——三角形

从本节起,让我们进入电脑解题空间.

数学离不开解题,但怎样解题却大有学问.这里的电脑解题空间作为一种新的尝试,相信会给广大同学提供实实在在的帮助.借助于电脑的数学实验和动态演示令人耳目一新,原来的难题现在变得容易破解了,一题多解、一题多变在电脑上得到充分生动的展现.

用电脑进行实验观察,动态地解析数学问题,有助于对数学知识更深入地理解发挥.

在小学里就知道三角形内角和是 180°.沿此最简单的事实思考,会想到多角形各角的角度之和的问题.

首尾相连的一条折线叫做一个多角形.计算多角形各角之和是一个有趣的问题.

【例 11—1】 请计算下列图形(图 11—1)中标注出来的角的和.(根据 2003 年"TRULY"联赛题改编)

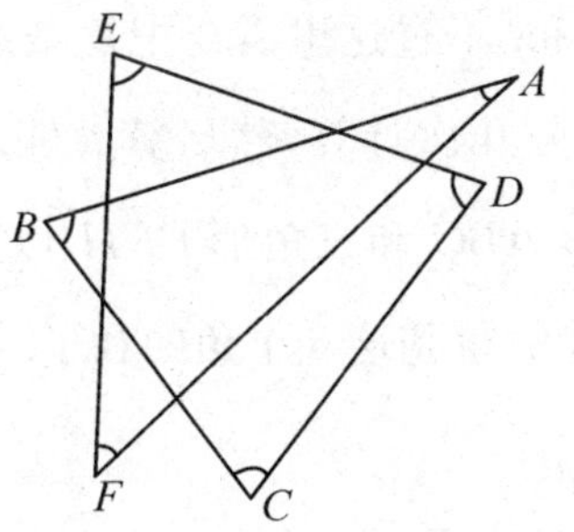

图 11—1 计算图中标注出来的 6 个角的和

【实验 11—1】

(1)用量角器测量图形中标注出来的角并求和,猜想问题的答案,尝试给出证明(参看【操作说明 4—6】);

(2)用超级画板在计算机屏幕上画出类似的图形,用鼠标拖动,看看在特殊情况下这些角的和是多少,然后大胆地作出猜测;

(3)你还可以借助超级画板的测量功能验证你的猜想;

(4)拖动顶点变换图形,进一步验证你的猜想.

在实验和猜想基础上,尝试给出证明.

其实,不通过这些实验,也不难得到正确的答案.

【分析】 参看图 11—2.想象把点 A 拖到 D,点 B 拖到 E,点 C 拖到 F,发现图形变成了两个重合的三角形,自然这 6 个角的和等于 180°的两倍,即 360°.于是猜

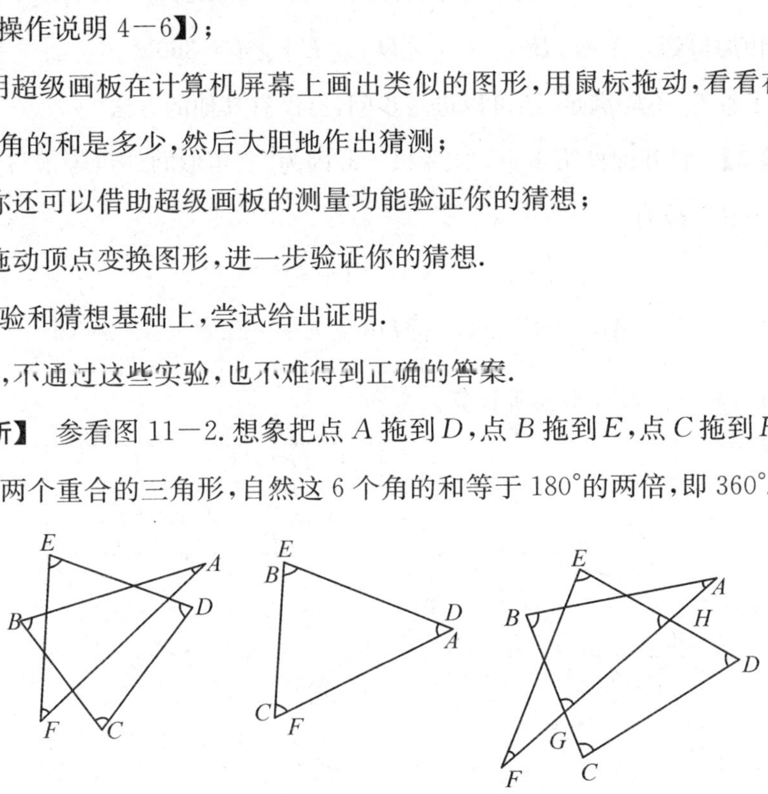

图 11—2 把复杂的图形分解成简单的三角形和四边形

想一般情况下的左图中 6 个角的和也是 360°. 当然这需要证明，而证明用的最基本的工具还是三角形内角和等于 180°、四边形的内角和等于 360°以及三角形的外角等于与它不相邻的两个内角和. 不过这里需要把复杂的图形分解成简单的三角形和四边形，引进另外两个角，分几次计算，然后算总账. 例如设 AF 交 BC 于 G，交 DE 于 H，于是形成了三角形 ABG 和三角形 EFH 以及四边形 $HGCD$. 分别计算它们的内角和，通过化简就能够得到这 6 个角的和了.

【解答 1】 对照上图右，

在$\triangle ABG$ 中，$\angle A+\angle B+\angle BGA=180°$，

在$\triangle EFH$ 中，$\angle E+\angle F+\angle FHE=180°$，

在四边形 $GCDH$ 中，

$$\angle C+\angle D+(180°-\angle FHE)+(180°-\angle BGA)=360°,$$

三式相加得到$\angle A+\angle B+\angle C+\angle D+\angle E+\angle F=360°$.

得到了解答，不应满足. 还可以进一步问，有没有其他的方法？

【解答 2】 打开课件第 1 页，如图 11—3. 因为“三角形的外角等于与它不相邻的两个内角和”，故有

$$\angle A+\angle B=\angle 1,\angle 1+\angle F=\angle 2,$$

于是 $\angle A+\angle B+\angle C+\angle D+\angle E+\angle F$

11—1 利用凹四边形性质计算六角和

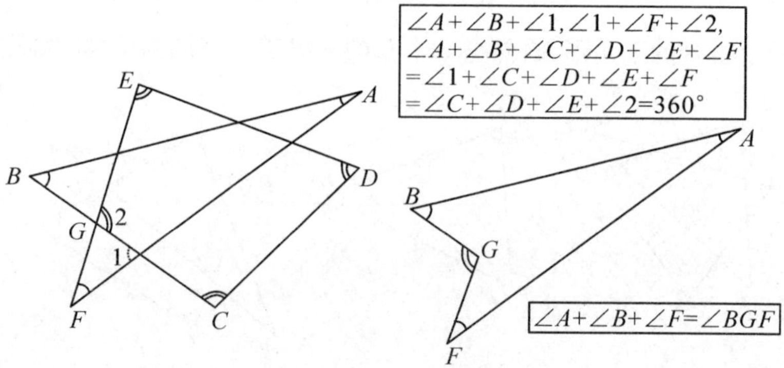

图 11—3 利用四边形各角的关系

$$=\angle 1+\angle C+\angle D+\angle E+\angle F$$
$$=\angle C+\angle D+\angle E+\angle 2=360°.$$

这里最后一步用到"四边形的内角和等于 360°".

上面第 2 种解法中,包含了一个有用且有趣的事实:在凹四边形 $ABGF$ 中,有

$$\angle A+\angle B+\angle F=\angle BGF.$$

用文字语言来说,就是"在凹四边形中,凹角等于其他三内角之和".这里说的"凹角",就是上面图中$\angle 2$ 的对顶角$\angle BGF$.

另外一个计算 7 个角的和的问题可以类似地进行处理,看看课件的第 2 页(图 11—4),把思考留给你.

11—2 利用凹四边形性质计算 **7** 个角的和

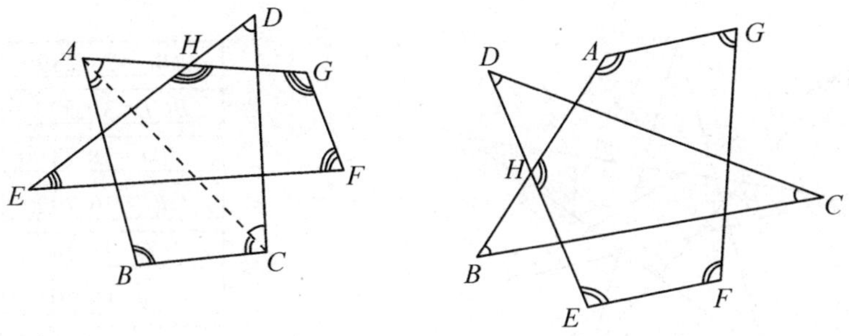

图 11—4 如何计算 7 个角的和

如果再画个五角星,你还能提出什么问题吗?这些题目之间有什么联系吗?

我们通过解题发现了凹四边形的一个有趣的性质,用这个性质能够解决更多的问题,到此应当满意了吗?还有必要更进一步思考实验吗?

不妨再试试对更多的情形进行实验观察.

【实验 11—2】 打开课件第 3 页,这个七角形中,7 个角度数之和是多少?(图 11—5)

测量 7 个角之和,结果如我们预料,是 540°.

11—3 七角形的角度之和　如何拖动才能使角度之和改变?

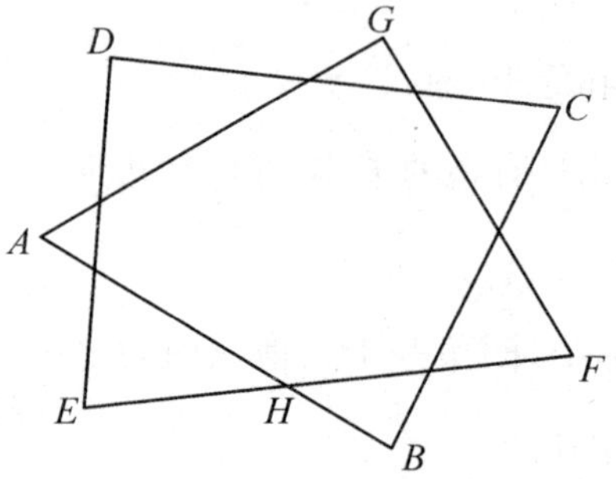

∠ABC=84.8275°

∠BCD=70.2703°

∠CDE=88.0544°

∠DEF=79.2535°

∠EFG=65.4336°

∠FGA=90.0687°

∠GAB=62.0920°

∠ABC+∠BCD+∠CDE+∠DEF+∠EFG+∠FGA+∠GAB=540.00°

图 11—5　七角形中 7 个角度数之和是多少

但如果多尝试一些情形，如图 11—6，结果就变了！

11—3 七角形的角度之和　如何拖动才能使角度之和改变?

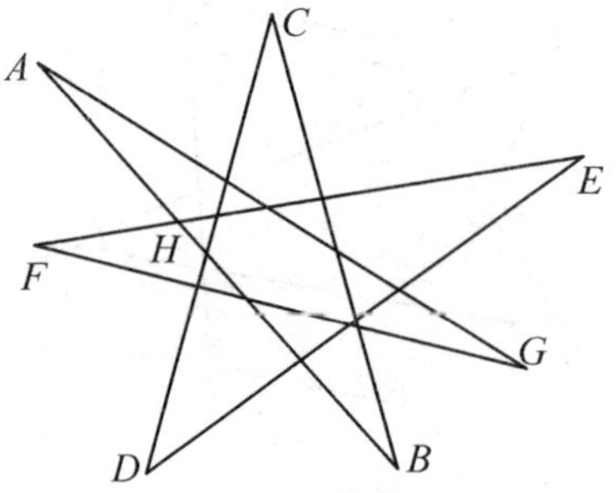

∠ABC=26.2899°

∠BCD=30.5779°

∠CDE=38.2150°

∠DEF=26.7923°

∠EFG=23.7338°

∠FGA=18.2052°

∠GAB=16.1859°

∠ABC+∠BCD+∠CDE+∠DEF+∠EFG+∠FGA+∠GAB=180.00°

图 11—6　七角度数之和也可能是 180°

从测量的结果看，这 7 个角的和也可能不是 540°，而是 180°.

有没有其他的情形？再拖动点 G 做实验，当 G 到了 $\angle BHE$ 之外时，出现了新的情况：可能不是 540°，也不是 180°，而是不规则的变化的数字，如图 11—7 所示.

直线 AB 和 EF 相交于 H，把平面分成 4 块. 实验发现，只有当 G 在 $\angle BHE$ 之内或此角的两边上移动时测量数据保持为 204.46. 在其他位置时测量数据不再为常数！

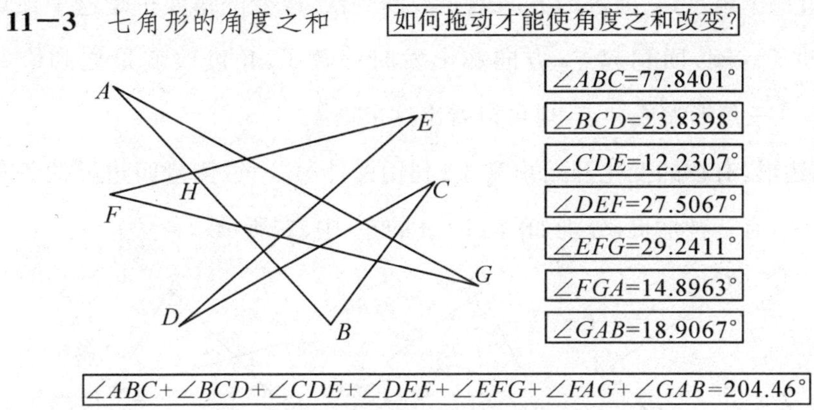

图 11—7 当 G 在 $\angle BHE$ 之外时出现新情况

把 G 拖回 $\angle BHE$ 之内，测量数据恢复为 204.46°；换一个点拖动看看，仍有类似的现象. 实验发现了不平凡的现象，引人入胜了.

为了找出一般的规律，我们回到最简单的情形，看看三角形.

不管怎样拖动 A、B、C，总有

$$\angle ABC+\angle BCA+\angle CAB=180°.$$

道理何在呢？请你在下面的实验中仔细观察和思考.

【实验 11—3】 翻到课件第 4 页，如图 11—8，设想一支铅笔沿着三角形周界

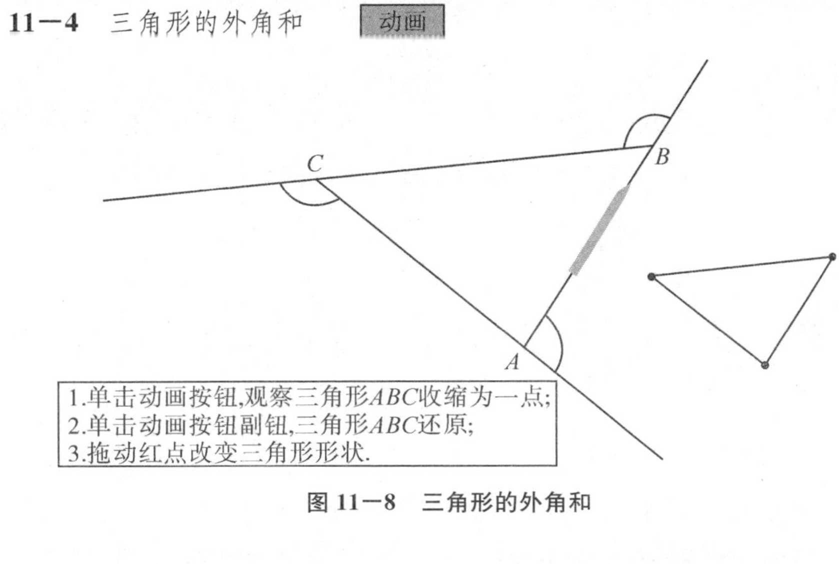

图 11—8 三角形的外角和

滑动，每经过一个顶点，它前进的方向就要改变一次，改变的角度正是这个顶点处的外角. 滑动了一圈，回到起点，方向和出发时一致了，角度改变量之和恰好是 $360°$. 课件中让三角形缩成一点，也可以看出这个现象.

对于四边形，有趣的变化开始出现了. 利用课件第 5 页，测量四边形的各角和它们的和或差，有三种情形，分别如图 11－9 的左、中、右所示.

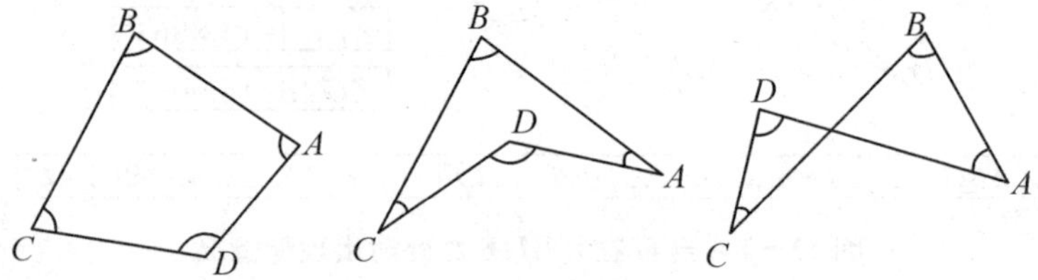

$\angle A+\angle B+\angle C+\angle D=360.00°$	$\angle A+\angle B+\angle C+\angle D=263.13°$	$\angle A+\angle B+\angle C+\angle D=233.36°$
$\angle A+\angle B-\angle C-\angle D=-27.93°$	$\angle A+\angle B-\angle C-\angle D=-55.00°$	$\angle A+\angle B-\angle C-\angle D=0.00°$
$\angle A+\angle B+\angle C-\angle D=116.50°$	$\angle A+\angle B+\angle C-\angle D=0.00°$	$\angle A+\angle B+\angle C-\angle D=61.38°$

图 11－9　测量四边形的各角和它们的和或差

反复观察这 3 个四边形，如何描述它们之间的区别呢？

想象四边形是一条循环跑道.

在左边的四边形跑道上沿 $A-B-C-D-A$ 前进，到转弯处总是向左转. 也就是说，下下个点总在前进方向的左侧. 如果倒过来跑，沿 $A-D-C-B-A$ 前进，到转弯处总是向右转. 也就是说，下下个点总在前进方向的右侧. 总之，转弯方向总是一致的.

在中间的四边形跑道上沿 $A-B-C-D-A$ 前进，在 A、B、C 这三个转弯处向左转，也就是说，从 A 向 B 跑时，看到 C 在左侧；从 B 向 C 跑时，看到 D 在左侧；从 D 向 A 跑时，看到 B 在左侧. 唯独从 C 向 D 跑时，看到 A 在右侧；即在 D 转弯处向右转.

在右边的四边形跑道上沿 $A-B-C-D-A$ 前进，在 A、B 这两个转弯处向左转，也就是说，从 D 向 A 跑时，看到 B 在左侧；从 A 向 B 跑时，看到 C 在左侧. 但在 C、D 这两个转弯处就是向右转了.

这样的实验和思考启发我们，转弯方向是否一致是个关键.

回头看看开始提出问题中的六角形和七角形，其转弯方向的确是一致的.

我们可不可以猜想，各点处转弯方向一致的多角形，各角度数之和是一个仅与顶点数目有关的常数呢？

三角形各点处转弯方向总一致，3 个角之和是 180°，不错.

凸四边形各点处转弯方向总一致，4 个角之和是 360°，也不错.

凸五边形各点处转弯方向总一致，5 个角之和是 540°；但是，如下图的五角星各点处转弯方向也是一致的，5 个角之和却是 180°. 两者的区别何在？

翻到课件第 6 页，如图 11—10，观察凸五边形和五角星的区别.

11—6 五角星和凸五边形有何不同？

如果站在凸五边形内部看别人在边上跑一圈，
不论你面朝什么方向，他在你面前只经过一次.
如果站在五角星内部看别人在边上跑一圈，
不论你面朝什么方向，他在你面前都要经过两次.

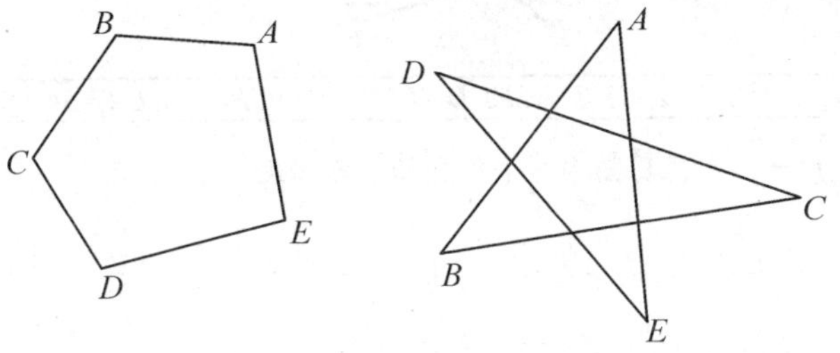

图 11—10 凸五边形和五角星的区别

如果站在凸五边形内部看别人在边上跑一圈，不论你面朝什么方向，他在你面前只经过一次. 如果站在五角星形内部看别人在边上跑一圈，不论你面朝什么方向，他在你面前都要经过两次.

绕场一周还是绕场两周，区别就在这里.

直观地推理：绕场一周外角和是 360°，多绕一周"外角和"就增加 360°. "外角和"多了，"内角和"就少了，所以五角星的 5 角和比凸五边形的 5 角和少 360°.

开始的题目中的六角形和七角形特点都是转弯方向一致且绕场两周，所以前者 6 角和比起凸六边形 6 角和少 360°；后者 7 角和比起凸七边形 7 角和少 360°.

问题变得就是如此简单. 可谓不战而胜!

前面图 11—6 中,是转弯方向一致且绕场 3 周的七角形,7 角和比起凸七边形的 7 角和要少 720°.

课件第 7 页是一个九角形,用这样的分析方法,算算图 11—11 中 9 个角之和是多少度?

11—7 这九个角的度数和是多少?

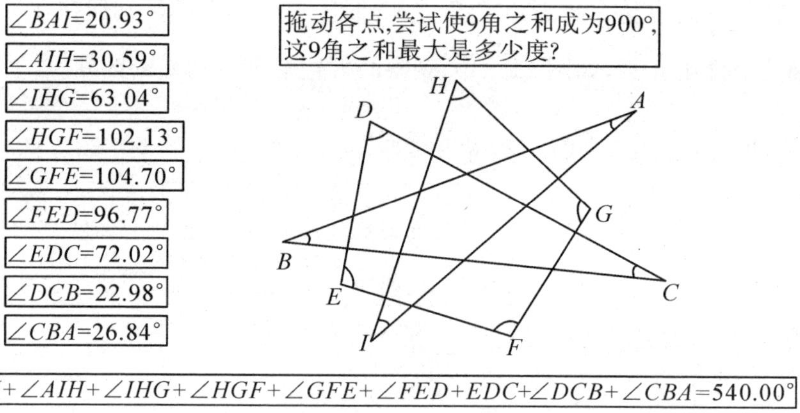

图 11—11 算算图中 9 个角之和是多少度

这是转弯方向一致且绕场 3 周的九角形,9 个角之和应为$(9-2)\times180°-2\times360°=540°$.

【实验 11—4】 如果多画画看看,就会发现,绕场多少周有时是不容易看出来的. 看看课件第 8 页(图 11—12),左边是转弯方向一致的多角形,但绕场多少周却不好说,拖动点 E,成为右边的样子,就看出是绕场两周了.

但这一拖动,改变了 3 个角,那么 6 个角之和还和原来相等吗? 这就留给你思考.

上面详细讨论了转弯方向一致的多角形,转弯方向不一致的多角形,它的诸角之间的关系如何呢? 前面列举了四角形的情形;课件中第 9 页可供你探索五角形. 对于更多角的情形,请你画画图,测量测量,找找一般的规律. 如果有了收获,欢迎写成小论文寄给我们.

11－8 左边的图算是绕场几周?

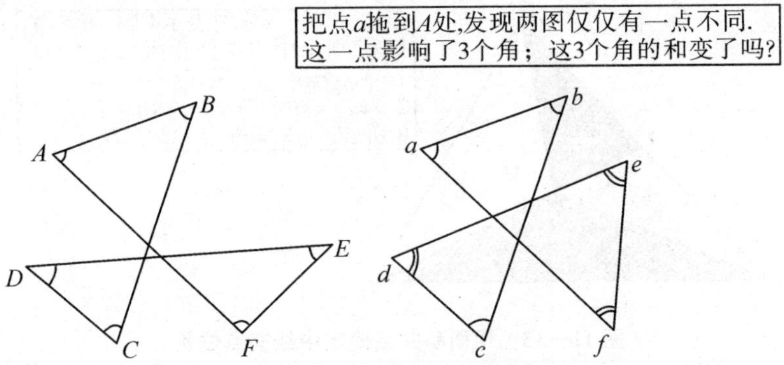

图 11－12 绕场多少周有时不容易看出来

小学里所学有关三角形的基本知识有两条,一条是"三角形内角和等于 180°",另一条就是"三角形面积等于底与高的乘积的二分之一"。

前面一条,我们已经进行了挖掘.

后面一条,挖掘起来内容更丰富.

根据"三角形面积等于底与高的乘积的二分之一"立刻推出:"等高三角形的面积比等于底之比."

在第 8 节里用质点几何的方法探讨了三角形重心的性质(参看课件"8－8 三角形的三条中线交于一点").现在用更基本的知识来研究这个问题.

翻到课件 11－10 页,如图 11－13,推理过程一目了然,仅仅用到了"等高三角形的面积比等于底之比".

用不同的方法解决同一个问题,常常有新的收获.

由此同样推出,三角形三边中线交于一点,而且这点到三角形每一个顶点的距离等于它到对边中点距离的两倍.

把三角形三边中线的交点称为三角形的**重心**.

11—10　三角形的重心

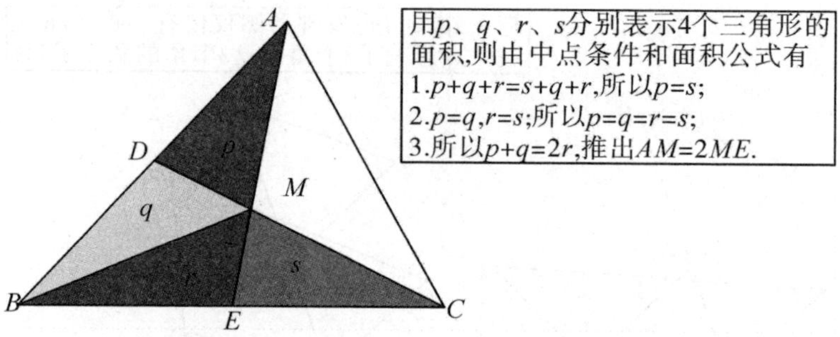

图 11—13　用面积关系确定中线交点位置

剪一块三角形的硬纸板试一试,这重心是不是物理上的重心?

最后,看看图 11—14,能不能从另一个角度说明三角形的这个性质?

11—11　从平行截割看重心

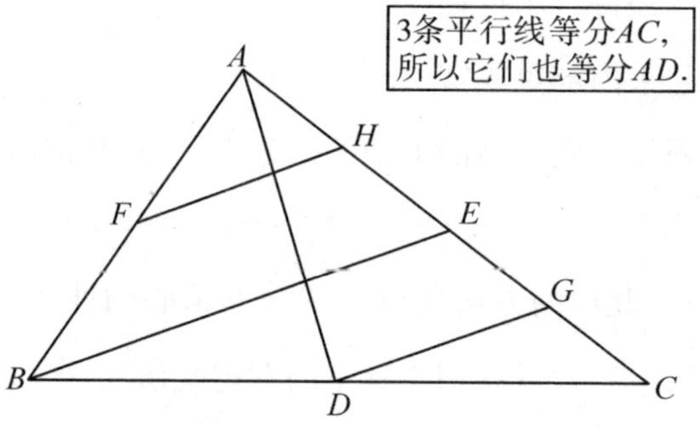

图 11—14　从另一个角度说明三角形中线性质

为了进一步挖掘"等高三角形的面积比等于底之比"这条性质的应用,我们来做个小实验.

【实验 11—5】　翻到课件第 12 页,如图 11—15.

拖动红点,对照测量数据看出线段 HG 在直线 AB 上滑动时,其长度始终保持和线段 AB 的长度相等. 所以$\triangle PAB$ 和$\triangle PHG$ 面积相等,$\triangle QAB$ 和$\triangle QHG$ 面积相等. 面积测量数据证实了我们的上述判断.

11－12 发现共边定理

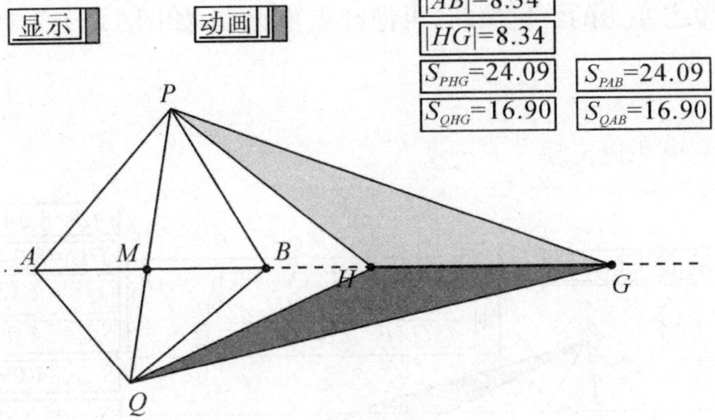

图 11－15 线段 *HG* 和线段 *AB* 的长度相等

单击动画按钮，红点从 A 运动到 AB 与 PQ 的交点 M，如图 11－16. 我们发现，两个染色三角形的面积比等于线段 PM 与 QM 之比.

11－12 发现共边定理

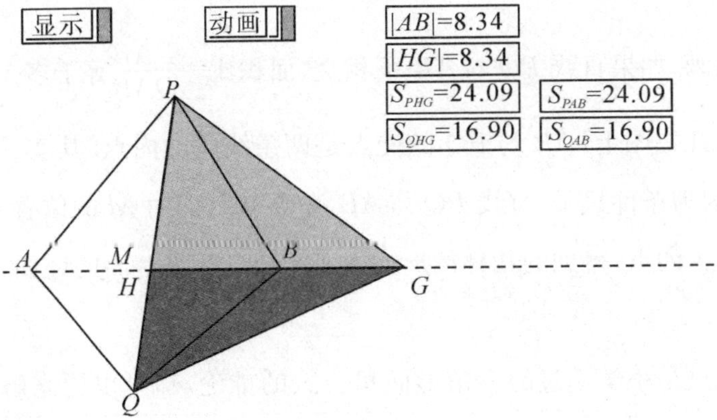

图 11－16 两个染色三角形的面积比等于线段 *PM* 与 *QM* 之比

但是，$\triangle PAB$ 和 $\triangle QAB$ 的面积分别等于 $\triangle PHG$ 和 $\triangle QHG$ 的面积，所以就得到了一条十分重要的基本定理：

【共边定理】 设直线 PQ 与 AB 交于 M，则 $\dfrac{\triangle PAB}{\triangle QAB}=\dfrac{PM}{QM}$.

【证明】 在直线 AB 上取点 N 使得 $MN=AB$，则

$$\frac{\triangle PAB}{\triangle QAB}=\frac{\triangle PMN}{\triangle QMN}=\frac{PM}{QM}$$ 证毕.

在课件上单击左边的红色按钮，再把红点拖远点，如图 11－17，就是我们实验的结果.

11－12　发现共边定理

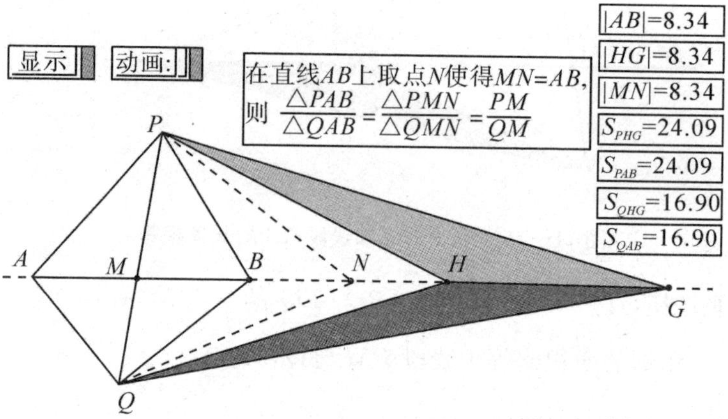

图 11－17　单击红色按钮显示实验的结论

再想想画画，如果直线 PQ 与 AB 不相交，面积比$\frac{\triangle PAB}{\triangle QAB}$等于多少？

在上面的几幅图上，AB 与 PQ 的交点是两条线段的内点. 其实共边定理涵盖了多种情形，因为条件只是“直线 PQ 与 AB 交于M”，而对 M 的位置并无限制. 在课件中拖动有关的点，得到的几种情形如图 11－18. 对照上面的证明，是不是每种情形都适合？

这个定理只是小学学过的三角形面积公式的推论，却可以用来解决大量的问题. 随便画几条线段，有了交点，就可以用共边定理写几个等式出来；利用这些等式中出现的面积之间的关系，容易发现线段比例之间的关系，这些关系有些就成为定理，有些就成为数学竞赛题目.

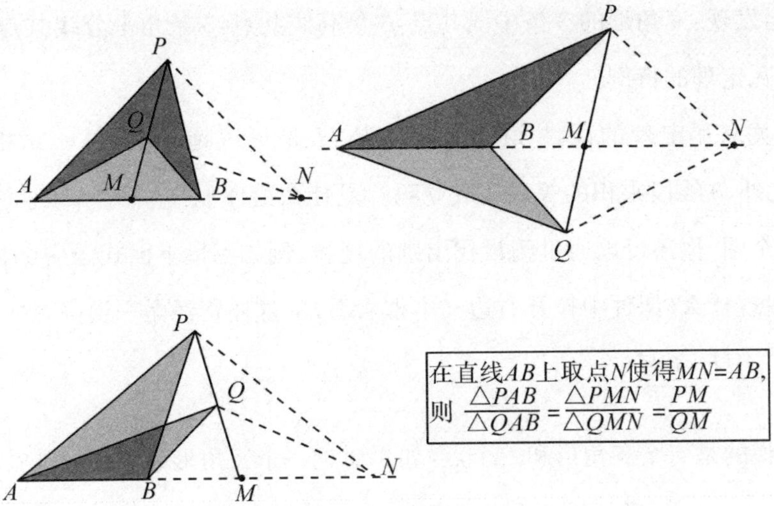

图 11－18　共边定理的多种情形

如图 11－19，在$\triangle ABC$内取一个点 H，测量发现图中 3 条红色线段长度的乘积总是等于 3 条黑色线段长度的乘积，什么道理呢？原来是共边定理背后的作用. 提示一下，就是：

$$\frac{AR}{BR}\cdot\frac{BP}{CP}\cdot\frac{CQ}{AQ}=\frac{S_{AHC}}{S_{BHC}}\cdot\frac{S_{AHB}}{S_{AHC}}\cdot\frac{S_{BHC}}{S_{AHB}}=1.$$

11－13　发现塞瓦定理

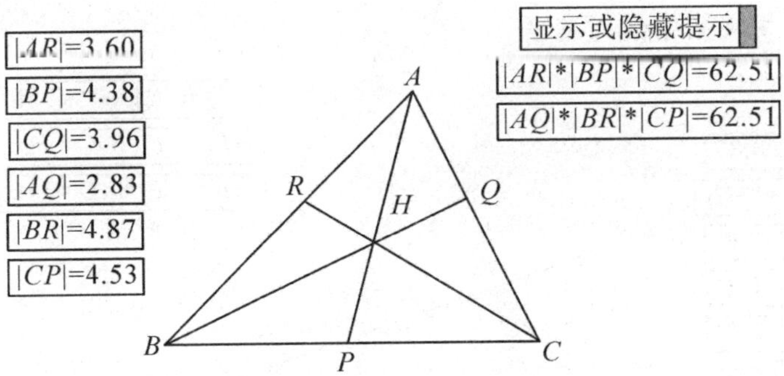

图 11－19　发现塞瓦定理

这就是几何里熟知常用的塞瓦定理. 严格说是半个塞瓦定理. 因为塞瓦定理还有另一半，是说如果$\frac{AR}{BR}\cdot\frac{BP}{CP}\cdot\frac{CQ}{AQ}=1$，则 AP、BQ、CR 三条直线共点. 画一画，想一想，便会发现：三角形的 3 条中线共点，3 条高线共点，3 条角平分线共点，都可以看作是塞瓦定理的特例.

在有关塞瓦定理的课件 11－13 中，点 H 是可以拖动的. 试一试把它拖到 $\triangle ABC$ 之外，3 线段乘积的等式还成立吗？是什么道理呢？

同一个图，你还可以通过测量找出别的规律，例如测量下面式子中的比值并求和，你会发现什么(课件中拉开右边文本框看看)？这还曾经是一道高考题呢！

$\frac{AH}{AP}+\frac{BH}{BQ}+\frac{CH}{CR}=?$

上面说的是一个三角形和一个点，如果讨论一个三角形和一条线呢？

如图 11－20，一条线把$\triangle ABC$ 的三边内分或外分成三条线段，作类似的测量，发现了类似的现象：三条线段长度的乘积总是等于另三条线段长度的乘积.

什么道理呢？原来仍然是共边定理背后的作用. 提示一下，就是：

$$\frac{AR}{BR}\cdot\frac{BP}{CP}\cdot\frac{CQ}{AQ}=\frac{S_{AXY}}{S_{BXY}}\cdot\frac{S_{BXY}}{S_{CXY}}\cdot\frac{S_{CXY}}{S_{AXY}}=1.$$

这也是几何中常用的门奈纽斯定理. 严格说是半个门奈纽斯定理. 因为门奈纽斯定理也还有另一半，是说如果$\frac{AR}{BR}\cdot\frac{BP}{CP}\cdot\frac{CQ}{AQ}=1$，则 P、Q、R 三点在一条直线上.

11－14 发现门奈纽斯定理

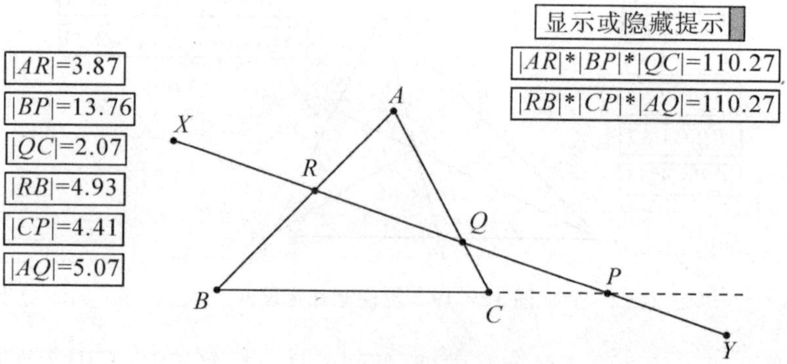

图 11－20　发现门奈纽斯定理

把两个定理的图合并在一起，又有新的发现了，图 11－21 中把 BC 边上的点

的标注字母 P 改成 S，根据塞瓦定理和门奈纽斯定理有：

$$\frac{AR}{BR}\cdot\frac{BS}{CC}\cdot\frac{CQ}{AQ}=1,\frac{AR}{BR}\cdot\frac{BP}{CP}\cdot\frac{CQ}{AQ}=1;$$

两相比较，得到

$$\frac{BS}{CS}=\frac{BP}{CP}.$$

数学大师华罗庚很重视这个等式，把它叫做“射影几何的基本定理”，还用三角函数的知识专门为它提供一个初等证明，写在 1979 年全国数学竞赛题解的序言中.

11－15 两幅图合在一起的新发现

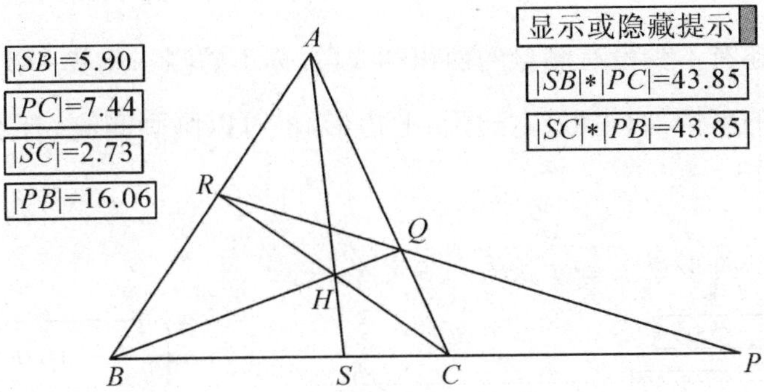

图 11－21　两幅图合在一起的新发现

上面说的是早已出名的定理，通过作图测量说不定还能有新的发现. 课件第 16 页中(图 11－22)，从五边形里发现了类似于塞瓦定理的规律.

另一个页面(图 11－23)，从△ABC 三边的 3 分点出发作图，发现了有趣的面积比值：△ABC 的顶点和对边的 3 等分点连线，这些线的交点形成一个六边形，它的面积恰好是△ABC 面积的$\frac{1}{10}$！取这个六边形的 3 个两两不相邻的顶点作三角形，这个三角形的面积恰好是△ABC 面积的$\frac{1}{25}$！

11—16 发现五边形中的无名定理

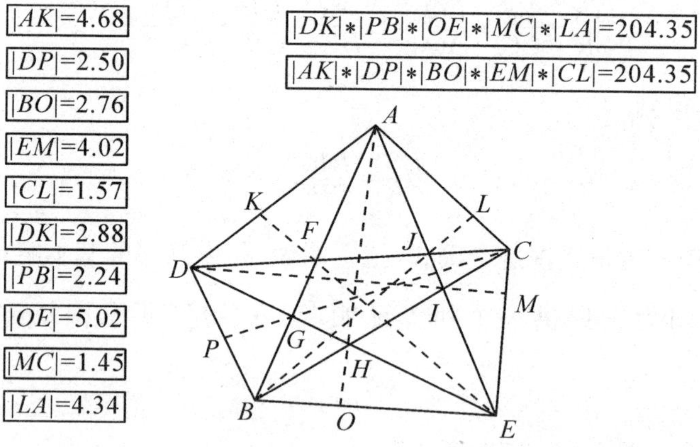

图 11—22 从五边形里发现了类似于塞瓦定理的规律

这些图上还有不少没有测量的面积和线段，你不妨测一测找一找，看看能不能发现新的有趣的事情. 四边形、六边形、七边形，也可以画画测测，有了发现写出来互相交流.

11—17 三角形边上三分点的无名定理

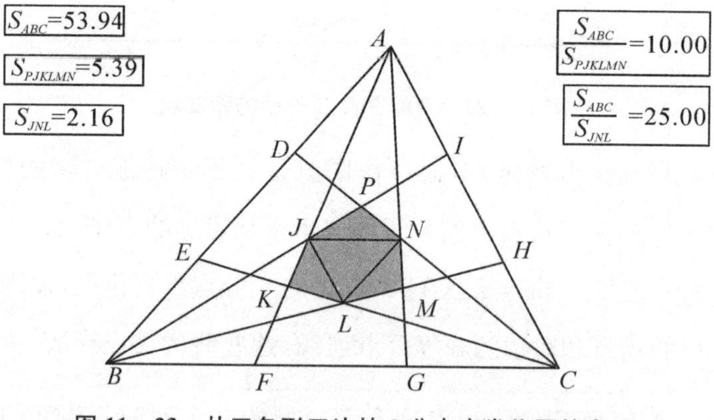

图 11—23 从三角形三边的 3 分点出发作图的发现

上面几个例子讨论的都是等式，利用面积也可以解决不等式的问题.

【例 11—2】 设 G 是 $\triangle ABC$ 的重心，过 G 任作一直线分别交 $\triangle ABC$ 的两边 AB、AC 于 X、Y 试比较 GX 和 $2GY$ 的大小.（根据 1979 年安徽省数学竞赛试题改编）

提示：注意点 X 在线段 BF 上，点 Y 在线段 CE 上，就可以估计出两者之比的范围，见课件第 18 页，如图 11－24.

11－18 过重心的线段

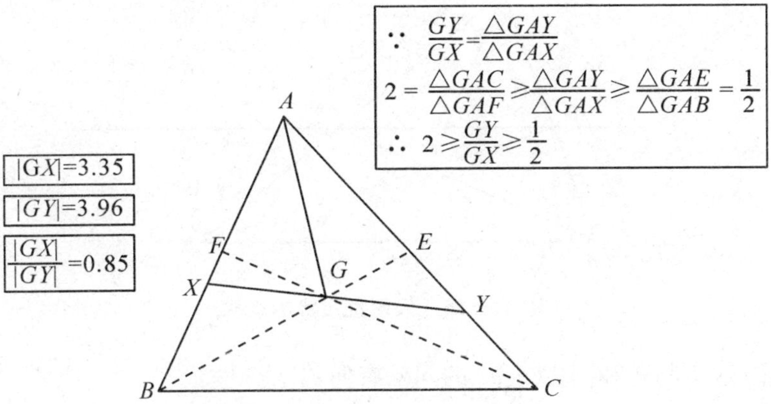

图 11－24　用面积关系解决不等式问题

【解】　如图，$\frac{GY}{GX}=\frac{\triangle GAY}{\triangle GAX}$，

而 $2=\frac{\triangle GAC}{\triangle GAF}\geqslant\frac{\triangle GAY}{\triangle GAX}\geqslant\frac{\triangle GAE}{\triangle GAB}=\frac{1}{2}$，

所以　$4\geqslant\frac{2GY}{GX}\geqslant 1$.

下面的例了在课件 8－9 中做过，这里的方法用了更基木的知识

【例 11－3】　在平面上给出了两点 A、B 和平行于 AB 的一条直线，只用直尺，怎样找出 AB 的中点来？（根据 1978 年全国中学生数学竞赛试题改编）

观察课件第 19 页，如图 11－25 自己容易找出解答.

图中最后一步用了平行截割定理. 若不用此定理，可用△AMB＝△ANB：

$$\frac{PN}{BN}=\frac{\triangle PMN}{\triangle BMN},\quad \frac{AM}{PM}=\frac{\triangle AMN}{\triangle PMN},$$

以上两式相乘得

$$\frac{PN}{BN}\cdot\frac{AM}{PM}=\frac{\triangle AMN}{\triangle BMN}=1.$$

11—19 只用直尺作出中点

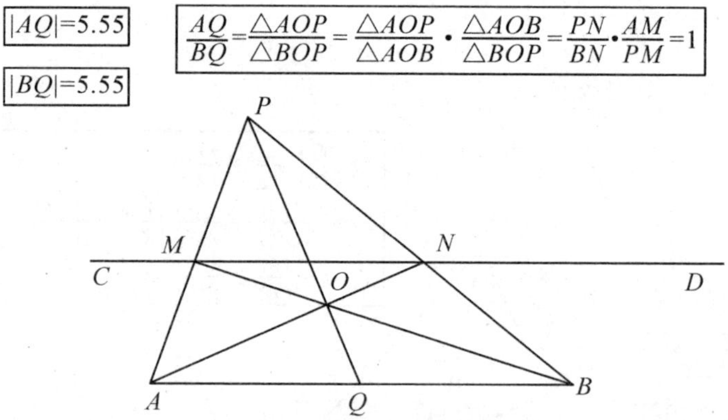

图 11—25 只用直尺找中点

想一想，这个问题和图 11—21 的问题有何关系？

【例 11—4】 四边形 $ABCD$ 中，$AD=BC$，另外两边 AB、CD 的中点分别为 M、N. 延长 AD、BC 分别与直线 MN 交于 P、Q. 判断 PD 和 QC 的关系.

观察课件第 20 页，如图 11—26，测量数据表明 $PD=QC$.

11—20 对边相等的四边形

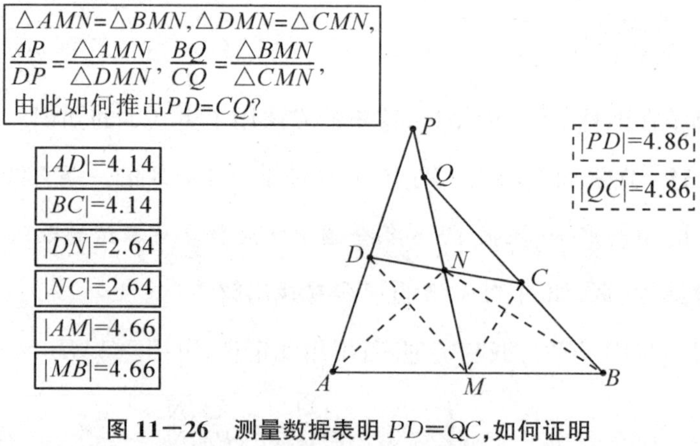

图 11—26 测量数据表明 $PD=QC$，如何证明

从中点的条件可以想到图中有哪些等积三角形，由 $AD=BC$ 的已知条件想到要证明 $PD=CQ$ 只需要证明 $\frac{PD}{AD}=\frac{CQ}{BC}$ 或 $\frac{AP}{DP}=\frac{BQ}{CQ}$，注意到 $\triangle AMN$ 和 $\triangle DMN$ 是

共边三角形，$\triangle BMN$ 和$\triangle CMN$ 也是共边三角形，也许共边定理可以帮助我们呢！

从图上的注解看到$\frac{AP}{DP}=\frac{BQ}{CQ}$. 接下去有点技巧：$\frac{AD+DP}{DP}=\frac{BC+CQ}{CQ}$，$\frac{AD}{DP}+1=\frac{BC}{CQ}+1$，$\frac{AD}{DP}=\frac{BC}{CQ}$，由 $AD=BC$ 得 $PD=CQ$.

如果你想自己用超级画板作图探讨此题，难点是作出对边相等的四边形，看看下面的说明就会作了.

【操作说明 11－1】 已有线段 AD，如何作出线段 $BC=AD$？

在智能作图状态，从任一点出发按下鼠标左键拖动，慢慢拉出线段. 当线段长度接近 AD 时，会出现"相等"字样提示并且 AD 变色，这时松开鼠标左键，就作出了长度等于 AD 的线段. 退出智能作图状态后，双击线段端点可以改写标注的字母. 若想避免事后改写标注的麻烦，可以在作线段前执行菜单命令"对象|设置新点的名字"，在弹出的对话框里把新点的名字设置为 B，于是作出的线段自然就是BC 了.

经过深入分析可以得知，几乎所有的平面几何问题都能用面积方法来解决（参看《几何新方法和新体系》，张景中著，科学出版社，2009）. 但是许多问题用其他知识做起来更方便.

【例 11－5】 在直角三角形 ABC 中，$\angle C$ 为直角，CD 为 AB 边上的高，$\angle A$ 的平分线 AE 交 CD 于 H，交$\angle BCD$ 的平分线 CF 于 G，考察 HF 与 BC 的关系.（根据 1995 年天津市竞赛题改编）

【分析】 对照课件 11－21，如图 11－27，看出 $HF/\!/BC$. 考虑要证明 HF 平行于 BC 需要证明什么？

从已知直角三角形和高线的条件又能得到什么？

再加上两个角平分线的条件呢？

【解】 应用直角和分角线的性质可得

$\frac{CH}{HD}=\frac{AC}{AD}=\frac{BC}{CD}=\frac{BF}{FD}$，推出 $HF/\!/BC$.

11－21　分角线作图产生的平行线

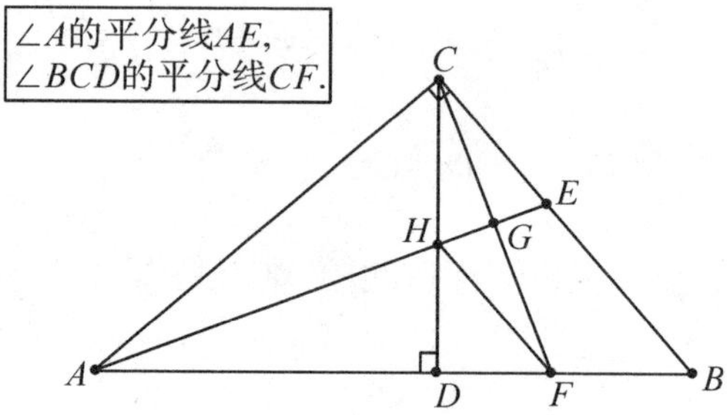

图 11－27　探讨两条红线的关系

注意这样推导用不到点 G 和点 E.

作上面的图要作角平分线，操作方法见下面的说明.

【操作说明 11－2】　如何作角平分线？

如果你用的是超级画板的注册版，只要选择点 A、B、C，再执行菜单命令“作图|直线|角平分线”即可作出 $\angle ABC$ 的平分线. 但是对于未注册的免费版本，这个菜单项可能没有激活. 不过不要失望，你仍然能作出 $\angle ABC$ 的平分线来.

方法之一是执行菜单命令“作图|文本作图”，在弹出的如图(图 11－28)的对话框里单击“直线”项目前的＋号展开作图命令表，其中第 7 行“AngleBisector(…);”是分角线作图命令. 双击此行则此命令“AngleBisector(,,,);”会在上方出现，顺次在括弧内键入点 A、B、C 在对象区的编号(此编号也可以在对话框里查出，它们是 5、6、8，如图 11－28)，单击对话框里的“运行命令”按钮，即可作出 $\angle ABC$ 的平分线.

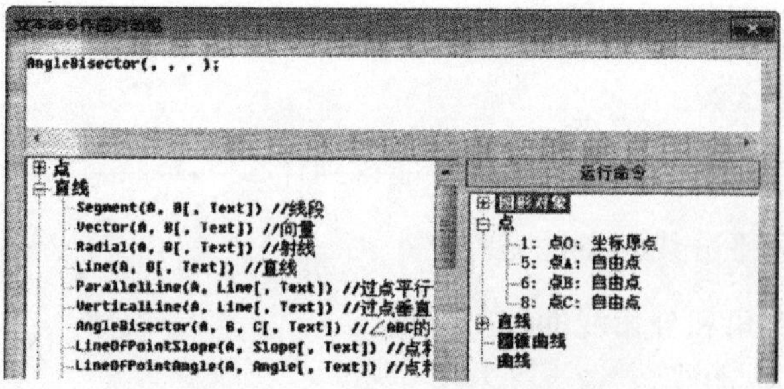

图 11－28　角平分线的文本作图命令

不用文本作图，自力更生，运用你的几何知识，不难作出$\angle ABC$的平分线. 如图 11—29，以点B为心过AB上一点D作圆与BC交于E，作线段DE和它的中点F，则BF就是$\angle ABC$的平分线.

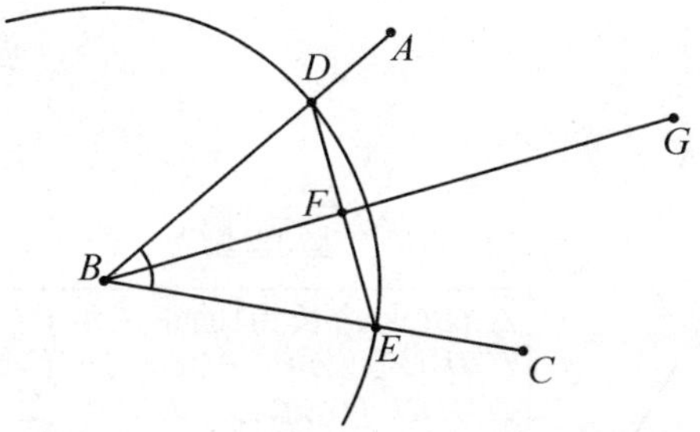

图 11—29 用基本作图画出角平分线

使用方便面命令 fjd(a,b,c)(fjd 即"分角点")，可以简单地作出$\angle ABC$的平分线和AC的交点，当然也就可以作出分角线. 至于参数 a、b 和 c，自然是点A、B、C在对象区的编号了.

其实，此题分角线这个条件并不重要. 如图 11—30，只要$AG\perp CF$，H就是三角形AFC的垂心，从而$FH\perp AC$，推出$FH/\!/BC$.

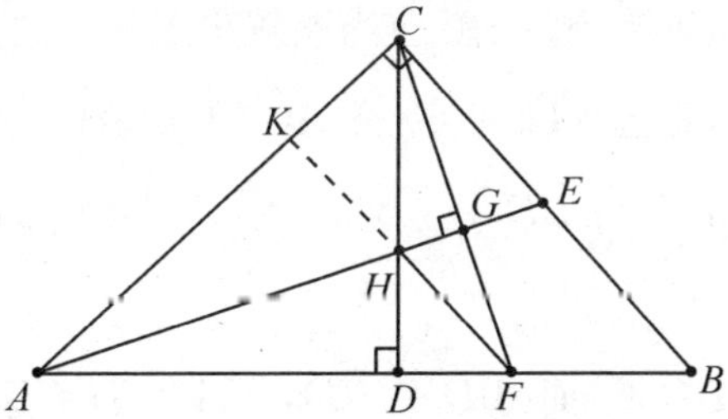

图 11—30 用垂心性质推出 $FH/\!/BC$

下面一组例题，是全等三角形的应用，课件里的动画，主要也是点明全等的两个三角形.

【例 11—6】 $\triangle ABC$是边长为 1 的正三角形，$\triangle BDC$是顶角$\angle BDC=120°$的等腰三角形，以D为顶点作一个 60°角，角的两边分别交AB于M，交AC于N，连接MN，形成$\triangle AMN$，求$\triangle AMN$的周长.

【实验 11—6】 打开课件 11—22，如图 11—31，用鼠标拖动点M观察$\triangle AMN$

周长的变化；尝试把 M 拖到特殊点时看出$\triangle AMN$ 的周长，并作出猜想.

在拖动点 M 时，观察到 DN 似乎平分$\angle MNC$；

以 DN 为对称轴作$\triangle MDN$ 的对称图形看看会有什么结果，这可能对构建证明思路有帮助.

11－22 周长不变的三角形

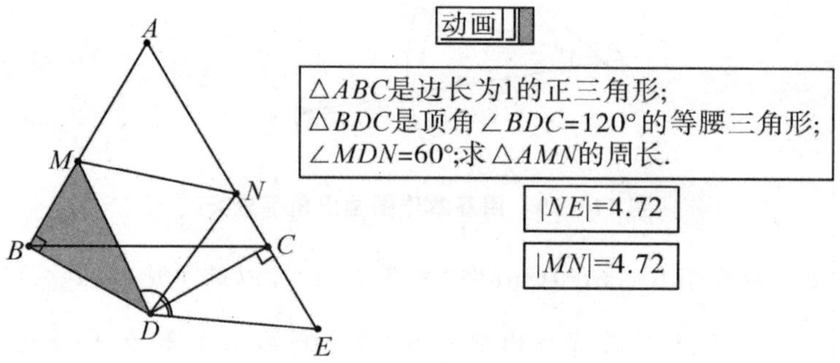

图 11－31 周长不变的三角形

通过实验猜想到$\triangle AMN$ 周长等于 AB 的 2 倍，即 $AB+AC$. 而$\triangle AMN$ 周长$=AM+AN+MN$，所以只需能证明 $MN=NC+MB$.

看看测量数据，看看动画，想一想，应当能解决了.

【解】 如图 11－31，作$\angle NDE=60°$交 AC 的延长线于 E. 因为$\triangle BDC$ 是顶角为 120°的等腰三角形，所以$\angle CBD=\angle BCD=30°$，再由$\triangle ABC$ 是正三角形，得到$\angle DBM=\angle DCE=90°$.

易知$\angle CDE=\angle BDM$，而 $BD=CD$，所以$\triangle DCE\cong DBM$，$CE=BM$，$DE=DM$.

容易证明$\triangle DMN\cong\triangle DEN$，所以

$$MN=NE=NC+CE=NC+MB.$$

于是 $AM+AN+MN=AM+AN+NC+MB=AB+AC=2$.

【例 11－7】 $\triangle ABC$ 是等边三角形，D 在 BC 上，E 在 AC 上且 $AE=CD$；AD、BE 相交于 P，$BQ\perp AD$ 于 Q. 问 BP 与 PQ 有什么关系？

【实验 11－7】 打开课件 11－23，用鼠标拖动点 D 至 C 处，观察 BP、PQ 的关

系；进一步启动动画发现全等关系，显示测量数据确认提出猜想，如图 11－32.

11－23 等边三角形里的全等三角形

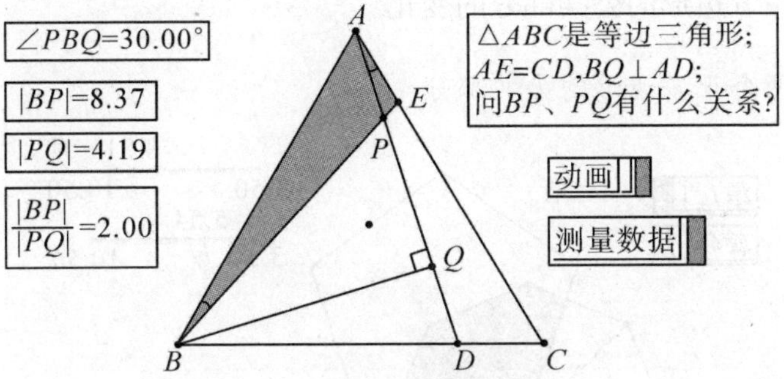

图 11－32 测量数据表明 $BP=2PQ$

根据实验观察的结果，不难写出证明提要：

(1)$\triangle ABE\cong\triangle ACD$；

(2)$\angle ABP=\angle CAP$；

(3)$\angle BPQ=\angle BAP+\angle ABP=\angle BAP+\angle CAP=60^\circ$；

(4)$BP=2PQ$.

【例 11－8】 平面上有两个边长相等的正六边形 $ABCDEF$ 和 $A'B'C'D'E'F$，且正六边形 $A'B'C'D'E'F'$ 的顶点 A' 在正六边形 $ABCDEF$ 的中心. 当正六边形 $A'B'C'D'E'F'$ 绕 A' 旋转时，两个正六边形的重叠部分的面积是定值吗？

【实验 11－8】 打开课件 11 24，如图 11 33. 先后启动两个动画进行观察. 一个停下来再启动另一个，相信你看过后心中已经有数了.

11－24 两个正六边形的公共部分

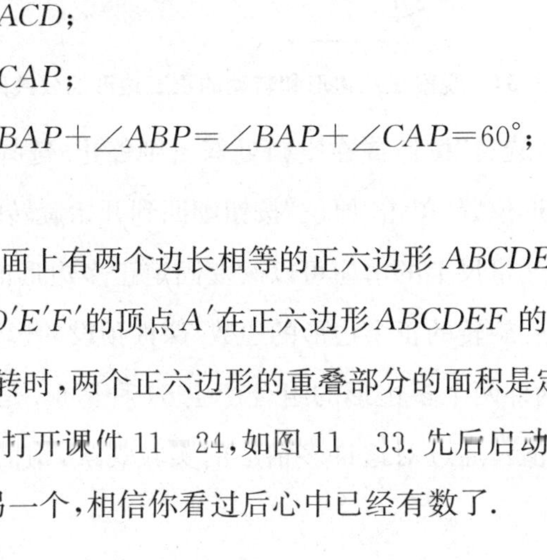

图 11－33 两个正六边形的公共部分

由此引出联想，对于正三角形、正方形、正五边形等，有没有类似的现象呢？

课件 11－25 提供了实验的环境. 如图 11－34，单击“旋转”按钮可以观察正八边形和转动的正五边形的公共部分的变化.

11－25 两个正多边形的公共部分

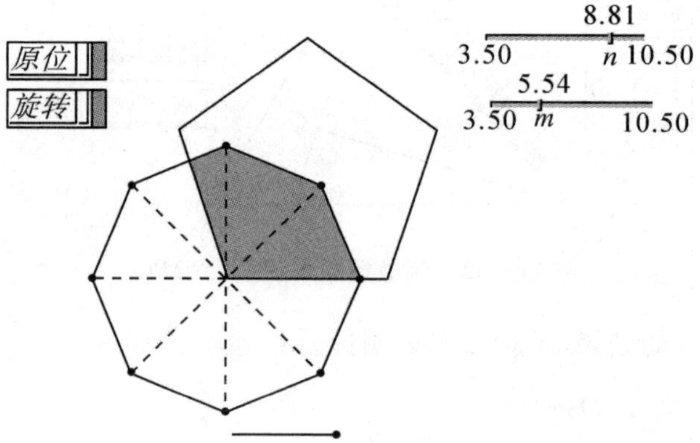

图 11－34 观察正八边形和转动的正五边形的公共部分

旋转过程中单击“旋转”按钮或在空白处双击则停止. 选择下方的红点后按左右箭头键可以微调图形位置，单击“原位”按钮则回到开始旋转的位置.

拖动右上方 n 的变量尺上的滑钮可以改变固定正多边形的边数，拖动 m 的变量尺上的滑钮可以改变旋转的正多边形的边数. 课件预设的边数可以从 3 到 10，能表现 8 种正多边形；内外两个多边形的组合产生 64 种情形. 是不是每种情形公共部分的面积都保持定值？ 通过对这许多情形的实验观察，相信你能找出一般的规律来.

图 11－35 是两个正八边形的情形. 公共部分的面积保持定值吗？ 怎样通过测量作出猜想？ 怎样确认你的猜想呢？

这个问题还可以有更多的变化. 翻到课件第 26 页，如图 11－36，染色区域是旋转的扇形和正多边形的公共部分. 拖动 n 的变量尺可改变正多边形的边数（从 3 到 10）；拖动 m 和 k 的变量尺可改变扇形圆心角的度数，具体的度数变化规律你能够自己发现. 两个动画按钮的用法和下方红点的作用，在操作前一个课件时你已经掌握了.

11－25 两个正多边形的公共部分

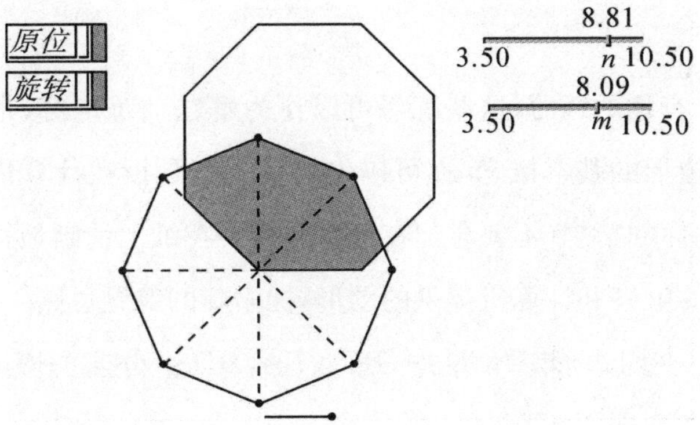

图 11－35 两个正八边形的情形

11－26 正多边形与扇形的公共部分

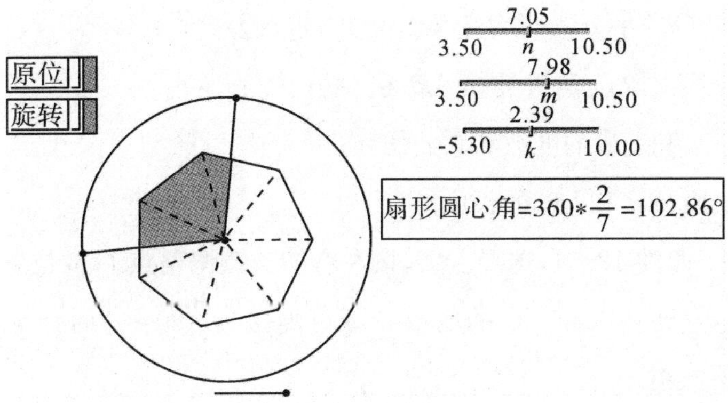

图 11－36 旋转的扇形和正多边形的公共部分

对于给定的正多边形，扇形圆心角是多少度时能使公共部分在旋转过程中保持不变呢？

改变正多边形的边数，改变扇形的圆心角，经过实验观察，你会发现规律，找到结论，摸索出推理的途径.

实验的目的是为了不实验. 道理明白了，实验就告一段落.

12　电脑帮你解题——四边形

下面有 10 个有趣的练习，这些练习可以作为解题训练内容，帮助你深入理解四边形与平行四边形的基本概念. 你可以先借助超级画板在计算机上画图、观察、测量、猜想并证明你的猜想(不要忘记在证明时需要在纸上清晰地写出证明过程)，也可以参照这里的解答和计算机提供的图形，探索新的解题思路.

【例 12－1】　在四边形 $ABCD$ 中，$BC<BA$，BD 平分$\angle ABC$，且$\angle A+\angle C=180°$，考察 AD 和 CD 的关系.

【实验 12－1】　如果喜欢自己动手作图，可按以下步骤操作(也可以跳过作图直接打开课件第 1 页)：

(1)用智能画笔任意作两线段 AB、BC；

(2)作$\angle ABC$ 的平分线(参看【操作说明 11－2】)；

(3)在平分线上取点 D 并连接 AD 和 DC；

(4)测量$\angle A$ 和$\angle C$ 的度数和它们的和；

(5)测量线段 AD 和 DC 的长度.

如图 12－1 课件 12－1，选择点 D，按左右箭头键调整点 D 的位置观察角度测量数据的变化，直到$\angle A$ 和$\angle C$ 的度数和尽可能接近 180°；这时你会发现 AD 和 CD 的长度非常接近.

12－1　对角线为分角线的四边形

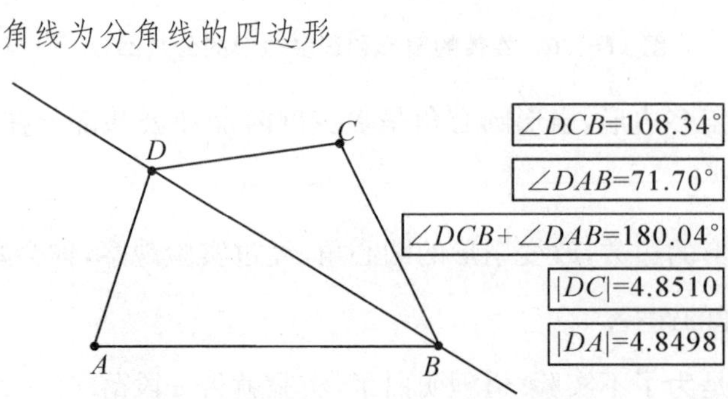

图 12－1　对角接近互补时两边接近相等

看来，若满足条件$\angle A+\angle C=180^{\circ}$，则有$AD=CD$.

怎样在分角线上确定点D的位置，才能使$\angle A+\angle C=180^{\circ}$呢？

查看课件第2页，如图12—2，作AC的中垂线与分角线相交于D，下面指出，这样作出的四边形$ABCD$对角互补.

12—2 对角线为分角线且对角互补的四边形

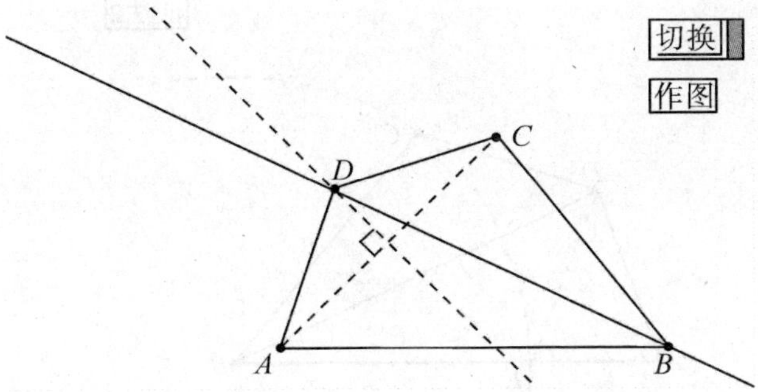

图12—2 作AC的中垂线与分角线相交

【分析】 在课件中单击“切换”按钮两次，如图12—3，从$\angle ABC$的平分线上任一点D向角的两边引垂足P和Q，有$DP=DQ$；如果再添加条件$\angle A+\angle C=180^{\circ}$，则$\angle A=\angle DCQ$，于是两直角三角形$DCQ$与$DAP$全等，从而$AD=CD$.

12—2 对角线为分角线且对角互补的四边形

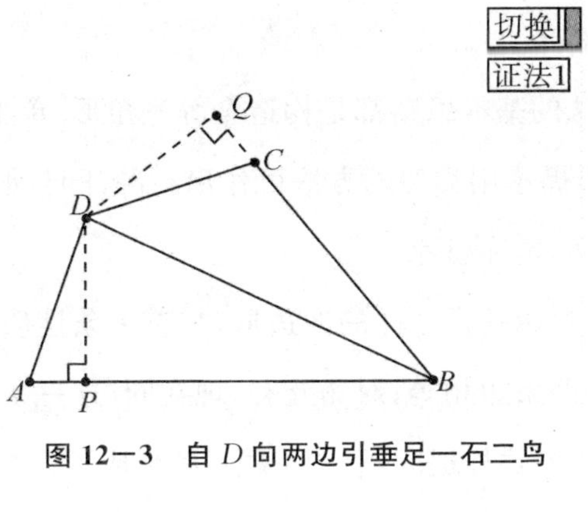

图12—3 自D向两边引垂足一石二鸟

同样的图，如果不添加条件$\angle A+\angle C=180^{\circ}$而设$AD=CD$，也能推出三角形$DCQ$与$DAP$全等，从而$\angle A=\angle DCQ$也就是$\angle A+\angle C=180^{\circ}$. 这不但证明了我

们的猜想 $AD=CD$，而且一石二鸟，反过来还证明了其逆命题也成立：即只要 $AD=CD$（D 在 AC 的中垂线上），则四边形 $ABCD$ 对角互补.

单击“切换”按钮两次，如图 12－4，可得又一种证明方法.

12－2 对角线为分角线且对角互补的四边形

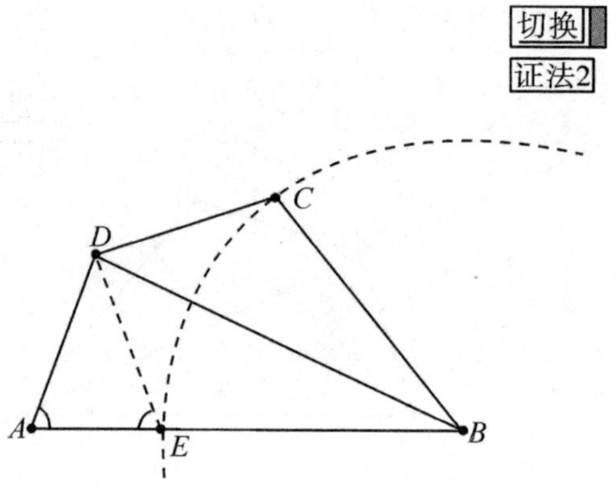

图 12－4 在 BA 上截取 $BE=BC$

详细地说，因为 $BC<BA$，所以总能在 BA 上截取 $BE=BC$，连接 DE，容易证明 $\triangle CBD\cong\triangle EBD$，于是 $DC=DE$.

而要证 $AD=CD$，只需证明 $DE=AD$；

因为 $\angle DEA=180°-\angle BED=180°-\angle C=\angle A$；

所以 $AD=DE=CD$.

上面两种证明方法的基本思路都是构造全等三角形. 单击课件上的“切换”按钮，屏幕上显示的图形提示用类似的方法可作出新的证明，如图 12－5. 如何依据图中的辅助线完成证明，请你思考.

在图 12-5 中我们讨论的是这样的四边形，它有三条性质：对角线是一个角的分角线；这个角所对的两条边相等；对角互补，现在问：这三条中若有两条成立，另一条是否也必然成立呢？这样提问题，一个题目就变成了 3 个！前面的 4 个图，也可以用来解决另外两个问题. 建议你试一试，这是很好的练习.

还可以想想，有没有构造全等三角形的其他方法？

12—2　对角线为分角线且对角互补的四边形

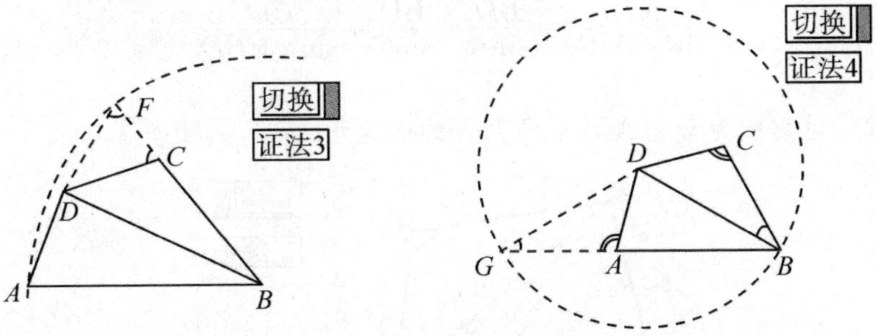

图 12—5　构造全等三角形的另外两种思路

继续单击课件上的"切换"按钮，屏幕上显示出第 5 种证明方法的图形，如图 12—6. 这种方法利用了分角线性质和相似三角形性质.

如图 12—6，根据分角线性质有$\frac{AD}{AB}=\frac{HD}{HB}$；另一方面容易知道$\triangle HAB$相似于$\triangle HCD$，从而$\frac{CD}{AB}=\frac{HD}{HB}$；两式比较即得 $AD=CD$.

12—2　对角线为分角线且对角互补的四边形

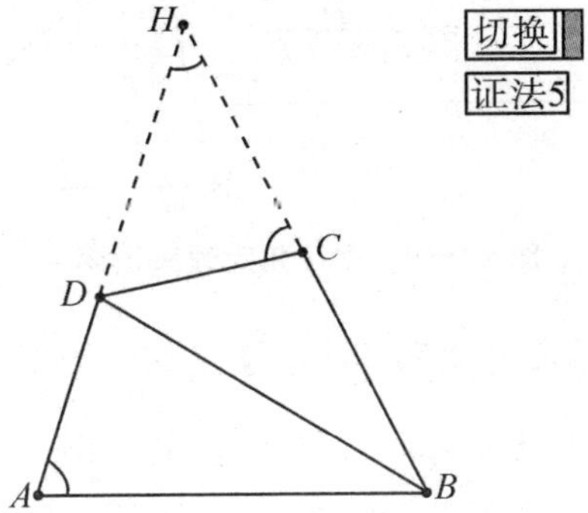

图 12—6　利用分角线性质和相似三角形的证法

继续切换到第 6 种证明方法，如图 12—7. 这里用了圆周角的性质. 由于四边形 $ABCD$ 对角互补，故 A、B、C、D 四点共圆；由条件可知 AD 和 CD 所对的圆周角相等，所以$\overset{\frown}{AD}=\overset{\frown}{CD}$，进而 $AD=CD$. 这种方法直截了当，更爽.

第 7 种方法如图 12—8，这一次不用添加任何辅助线，用一下前面介绍的正弦

定理就可以了.事实上,由正弦定理和条件$\angle A+\angle C=180°$可得

$$\frac{AD}{\sin\angle ABD}=\frac{BD}{\sin A}=\frac{BD}{\sin C}=\frac{CD}{\sin\angle CBD}.$$

12—2 对角线为分角线且对角互补的四边形

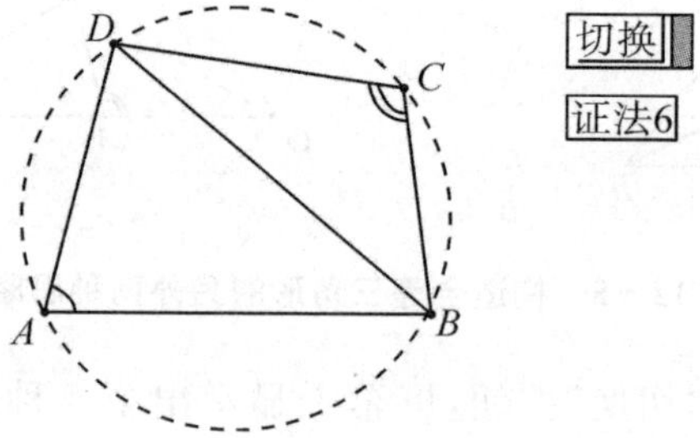

图 12—7 利用圆周角性质的证法直截了当

再用上分角线条件得 $\sin\angle ABD=\sin\angle CBD$,于是 $AD=CD$.

12—2 对角线为分角线且对角互补的四边形

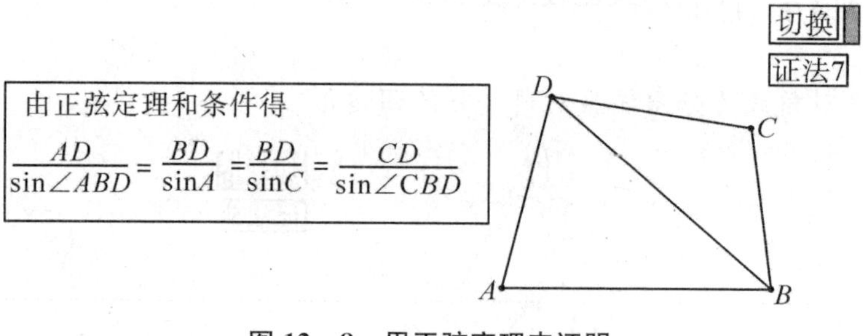

图 12—8 用正弦定理来证明

回顾第 9 节,正弦和正弦定理都是从小学里的三角形面积公式引出来的,那么这个题目可不可以从小学里的知识出发直接做出来呢?

第 9 节计算花坛面积时(图 9—2),提出了这样的问题:"两个有公共角的三角形面积的比与夹这个公共角的两边的比有什么关系?"

这个问题可以用下面的定理来回答.

【共角定理】 若$\angle ABC$与$\angle XYZ$相等或互补,则有

$$\frac{S_{ABC}}{S_{XYZ}}=\frac{AB\cdot BC}{XY\cdot YZ}.$$

有了这个定理，此题还可以这样证明：参看图 12－8，使用共角定理，得

$$\frac{AD \cdot AB}{DC \cdot CB}=\frac{S_{DAB}}{S_{DCB}}=\frac{S_{ABD}}{S_{CBD}}=\frac{AB \cdot BD}{CB \cdot BD},$$

化简后可得 $AD=DC$.

此法不用更多的知识也不用添加辅助线，就这么简单！共角定理显然是第 9 节中推出的三角形面积公式

$$S_{ABC}=\frac{1}{2}bc\sin A=\frac{1}{2}ac\sin B=\frac{1}{2}ab\sin C$$

的简单推论，其实还可以不用正弦而直接推出来. 如图 12－9，把两个三角形沿等角或互补角的边对齐摆放，立刻推出

$$\frac{S_{ABC}}{S_{XYZ}}=\frac{S_{ABC}}{S_{XBC}} \cdot \frac{S_{XBC}}{S_{XYZ}}=\frac{AB}{XY} \cdot \frac{BC}{YZ},$$

推导过程对等角或互补角的情形都有效.

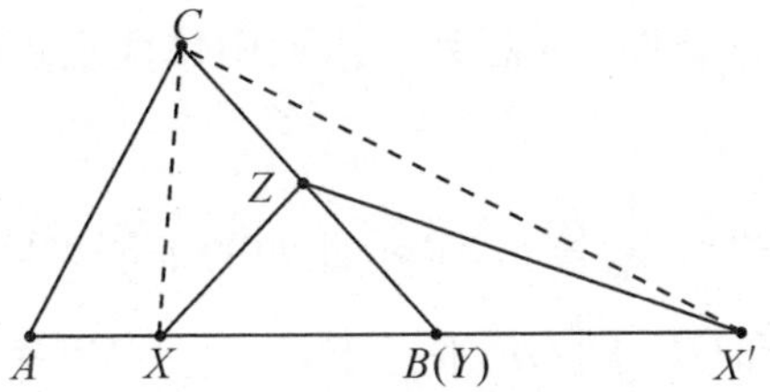

图 12－9　共角定理的简单证明

由此可见，共角定理本来就是小学里的三角形面积公式的简单推论.

对上面这个例题我们从多角度进行了思考，竟得到了多种不同的解法. 数学是使人聪明的，通过解题，学会提出问题、分析问题，眼界开阔了，思维灵活了，我们也从中体验到解题的乐趣. 在解答下一个例题之前，建议你把上面这个题目的解答过程好好地回顾反思一下，回顾反思是丰富和积累数学经验的好办法.

【例 12－2】 在凸四边形中，若经过一组对边中点的直线与两对角线所成的角相等，两对角线有怎样的关系？（第 24 届全苏数学奥林匹克题）

【实验 12－2】 作任意四边形，调整其形状对照题目条件来观察.

用智能画笔作凸四边形 $ABCD$ 并画出对角线，取 AD 和 BC 的中点 E、F；连接

EF 与 AC 和 BD 分别相交于 N、M；测量 $\angle CNM$ 和 $\angle DMN$ 的度数和 AC 和 BD 的长度，如图 12－3.

12－3 调整四边形使对边中点连线与两对角线的交角相等

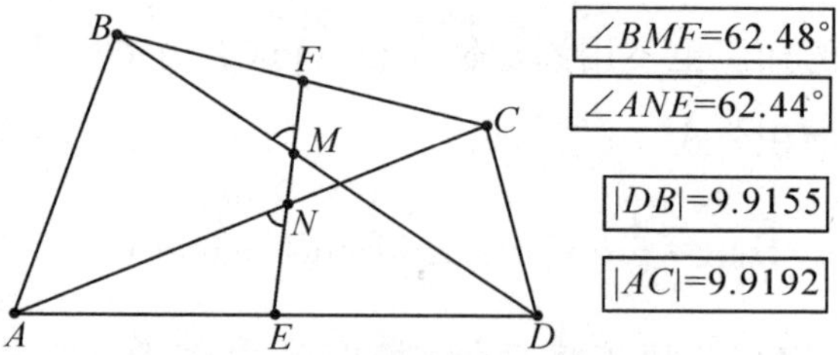

图 12－10 调整四边形顶点位置使两角接近相等

选择点 C，按上下左右箭头键调整四边形的形状，观察 $\angle CNM$ 和 $\angle DMN$ 的度数的变化直到两角接近相等；观察并猜想 AC 和 BD 有怎样的关系？

凭直觉你一定想到了：两条对角线长度相等，但如何证明呢？

【分析】 考虑中点的条件，联想到三角形中位线定理，连接必要的辅助线试试看.

翻到课件第 4 页，按“切换”按钮，显示此题的证明思路之一，如图 12－11. 取 CD 的中点 G，连接 GE 和 GF，则 GE 平行于 CA，$\angle GEF=\angle ANE$，同理 $\angle GFE=\angle BMF$，因为 $\angle ANE=\angle BMF$，所以 $\angle GEF=\angle GFE$，从而 $GE=GF$. 由中位线定理，在 $\triangle ADC$ 中，$GE=\frac{1}{2}AC$，在 $\triangle BDC$ 中，$GF=\frac{1}{2}BD$，所以 $AC=BD$.

12－4 对边中点连线与对角线相交成等角的四边形

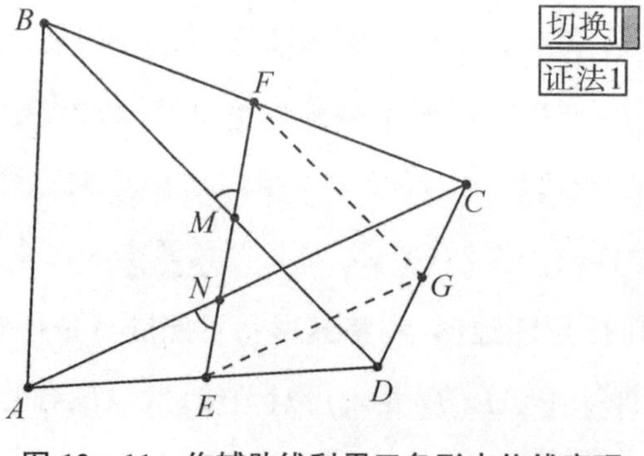

图 12－11 作辅助线利用三角形中位线定理

有没有其他的思路呢?

按课件上的"切换"按钮,显示出另一种思路,如图 12—12.这是利用面积关系的证明方法.

12—4 对边中点连线与对角线相交成等角的四边形

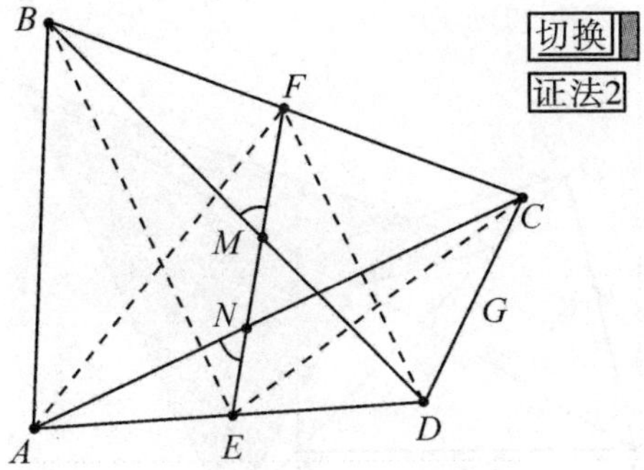

图 12—12 发现四边形 $AFCE$ 和 $BEDF$ 面积相等

观察图 12—12,注意中点条件,不难发现三角形 ACE 的面积是三角形 ADC 的一半,而三角形 ACF 的面积是三角形 ABC 的一半,所以四边形 $AFCE$ 的面积是四边形 $ABCD$ 的一半;同理四边形 $BEDF$ 的面积也是四边形 $ABCD$ 的一半,故四边形 $AFCE$ 和 $BEDF$ 面积相等.

由于三角形面积等于两边乘积之半与此两边夹角正弦之积,容易求出四边形 $AFCE$ 和 $BEDF$ 面积为(分块计算,或用平移对角线的方法,如图 11—15 和图 12—13)

$$S_{AFCE}=\frac{1}{2}AC\cdot EF\sin\angle ANE,S_{BEDF}=\frac{1}{2}BD\cdot EF\sin\angle BMF;$$

由于两者相等且 $\sin\angle ANE=\sin\angle BMF$,这推出 $AC=BD$.

前面的例题用到了共角定理.其实共角定理可以推广到两个四边形的面积比.

【四边形的共角定理】 若两个四边形对角线的交角相等或互补,则两者的面积比等于对角线乘积之比.

参看后面图 12—13,更容易理解上述定理.

为了推出四边形的共角定理,最自然的想法是把四边形化成面积与之相等的三角形,那样一来问题就迎刃而解了.

课件第 5 页说明了转化的一种方法，如图 12—13. 图中红色线段与 BD 长度相等，蓝色线段与 AC 长度相等；拖动红点时红蓝两条线段分别在两对角线所在的直线上滑动，容易看出滑动过程中染色的四边形面积不变. 反复单击两个动画按钮的主钮和副钮进行观察，想想四边形 $ABCD$ 会和什么样的三角形面积相等.

12—5 面积相等的两个四边形

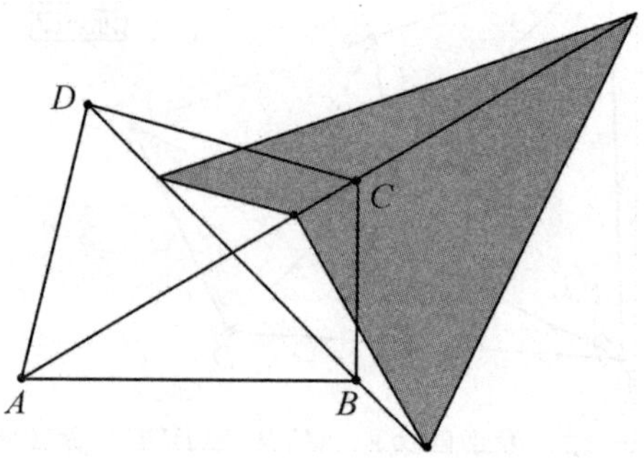

图 12—13 四边形 $ABCD$ 与染色四边形面积相等

你还可以思考这个题目能有什么变化，例如，假定了两条对角线长度相等，能不能推出对边中点的连线和两条对角线相交成等角？如果不取对边中点连线，改为三等分点连线又能得到什么结论呢？

课件第 6 页是三等分点连线和两条对角线相交的情形. 调整四边形形状使两个交角接近相等，如图 12—14. 看看测量数据是个什么结果？能否对此加以证明呢？我们把它作为练习留给你.

12—6 四边形对边三分点连线与对角线的交角

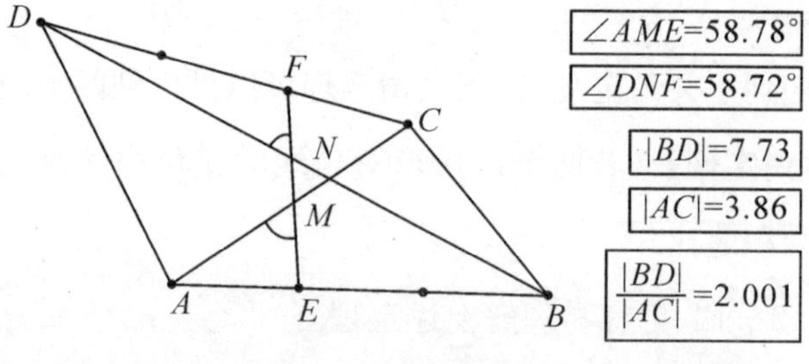

图 12—14 调整四边形形状使两个交角接近相等

【例 12—3】 在凸四边形 $ABCD$ 内有点 O，$OA=OB$，$OC=OD$ 且 $\angle AOB=$

$\angle COD=120°$. 设 K、K、M 分别是 AB、BC、CD 的中点，研究$\triangle KLM$ 的形状.（第58届莫斯科数学奥林匹克题）

【实验 12－3】 如果喜欢自己动手作图，可按以下步骤操作（也可以跳过作图直接打开课件第 7 页，如图 12－15）：

12－7 特殊四边形三边中点构成的三角形

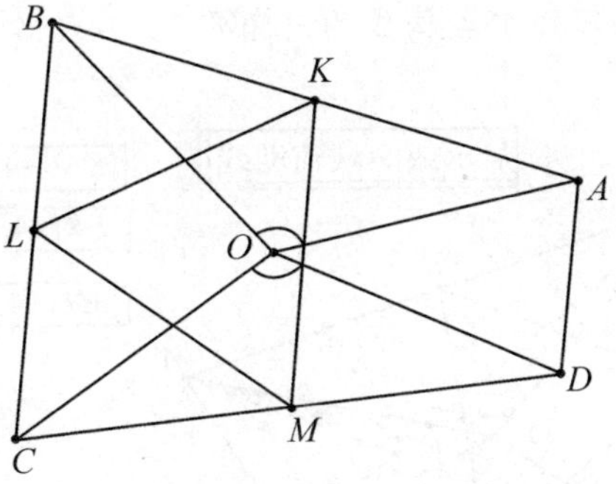

图 12－15 观察四边形三边中点构成的三角形

(1)打开超级画板用智能画笔任意作线段 OA；

(2)以 O 为旋转中心将 OA 按逆时针方向旋转 $120°\left(\frac{2}{3}\pi\right)$，得 OB；

(3)用智能画笔任意作线段 OC；

(4)以 O 为旋转中心，将 OC 按逆时针方向旋转 $120°\left(\frac{2}{3}\pi\right)$，得 OD；

(5)连接 $ABCD$，并作出 AB、BC、CD 的中点 K、L、M；

(6)连接 K、L、M，观察并猜想三角形 KLM 的形状，如图 12－15；

(7)可以通过测量验证你的猜想；

(8)证明你的猜想（可以在图上添加你需要的辅助线）.

凭实验观察，$\triangle KLM$ 是等边三角形.

【分析】 要证明这个事实，需要证明这个三角形三边相等，或两边相等夹角为 $60°$.

从已知条件考虑条件比较多，归纳起来一个是线段相等的条件（$OA=OB$，

$OC=OD$)，一个是有关角的条件($\angle AOB=\angle COD=120^\circ$)，再一个是三个中点的条件. 要想利用这些条件，三角形中位线定理不可不想. 由此需要添加必要的辅助线，构造全等三角形，逐步向要求证的结论靠拢.

单击课件上的"辅助线"按钮，显示出辅助线，如图 12－16. 观察此图，容易获得一种解答方法.

12－7 特殊四边形三边中点构成的三角形

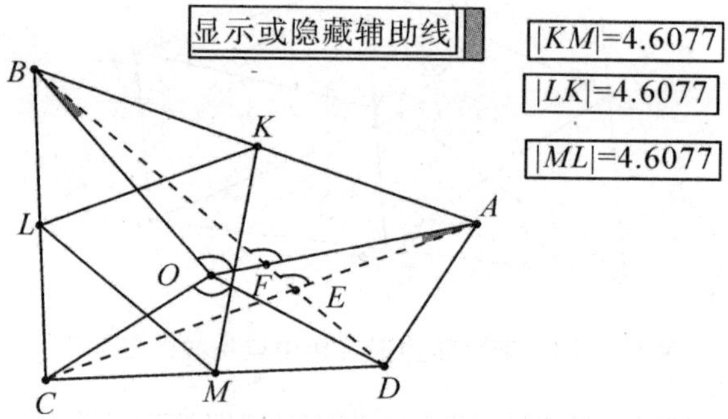

图 12－16 作出四边形对角线构造全等三角形

【解答 1】 作出四边形两条对角线，立刻发现$\triangle BOD\cong \triangle AOC$；于是 $AC=BD$；由三角形中位线定理，$2LM=BD=AC=2KL$，这就证明了 $LM=KL$. 另一方面，由三角形外角等于和它不相邻的两个内角之和可得

$$\angle AEB+\angle OAC=\angle AFB=\angle AOB+\angle OBD,$$

注意到$\angle OAC=\angle OBD$，即得$\angle AEB=\angle AOB=120^\circ$，即$\angle AED=60^\circ$；由三角形中位线定理 $LM\parallel BD$ 且 $KL\parallel AC$，得$\angle KLM=60^\circ$. 于是$\triangle KLM$ 是等边三角形得证.

【解答 2】 如图 12－17，取 BO 和 CO 的中点 E、F，不难证明 $EL=\frac{1}{2}OC$，$MF=\frac{1}{2}OD$，因为 $OC=OD$，所以 $EL=MF$；同理可证 $KE=LF$. 因为$\angle KEL=\angle AOC=120^\circ+\angle AOD=\angle BOD=\angle LFM$，于是有$\triangle KEL\cong\triangle LFM$，$KL=LM$.

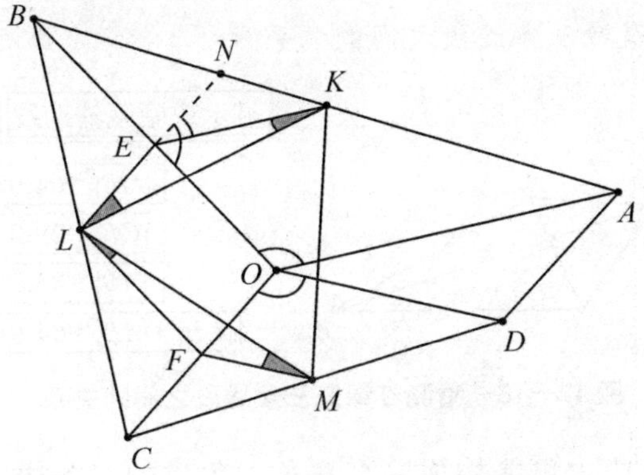

图 12—17　取 OB 和 OC 中点构造全等三角形

以下只需证明 $\angle KLM=60°$. 延长 LE 交 AB 于 N，则有

$$\angle KLM=\angle FLE-(\angle FLM+\angle KLE)=\angle FLE-\angle KEN$$
$$=\angle OEN-\angle KEN=\angle OEK=180°-\angle AOE=60°,$$

可见 $\triangle KLM$ 是等边三角形.

【例 12—4】 在凸四边形 $ABCD$ 中，$\angle ABC=30°$，$\angle ADC=60°$，又 $AD=DC$，研究 BD、AB、BC 有什么关系(1996 年北京市数学竞赛题).

【实验 12—4】 翻到课件第 8 页，或自己用超级画板作图：

(1)用智能画笔任意作线段 AB；

(2)以 B 为旋转中心，将 BA 按逆时针方向旋转 30°得到射线，并在此射线上取点 C；

(3)以 AC 为一边作等边三角形 ACD；

(4)连接线段 BD.

如图 12—18，用鼠标选择点 C 拖动，观察 BD、AB、BC 的变化，猜测它们之间可能有怎样的关系(可以考虑移动到一个特殊位置)；测量 BD、AB、BC 的长度验证你的猜想，考虑如何证明它.

用鼠标选择点 C 拖动，当移动到 $\angle BAD=90°$时(D、C、B 在一条直线上)，你会发现这时 BD 恰好是一个直角三角形的斜边，AD 为这个直角三角形的一条直角边，而 AB 是另外一条直角边(图 12—19). 由特殊到一般，于是我们可以猜想在

12—8 探索红蓝绿三条线段之间的关系

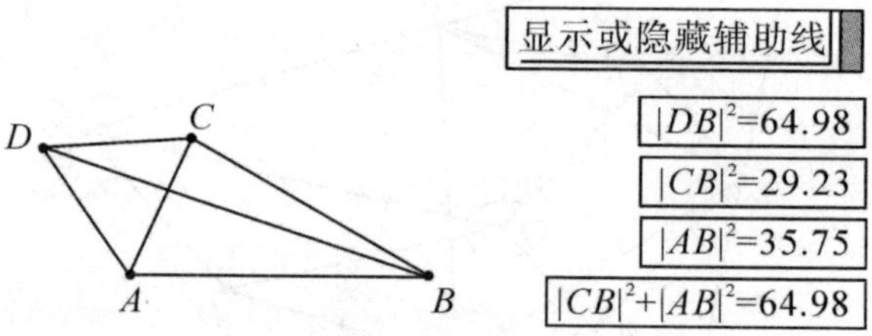

图 12—18 猜测红绿蓝三条线段之间的关系

一般情况下这三条线段也可能构成一个直角三角形的三条边：AB 为这个直角三角形的一条直角边，BD 是这个直角三角形的斜边.

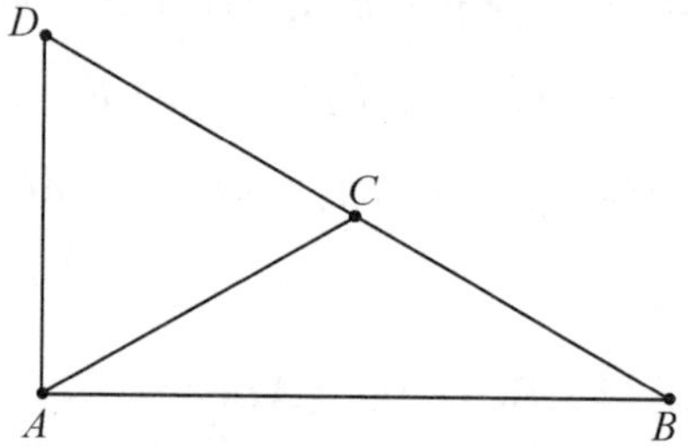

图 12—19 BD 恰好是一个直角三角形的斜边

【分析】 一般情况下考虑到条件$\angle ABC=30°$，设法构造一个以 AB 为直角边的直角三角形：以 BC 为一边作等边三角形 BCE. 这时有$\angle EBA=90°$，$BE=BC$ 为一直角边，BA 为另外一直角边，如图 12—20；以下只需要证明 $AE=BD$ 就可以了.

12—8 探索红蓝绿三条线段之间的关系

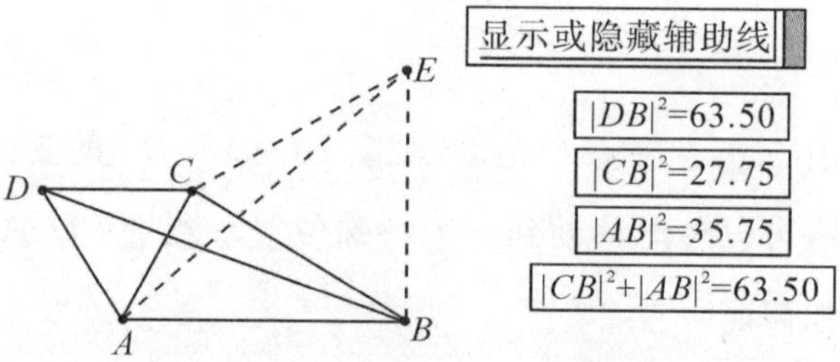

图 12—20 在课件中显示出辅助线

【解答】 如图，以 BC 为一边作等边三角形 BCE. 因为$\angle CBA=30°$，所以

$\triangle ABE$ 为直角三角形.

因为 $CE=CB$, $CA=CD$, $\angle ECA=60^\circ+\angle BCA=\angle BCD$, 所以 $\triangle BCD\cong\triangle ECA$, $BD=AE$, 于是由 $AB^2+BE^2=AE^2$ 得 $AB^2+BC^2=BD^2$.

这就是三者之间的关系.

此题不是让我们证明一个现成的结论，而是先让我们探究三条线段的关系. 一旦作出辅助线，证明并不难. 问题在于如何发现三者的关系，构建解题思路. 事实上，我们经历了测量、特殊化和猜想的过程，进而才给出了完整的证明.

【例 12—5】 凸四边形 $ABCD$ 的边 AD、BC 的延长线交于点 E，设 H 和 G 分别是 BD 和 AC 的中点，求三角形 EHG 的面积与四边形 $ABCD$ 的面积之比.（第 10 届加拿大奥林匹克题）

【实验 12—5】 翻到课件第 9 页或自己按下列步骤作图：

(1)利用智能画笔作出凸四边形 $ABCD$；

(2)延长 AD、BC 交于点 E；

(3)分别作出 BD 和 AC 的中点 H 和 G；

(4)连接 E、H、G 三点成三角形.

测量出三角形的面积与四边形 $ABCD$ 的面积和两者的比值，如图 12—21. 拖动 c 改变四边形的形状发现四边形面积总是三角形面积的 4 倍. 以下尝试给出证明.

12—9 求四边形 $ABCD$ 与三角形 EGH 面积比

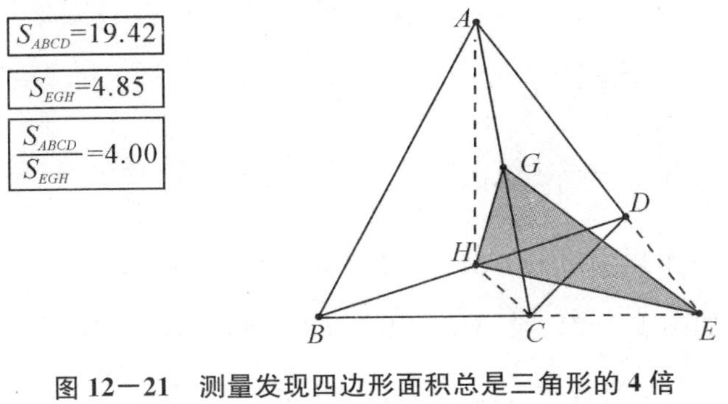

图 12—21 测量发现四边形面积总是三角形的 4 倍

如果没有计算机或不测量，也可以从特殊情形得到信息，进而猜想到一般情况. 例如，把 D 拖到 BC 的延长线上，如图 12－22，一眼就能看出来这两个图形面积的关系.

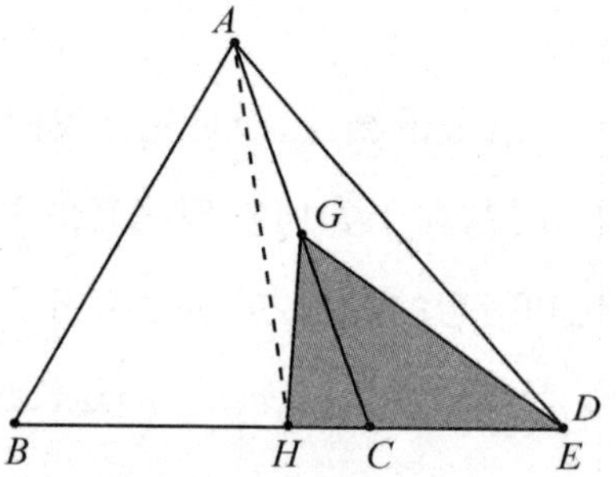

图 12－22　D 和 E 两点重合的情形

【分析】　对于一般情况，这里重要的仅仅是中点的条件，所以应该联想到三角形的中线把这个三角形分成面积相等的两部分. 根据 G、H 为中点的条件，这里有多对等积的三角形，从中可以找到解答.

【解答 1】　如图 12－21，由 G、H 分别为 AC、BD 的中点可得

$$S_{ABH}+S_{BCH}=\frac{1}{2}(S_{ABD}+S_{BCD})=\frac{1}{2}S_{ABCD},$$

$$S_{AHE}=S_{ADH}+S_{DEH}=\frac{1}{2}(S_{ABD}+S_{BDE})=\frac{1}{2}S_{ABE},$$

$$S_{AGH}+S_{AGE}=\frac{1}{2}(S_{AHC}+S_{AEC})=\frac{1}{2}S_{AHCE},$$

$$\begin{aligned}S_{EGH}&=S_{AHE}-(S_{AGH}+S_{AGE})=\frac{1}{2}S_{ABE}-\frac{1}{2}S_{AHCE}\\&=\frac{1}{2}(S_{ABE}-S_{HCE})\\&=\frac{1}{2}\times\frac{1}{2}S_{ABCD}=\frac{1}{4}S_{ABCD}.\end{aligned}$$

如果应用第 8 节里引进的方法，则计算要直截了当得多.

【解答 2】　如图 12－21，设 $AE=kDE$，$BE=mCE$，显然有

$$S_{ABCD}=S_{ABE}-S_{DCE}=(mk-1)S_{DCE}.$$

但另一方面有 $A-E=k(D-E)$，即 $A=kD+(1-k)E$，

$$B-E=m(C-E)\text{，即 }B=mC+(1-m)E\text{，}$$

$$2H=B+D=mC+(1-m)E+D\text{，}$$

$$2G=A+C=kD+(1-k)E+C\text{，}$$

于是

$$4S_{EGH}=E(kD+(1-k)E+C)(mC+(1-m)E+D)$$

$$=kmEDC+ECD=kmEDC-EDC=(km-1)S_{EDC}=S_{ABCD}.$$

【例 12－6】 已知平行四边形 $ABCD$，O 为 AC 与 BD 的交点，P 为平面内任一点，M、N 分别为 PB、PC 的中点，Q 为 AN 与 DM 的交点. 探求

(1)P、Q、O 三点的位置关系；

(2)线段 PQ 和 OQ 的关系.

【实验 12－6】 打开课件第 10 页，或自己按下列步骤作图：

(1)利用智能画笔作平行四边形 $ABCD$ 以及对角线的交点 O；

(2)在平面上任意取点 P，连接 PC 和 PB；

(3)作出 PB、PC 的中点 M、N；

(4)连接 DM、AN 交于 Q.

如图 12－23，用鼠标选择点 P 拖动，观察并猜想 P、Q、O 三点的位置关系以及 PQ 和 OQ 的关系，思考如何对你的猜想进行证明.

12－10 探索点 P、O 与 Q 的关系

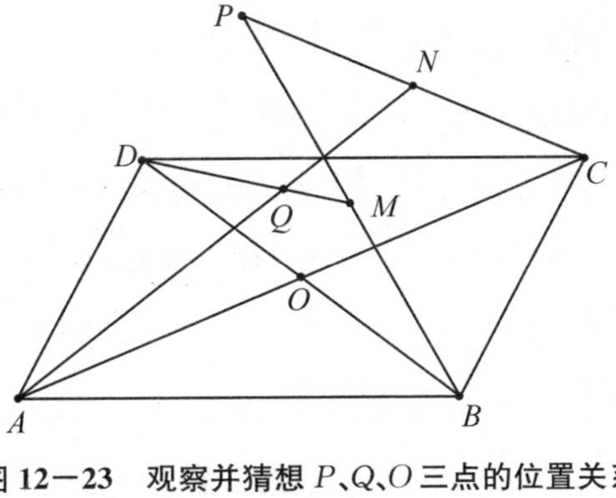

图 12－23 观察并猜想 P、Q、O 三点的位置关系

【分析】 当把点 P 移动到 D 点处,我们发现点 Q 恰好是$\triangle ACD$(即$\triangle PAC$)的重心.这使我们猜想一般情形点 Q 会不会也是$\triangle PAC$ 的重心呢?如果是这样,那么点 Q 应该位于$\triangle PAC$ 每一条中线的$\frac{1}{3}$分点处.于是 P、Q、O 三点在一条直线上,且 $PQ=2QO$.

基于上述思考,再单击课件的"辅助图形"按钮,如图 12－24.进一步观察后,容易给出下面的解答.

12－10 探索点 P、O 与 Q 的关系

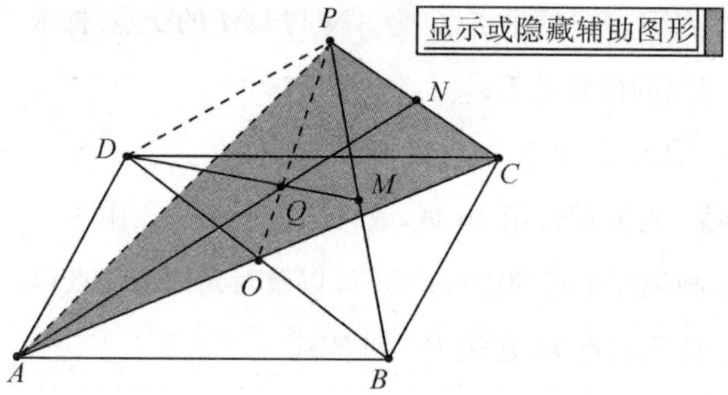

图 12－24 点 Q 是两个三角形的重心

【解答 1】 连接 PA、PD、PO,在平行四边形 $ABCD$ 中,$AO=CO$,$BO=DO$.又因为 N 为 PC 中点,所以 AN 与 PO 的交点是$\triangle PAC$ 的重心.该点分线段 PO 为 2 与 1 之比同理在$\triangle PDB$ 中,DM 与 PO 的交点是$\triangle PDB$ 的重心,该点分线段 PO 为 2 与 1 之比.既然 AN、DM 都与 PO 交于同一点,所以这点就是 AN 与 DM 的交点.由此,P、Q、O 三点在同一直线上,且有 $PQ=2OQ$.

【解答 2】 用第 8 节引进的方法,根据条件写出点之间的加减关系为 $2N=P+C$,$2M=P+B$,$2O=A+C=B+D$;用前两式消去 B、C 得到 $2O=A+2N-P=2M-P+D$,于是 $A+2N=D+2M=3Q$,再将 $A+2N=3Q$ 代入 $2O=A+2N-P$ 得到 $2O=3O-P$ 即 $2O+P=3Q$;这表明 P、Q、O 三点在同一直线上,且有 $PQ=2OQ$.

【例 12－7】 在平行四边形 $ABCD$ 中,E 为 AD 上的一点,F 为 AB 上的一点,且 $BE=DF$,BE 与 DF 交于 G 探究$\angle CGB$ 和$\angle CGD$ 的关系.

【实验 12—7】 直接翻到课件第 11 页，或按照下列步骤作图：

(1)利用智能画笔作平行四边形 $ABCD$；

(2)在 AD 上取一点 E，并连接 BE；

(3)选择 D、B、E 后执行菜单命令“作图|圆和圆弧|已知圆心和半径的圆”，屏幕将呈现以 D 为圆心 BE 为半径的圆，此圆与 AB 的交点为 F，连接 DF；(这里说的是注册版本操作. 对于免费版本，参看下面的【操作说明 12—1】)

(4)把 BE 和 DF 的交点记为 G，连接 CG.

如图 12—25，观察并猜测$\angle CGB$ 和$\angle CGD$ 的关系；测量这两个角的大小，并证明你的猜想.

12—11 探究$\angle CGB$ 和$\angle CGD$ 的关系

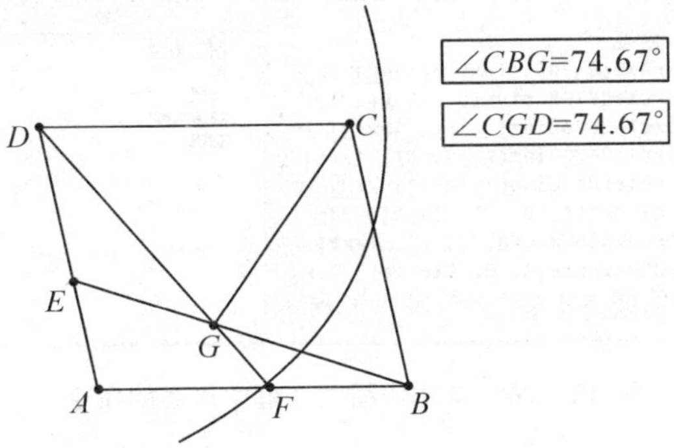

图 12—25 探究$\angle CGB$ 和$\angle CGD$ 的关系

【操作说明 12—1】 作指定半径的圆.

这里指定的半径可能是数字、字母、数学表达式或两点间距离.

如果用的是超级画板的注册版，选择一点作为圆心，执行菜单命令“作图|圆和圆弧|已知圆心和半径的圆”，在弹出的对话框中键入圆的半径即可. 圆的半径可以是数字、字母或数学表达式. 长度的单位与坐标系的单位一致.

如果指定的半径是屏幕上的另外两点，则要选择 3 个点再执行菜单命令“作图|圆和圆弧|已知圆心和半径的圆”，这时不再弹出对话框而立刻画出一个圆. 所选的第一个点为圆心，另外两点距离为半径.

对于免费版本，可以使用文本作图命令或方便面命令. 文本作图命令对话框里"圆和圆弧"部分前5条命令都是作圆命令，如图12—26. 其中第2条命令要填写的三个参数都是点，第一个点为圆心，另外两点距离为半径；第3条命令要填写两个参数，第一个为圆心，另一个为半径的数值，可以是数字、字母或数学表达式.

在方便面环境下，有点径圆作图命令 diy(O,r) 和 djy1(O,A,B)，分别对应于半径为数值或两点距离的情形.

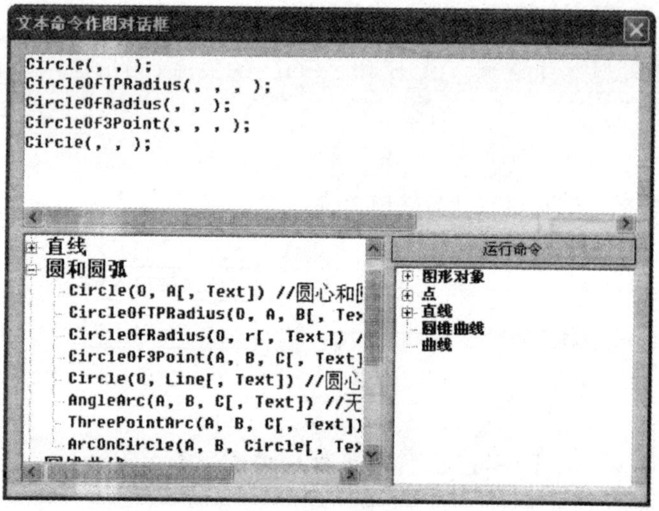

图 12—26　文本作图对话框中作圆的命令

【分析】 要证明$\angle CGB=\angle CGD$，想到构造一对包含这两个角的且能够判定其全等的三角形是自然的. 作$CH\perp BE$，$CI\perp DF$；在直角三角形 CGH 和 CGI 中，如果能证明 $CH=CI$，则这两个三角形全等，于是有$\angle CGB=\angle CGD$. 考虑到条件 $DE=DF$并连接出 CE 和 CF，马上看到 CH 和 CI 分别是$\triangle CEB$ 和$\triangle CDF$ 的高，如果这两个三角形面积相等，自然会得出 $CH=CI$. 然而这是不难证明的. 单击课件中"辅助图形"按钮可以看到上面讨论中涉及的作图，如图 12—27.

【解答】 因为 AD 平行于 BC，所以$\triangle CEB$ 的面积$=\triangle ABC$ 的面积$=$平行四边形 $ABCD$ 面积之半；同理，$\triangle CDF$ 的面积$=\triangle CBD$ 的面积$=$平行四边形 $ABCD$ 面积之半，于是 $S_{CEB}=S_{CDF}$.

12－11 探究$\angle CGB$和$\angle CGD$的关系

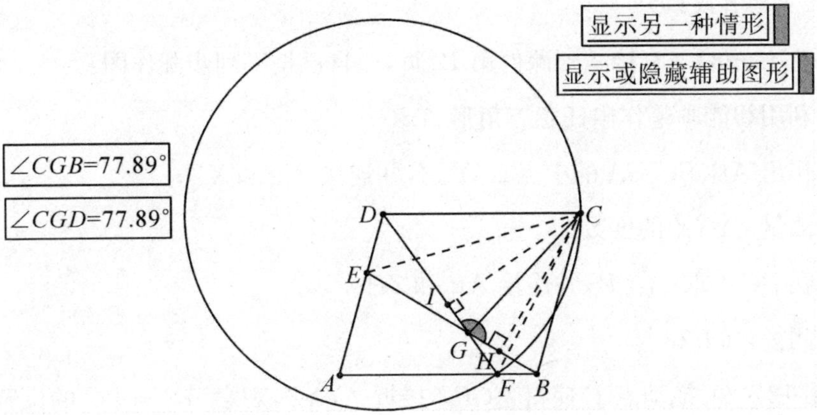

图 12－27 作两条垂线构造全等三角形

作$CH\perp BE$，$CI\perp DF$，因为$BE=DF$，所以$CH=CI$. 在直角三角形CGH和CGI中，因为$CH=CI$，$CG=CG$，所以$\triangle CGH\cong\triangle CGI$，$\angle CGB=\angle CGD$.

题目做出来了，但还可以多想想. 在图中圆和直线AB应当有两个交点. 对于另一个交点，会不会有类似的情形呢？单击课件中"另一种情形"的按钮，屏幕显示如图 12－28. 请你考虑原来的方法是否仍然有效呢？

12－11 探究$\angle CGB$和$\angle CGD$的关系

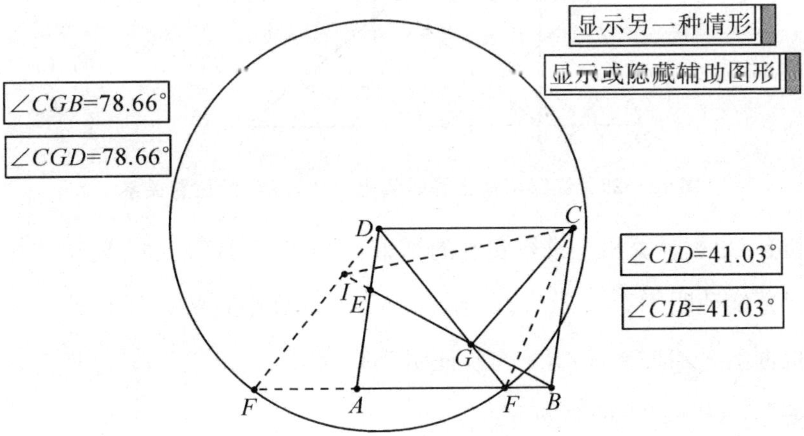

图 12－28 另一种情形

【例 2－8】 在三角形ABC中，X、Y、Z分别是AB、BC、CA的中点，P在BC

上，并且$\angle CPZ=\angle YXZ$. 猜想 AP 与 BC 的位置关系.（根据 1991 年澳大利亚数学奥林匹克题目改编）

【实验 12－8】 直接翻到课件第 12 页，或自己按下列步骤作图：

(1)利用智能画笔作出任意三角形 ABC；

(2)作出 AB、BC、CA 的中点 X、Y、Z，并连接 XY 和 XZ；

(3)测量$\angle YXZ$ 的度数；

(4)在 BC 上取一点 P，并连接 AP 和 ZP；

(5)测量$\angle CPZ$.

如图 12－29，拖动点 P 使得$\angle CPZ$ 接近$\angle YXZ$，观察 AP 与 BC 的位置关系；拖动点 A 改变三角形 ABC 的形状，再次拖动点 P 使得$\angle CPZ$ 接近$\angle YXZ$，观察 AP 与 BC 的位置关系；再单击动画按钮使两角准确相等进行观察，猜想 AP 与 BC 的位置关系并给出证明.

12－12 红绿两角相等时 AP 与 BC 有何关系？

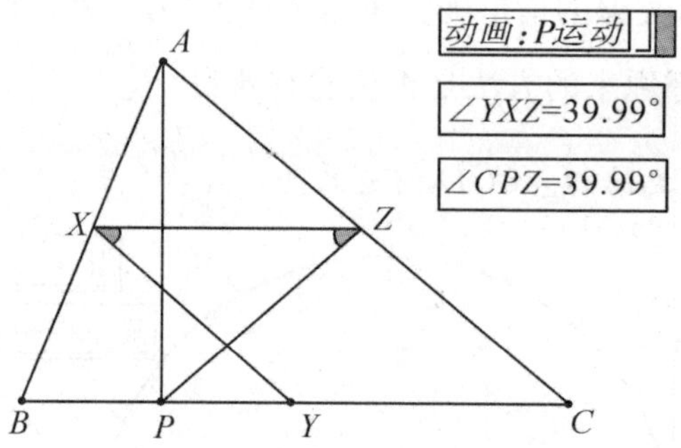

图 12－29 红绿两角相等时猜想 AP 与 BC 的位置关系

【分析】 根据计算机上进行实验的结果，看来似乎 $AP\perp BC$. 要证明这一点其实不难，只要能证明 $PZ=CZ=AZ$ 就可以了. 考虑到中点的条件 $CZ=AZ$ 是显然的，另外根据上$\angle ZPC=\angle ZXY$ 容易证明 $PZ=CZ$.

【解答】 $AP\perp BC$；证明如下：

在$\triangle ABC$ 中，因为 X、Y、Z 分别是 AB、BC、CA 的中点，所以不难证明四边形 $CZXY$ 是平行四边形，$\angle ZXY=\angle C$，又$\angle ZPC=\angle ZXY$，所以$\angle ZPC=\angle C$，$PZ=$

CZ. 又 $CZ=AZ$，所以 $PZ=CZ=AZ$，$\triangle APC$ 为直角三角形，$AP\perp BC$.

【例 12－9】 任意五边形 $ABCDE$ 中，M、、N、P、Q 分别为 AB、CD、BC、DE 的中点. K、L 分别为 MN 和 PQ 的中点. 讨论 KL 与 AE 的关系.（根据 2001 年天津市竞赛题目改编）

【实验 12－9】 直接翻到课件第 13 页，或按下列步骤自己作图：

(1)利用智能画笔作五边形 $ABCDE$；

(2)作出 AB、CD、BC、DE 的中点 M、N、P、Q；

(3)作出 MN 和 PQ 的中点 K、L；

(4)连接 KL.

如图 12－30，猜测 KL 与 AE 的关系；拖动五边形 $ABCDE$ 的任意一个顶点改变其形状，看 KL 与 AE 是否仍然保持这种关系；测量 KL 与 AE 的长度验证你的猜想，并试图对猜想给出证明.

12－13 探索 EA 与 LK 的关系

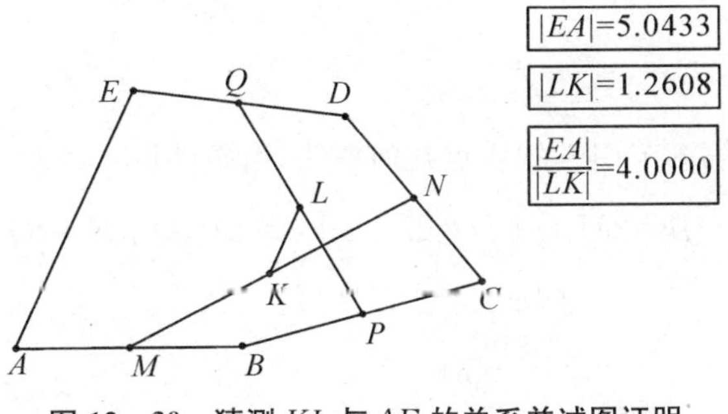

图 12－30 猜测 KL 与 AE 的关系并试图证明

【分析】 凭观察和测量猜测 KL 平行于 MF 且等于 MF 的 $\frac{1}{4}$.

要证明这件事，自然要想到利用中点的条件. 连接 BE 并取其中点 F，则 MF 平行于 AE 且等于 AE 的 $\frac{1}{2}$. 余下的问题是证明 KL 平行于 MF 且等于 MF 的 $\frac{1}{2}$. 于是关键的问题是证明 L 是 FN 的中点. 在课件中显示辅助图形，如图 12－31，可以看出解答.

12—13　探索 EA 与 LK 的关系

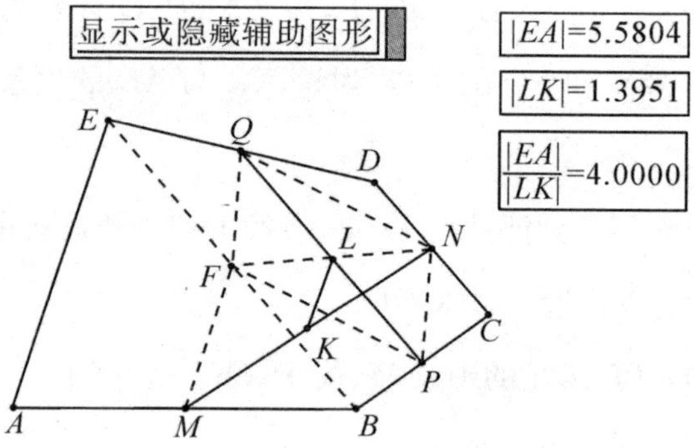

图 12—31　显示辅助图形发现解答

【解答 1】 要证明 KL 平行于 AE 且等于 AE 的$\frac{1}{4}$. 连接 BE 并取其中点 F，在△ABE 中 MF 平行于 AE 且等于 AE 的$\frac{1}{2}$. 连接 FP、PN、NQ、QF，容易证明四边形 $FPNQ$ 是平行四边形，根据平行四边形对角线互相平分，可知 PQ 的中点 L 也是 FN 的中点. 在△NFM 中，KL 平行于 MF 且等于 MF 的$\frac{1}{2}$，所以 KL 平行于 AE 且等于 AE 的$\frac{1}{4}$.

【解答 2】 用第 8 节引入的质点几何方法，由条件得：

$$A+B=2M, C+D=2N, B+C=2P, D+E=2Q,$$
$$M+N=2K, P+Q=2L;$$

于是

$$\begin{aligned}4(K-L)&=2(M+N)-2(P+Q)\\&=(A+B+C+D)-(B+C+D+E)\\&=A-E.\end{aligned}$$

这表明 KL 平行于 AE 且等于 AE 的$\frac{1}{4}$.

【例 12—10】 设 $ABCD$ 为凸四边形，对角线 AC 和 BD 的中点分别为 E 和 F；在 AC 上取两点 G 和 H，在 BD 上取两点 K 和 L，使得 $AG=CH=\frac{1}{4}AC$，$BK=DL=$

$\frac{1}{4}BD$,过 AD 和 BC 的中点连一直线;问该直线与线段 EF、KH、CL 有什么关系?

(根据第17届全俄数学奥林匹克题目改编)

【实验 12—10】 翻到课件第 14 页,或自己用超级画板按下列步骤作图观察实验:

(1)利用智能画笔作凸四边形 $ABCD$;

(2)作出 AC 和 BD 的中点 E、F;

(3)用鼠标同时选择 A、E,按快捷键 M 作出 AE 的中点 G,类似地作出 CE 的中点 H,BF 的中点 K 和 DF 的中点 L;

(4)作出 BC 的中点 M 和 AD 的中点 N;

(5)连接 GL、EF、KH、MN.

12—14 探究红蓝线段之间的关系

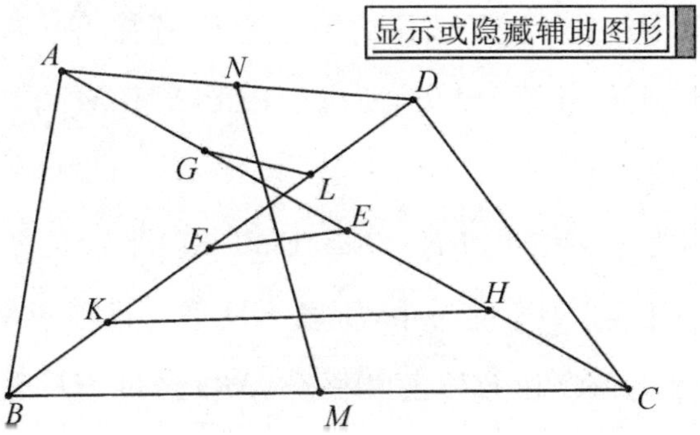

图 12—32 猜测直线 MN 和线段 EF、KH、GL 有什么关系

如图 12—32,观察并猜测直线 MN 和线段 EF、KH、GL 之间有什么关系;改变四边形 $ABCD$ 的形状,观察上述关系是否发生变化;试图证明你的猜测.

【分析】 通过实验观察,不管四边形如何变动,MN 似乎总经过 EF、KH 和 GL 的中点.

要证明这个事实需要充分利用中点以及 $\frac{1}{4}$ 分点和 $\frac{3}{4}$ 分点的条件.

因 AC 的中点为 E,BD 的中点为 F,不难发现 $MENF$ 为平行四边形,于是对角线 EF 与 MN 互相平分,交点为 MN 和 EF 的中点.

单击课件中的“辅助图形”按钮，如图 12－33，问题就水落石出了.

12－14 探究红蓝线段之间的关系

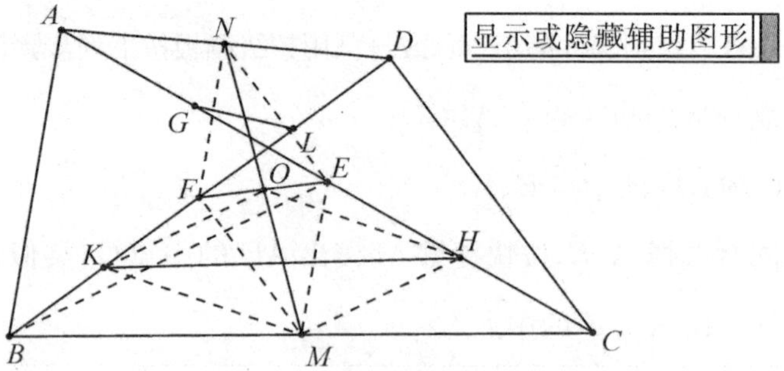

图 12－33　问题水落石出

观察$\triangle FBE$和$\triangle CBE$，根据三角形中位线定理，容易得到 MH 平行且等于 KO，于是四边形 $HMKO$ 为平行四边形，因此 MO 和 HK 互相平分.

【解答 1】 设 AC 的中点为 E，BD 的中点为 F，连接 EN 和 MF，根据三角形中位线定理易证 EN 平行且等于 MF，所以四边形 $ENFM$ 为平行四边形. 设 EF 和 MN 相交于 0，则 $EO=OF$.

在$\triangle FBE$中，因为 $FO=OE$，$FK=KB$，所以 KO 平行且等于 BE 的一半，在$\triangle CBE$中，MH 平行且等于 BE 的一半，所以 KO 平行且等于 MH. 四边形 $HMKO$ 为平行四边形，因此 MO 和 HK 互相平分，MO 经过 HK 的中点. 同理可证，NO 经过 CL 的中点. 即 MN 经过 HK 和 GL 的中点.

若用第 8 节里建立的质点几何方法，可以简单地计算出结果.

【解答 2】 根据条件有

$$A+C=2E, B+D=2F, 3A+C=4G, A+3C=4H,$$

$$3B+D=4K, B+3D=4L, B+C=2M, A+D=2N;$$

容易算出

1) $2(M+N)=A+B+C+D=2(E+F)$，可见 MN 与 EF 相互平分；

2) $4(G+L)=3(A+D)+B+C=6N+2M$，可见 MN 过 GL 中点；

3) $4(K+H)=3(B+C)+A+D=6M+2N$，可见 MN 过 KH 中点.

13 电脑帮你解题——一次函数

讨论函数问题常常需要借助函数图象，而利用超级画板做这件事非常方便，下面先说明用超级画板作函数图象的方法.

【操作说明 13－1】 作函数曲线.

如果用的是超级画板注册版本，可以单击上方“一般曲线”按钮(或在空白处按右键打开右键菜单，在菜单中单击“函数或参数方程曲线”，或执行菜单命令“作图|曲线”)，打开曲线作图对话框，也是曲线属性设置对话框，如图 13－1. 在左边选定曲线类型为 $y=f(x)$ 后，在右边“$y=$”后面的空白栏里键入函数的表达式，在下面“参数范围”一行修改缺省值为函数定义域或要作图的区间. 最后单击“确定”，屏幕上就会显示出函数的图象.

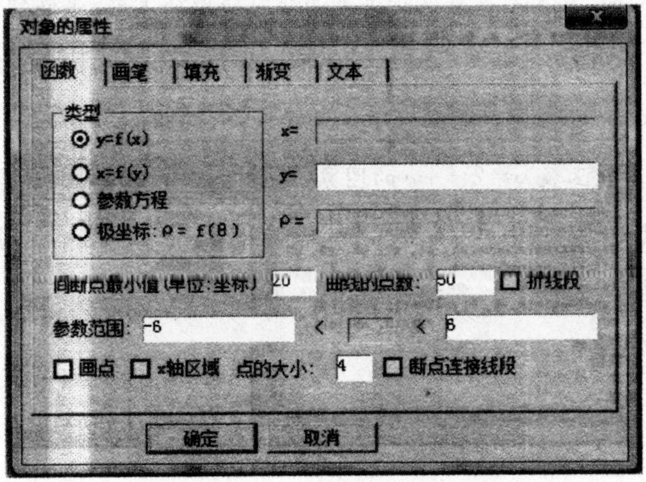

图 13－1 曲线作图对话框

如果用的是尚未注册的免费版本，可以用文本作图命令画函数曲线. 执行菜单命令“作图|文本作图”后，在文本作图对话框中单击曲线项，打开作图命令列表. 双击列表中的第一行“显式函数”，使文本作图命令在上面出现. 如果要作二次函数 $y=2x^2-3$ 在区间$[-4,4]$上的图象，在上方填入的参数如图 13－2.

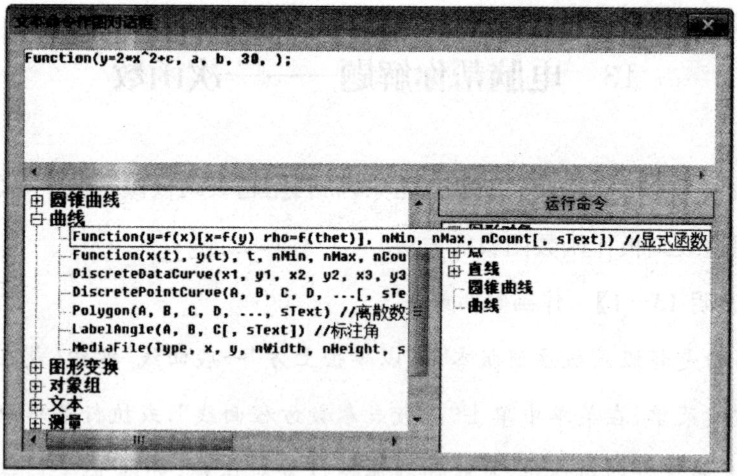

图 13—2　用文本作图命令画函数图象

要注意图中上面命令的填写方法. 第一个参数的位置填写了函数表达式 $y=2*x\hat{}2+c$,这里 * 号表示乘号,不能省略;而 $x\hat{}2$ 表示 x 的平方. 第 2、3 两个参数是变量 x 的范围,第 4 个参数是描点画曲线时所取的点数,点数够多才能画得比较准确. 填写后单击"运行命令",就能作出函数曲线.

若在方便面环境下,简单地在程序栏里键入命令"hsx(2 * $x\hat{}2+c$);"再按Ctrl+Enter 即可作出二次函数 $y=2x^2+c$ 的图象. 这里 hsx 是"函数线"三字拼音的简写. 至于定义域等其他的曲线属性,可以双击曲线调出属性对话框来设置修改.

关于函数表达式的书写,要注意几点:

(1)乘号用 * 表示,不能省略;

(2)幂运算用 ^ 表示,例如 $x\hat{}3$ 为 x 的立方,$x\hat{}(1/2)$ 为 x 的算术平方根等;

(3)x 的绝对值 $|x|$ 用 abs(x)表示;

(4)x 的整数部分用 floor(x)表示,如 floor(3.2)=3,floor(−1.5)=−2;

(5)函数名后面都要有括号,例如 sin$x$ 要写成 sin(x);

(6)以 a 为底的 b 的对数写成 log(a,b),x 的常用对数为 lg(x),自然对数为 ln(x);

(7)符号函数 sgn(u,v)的定义:当 $u>v$ 时为 1,其他情形为 0.

学会了以上的基本操作，现在就可以尝试借助计算机用一种新的方式来研究函数的性质了.

【例 13－1】 设$-1\leqslant x\leqslant 2$，求$|x-2|-\frac{1}{2}|x|+|x+2|$的最大值与最小值之差是多少？（江苏省数学竞赛题）

【实验 13－1】 打开课件“13 电脑帮你解题——一次函数”第 1 页，或自己按下列步骤作图.

打开超级画板，执行菜单命令“作图|曲线”，如图 13－3 左，在屏幕出现的对话框空白处填写“abs(x－2)－abs(x)/2＋abs(x＋2)”，并将参数范围改为－1 到 2，如图 13－3 右；单击“确定”.

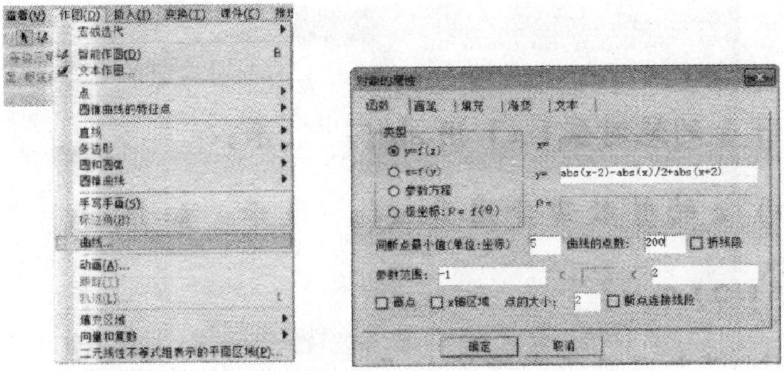

图 13－3 菜单命令“作图|曲线”与曲线作图对话框

如果软件没有注册，可执行菜单命令“作图|文本作图”，在对话框中展开“曲线”项并双击其第一行“显式函数”将函数作图文本命令调至上方并填写参数如图 13－4，单击“运行命令”作出图象. 注意这次填写函数表达式前面要加上“y＝”，否则运行时会出错.

y＝abs(x－2)－abs(x)/2＋abs(x＋2)的图象

若在方便面环境，于程序栏里键入命令

hsx(abs(x－2)－abs(x)/2＋abs(x＋2))；

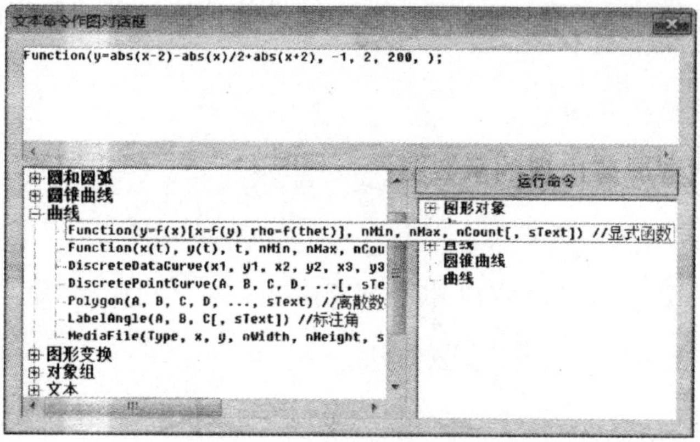

图 13—4　用文本作图命令作函数

如图 13—5，再按 Ctrl+Enter 即可作出函数图象.

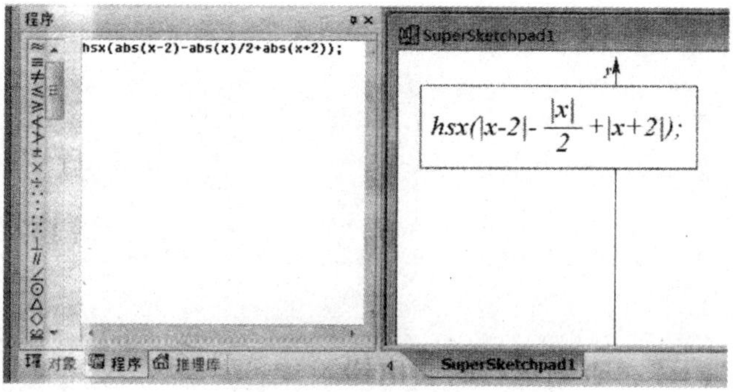

图 13—5　用方便面命令作函数

$y=\text{abs}(x-2)-\text{abs}(x)/2+\text{abs}(x+2)$的图象

观察屏幕出现的函数图象，如图 13—6，给出解答.

【分析】 因为$-1\leqslant x\leqslant 2$，所以$|x-2|=2-x$，$|x+2|=x+2$，然后按照$-1\leqslant x<0$和$0\leqslant x\leqslant 2$两种情况讨论化简.

【解答】 (1)当$-1\leqslant x\leqslant 0$时，

$$\text{原式}=2-x+\frac{1}{2}x+x+2=\frac{1}{2}x+4,$$

其最大值是 4，最小值为$\frac{7}{2}$.

13－1 求函数在[**－1,2**]上最大与最小值之差

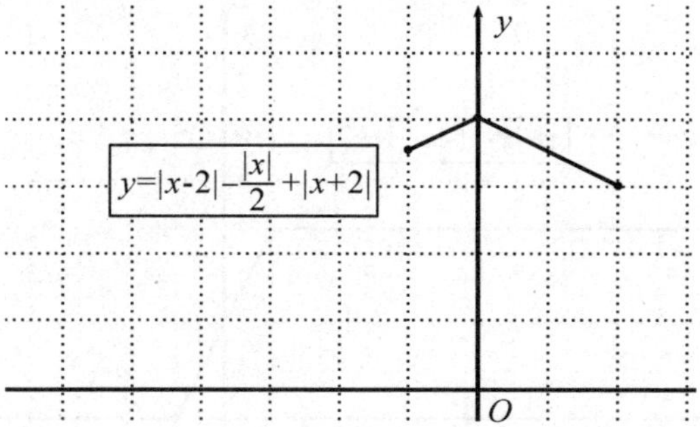

图 13－6 观察图象求出函数最大与最小值之差

(2)当 $0\leqslant x\leqslant 2$ 时，

$$原式=2-x-\frac{1}{2}x+x+2=-\frac{1}{2}x+4,$$

其最大值是 4,最小值为 3.

所以,原式的最大值与最小值之差为 1.

反思:其实不论 x 取何值,把绝对值符号去掉之后原式都是 x 的一次函数,其函数图象都是折线段,因此只需要计算几个关键点的坐标就能了解函数图象的全貌(例如,取 $x=-1,x=0,x=2$).对照图形,解答一目了然.

【例 13－2】 已知 $|a|=a+1,|x|=2ax$,求 $|x-1|-|x+1|+2$ 的最大值与最小值.

【实验 13－2】 仿照例 13－1 在超级画板上作函数 $y=|x-1|-|x+1|+2$ 的图象,如图 13－7.

从图象看,最大值为 4 且最小值为 0,但这不是正确答案,因为忽略了两个条件 $|a|=a+1,|x|=2ax$,要根据条件确定函数自变量的取值范围.剩下的问题就好办了.

13—2 求函数当 $x\leqslant 0$ 时的最大最小值

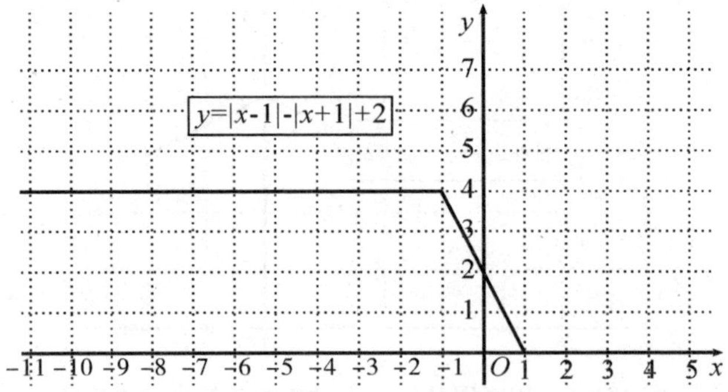

图 13—7 求函数 $y=|x-1|-|x+1|+2$ 的最大最小值

【解答】 由 $|a|=a+1$，得 $-a=a+1$，$a=-\dfrac{1}{2}$. 于是 $|x|=2ax$ 可以改写为 $|x|=-x$，推出 $x\leqslant 0$，这时 $|x-1|=1-x$. 以下分 $-1<x\leqslant 0$ 和 $x\leqslant -1$ 两种情况讨论：

(1)当 $-1<x\leqslant 0$ 时，

原式 $=|x-1|-|x+1|+2=1-x-(x+1)+2=-2x+2$；

(2)当 $x\leqslant -1$ 时，

原式 $=|x-1|-|x+1|+2=1-x+(x+1)+2=4$.

所以，原式的最大值为 4，最小值为 2.

只要确定了范围 $x\leqslant 0$，这个结果从图上一眼就看出来了.

【例 13—3】 已知以 $A(0,2)$，$B(2,0)$，$O(0,0)$ 为顶点的三角形被直线 $y=ax-a$ 分成两部分，设靠近原点一侧的部分的面积为 S，试写出用 a 表示的 S 的解析式.

这个问题涉及给定坐标作点的操作，这是超级画板中很有用的一种操作，值得特加说明.

【操作说明 13—2】 作坐标点.

最简单的方法是执行菜单命令"作图|点|整数点"，这时鼠标的光标变为执笔的手，但不能像智能画笔那样画线作圆，而只能作出坐标为整数的点. 左键单击一次，就作出一点. 此时最好设置坐标系的属性显示出网格，作点时明明白白知道该

在什么位置单击.

如果给定的坐标不是整数呢？只要用右键单击一个整数点，打开其属性设置对话框如图 13—8，就可以修改其坐标为任意数值.

你甚至可以将其坐标修改为表达式，例如将图 13—8 中的 3 修改为 t，将 -2 修改为 $3*t+1$，于是当 t 改变时点会运动：如果在拖动参数栏里填上 t，则点还可以拖动，拖动时 t 的值随着变化.

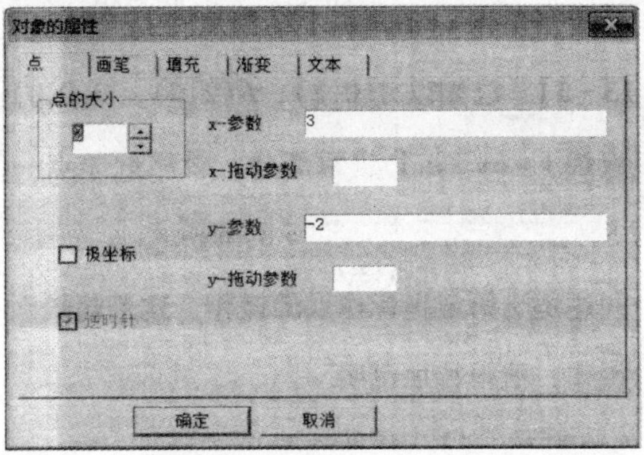

图 13—8　在整数点的属性对话框中可以修改其坐标

如果用的是超级画板注册版本，可以执行菜单命令“作图|点|坐标点”，或右键菜单中的“坐标点”命令，打开坐标点输入对话框，如图 13—9 填入要作的点的坐标，一次可以作多个点.

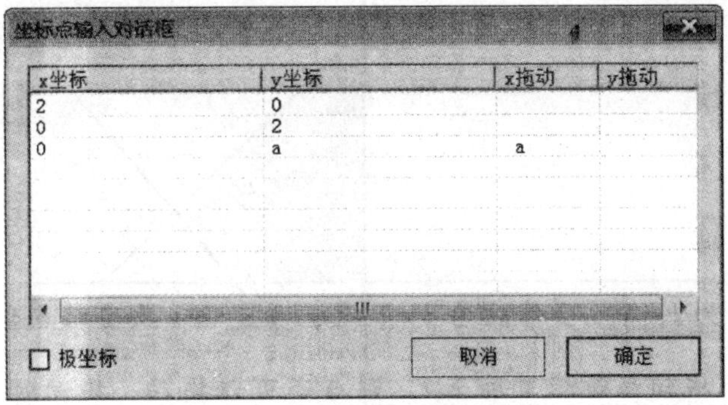

图 13—9　坐标点输入对话框

使用免费版本作坐标点，文本作图命令是“Point(x,y,,,,);”，可以在文本作图对话框运行，也可以在程序区执行．在方便面环境，作坐标点的命令是"zbd(x,y);".

【实验 13－3】 可以直接打开课件第 3 页，也可以按如下步骤作图：

(1)执行菜单命令"作图 I 点 l 整数点"，作 $A(0,2)$，$B(2,0)$，$P(3,0)$三点；

(2)右键单击点 P，打开其属性对话框并按图 13－10 所示修改其属性，作出可以拖动的点$(a,0)$；

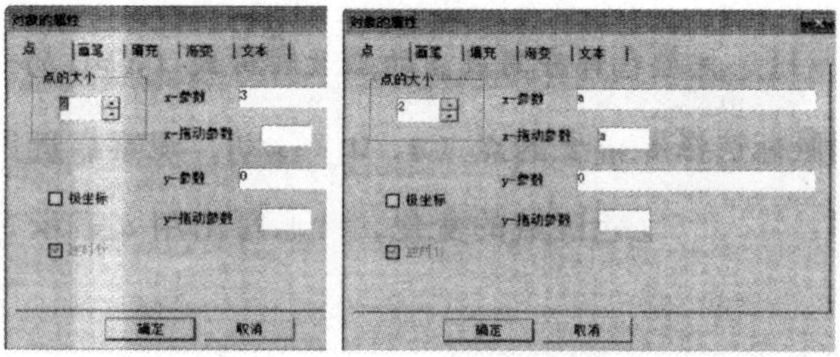

图 13－10 修改点(3,0)成为可拖动的点(a,0)

(3)用智能画笔连接 AB；

(4)再作出直线 $y=ax-a$；

课件第 3 页包含了上述作图结果，如图 13－11.

13－3 把染色部分面积写成 a 的解析式

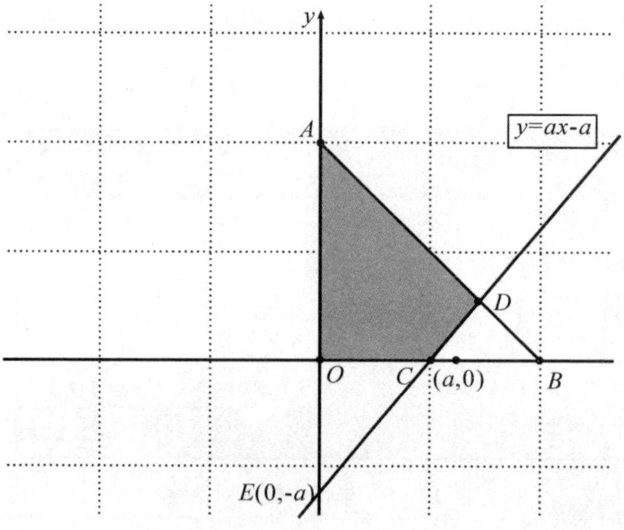

图 13－11 把染色部分写成 a 的函数解析式($a>0$ 的情形)

用鼠标选择屏幕上的点$(a,0)$拖动，观察靠近原点的一侧部分图形即染色区域的变化，考虑写出用 a 表示 S 的解析式.

【分析】 直线 $y=ax-a$ 过点$(1,0)$，随着 a 的变化靠近原点的一侧部分即染色区域或为三角形或为四边形. 因此要分两种不同情况考虑用 a 表示 S 的解析式.

【解答】 容易得出直线 AB 的方程为 $y=-x+2$，直线 $y=ax-a$ 过点 $C(1,0)$. 于是有

(1)当 $-2\leqslant a<0$ 时，直线 $y=ax-a$ 与 y 轴交于点 $E(0,-a)$，染色区域成为三角形 OCE，其面积 $S=-\frac{a}{2}$，如图 13－12：

13－3 把染色部分面积写成 a 的解析式

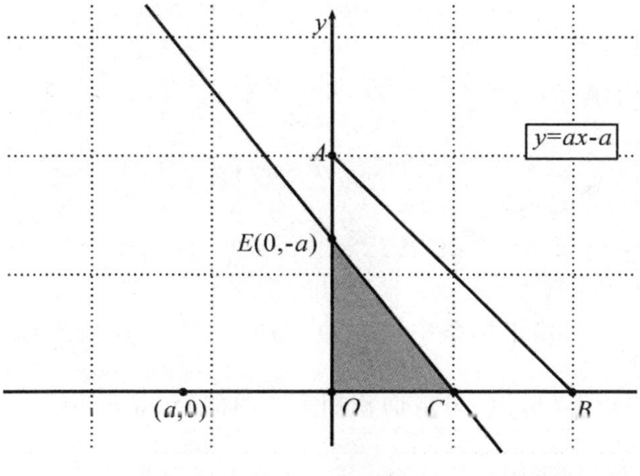

图 13－12 把染色部分写成 a 的解析式($-2<a\leqslant 0$ 的情形)

(2)当 $a\leqslant -2$ 时，直线 $y=ax-a$ 与直线 AB 交于点 D，染色区域成为四边形，如图 13－13.

解方程组$\begin{cases}y=-x+2,\\y=ax-a,\end{cases}$得 D 的坐标为$\left(\frac{2+a}{1+a},\frac{a}{1+a}\right)$. 所以三角形 CBD 的面积为$\frac{1}{2}\times 1\times\frac{a}{1+a}$. 三角形 OAB 的面积为 2，于是所求四边形的面积

$S=2-\frac{1}{2}\times 1\times\frac{a}{1+a}=\frac{4+3a}{2(1+a)}$；

13－3 把染色部分面积写成 a 的解析式

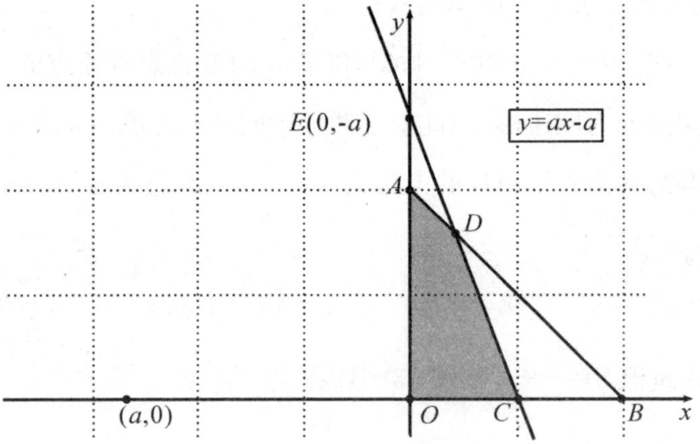

图 13－13 把染色部分写成 a 的解析式($a\leqslant -2$ 的情形)

(3)当 $a>0$ 时,情况与(2)类似,如图 13－11.

综合以上所有情况,得到

$$S=\begin{cases}-\dfrac{a}{2}\ (-2\leqslant a<0),\\[2ex] \dfrac{4+3a}{2(1+a)}\ (a\leqslant -2\ \text{或}\ a>0).\end{cases}$$

【例 13－4】 在直角坐标系中,矩形 $OABC$ 的顶点 B 的坐标为(15,6),直线 $y=\dfrac{1}{3}x+b$ 恰好将矩形 $OABC$ 分成面积相等的两部分,求 b 的值.

【实验 13－4】 翻到课件第 4 页,或自己按下列步骤作图.

(1)执行菜单命令“作图|点|整数点”,作出点 $A(15,0)$、$B(15,6)$、$C(0,6)$和 $P(0,3)$;

(2)连接 OA、AB、BC、CO 作矩形;

(3)仿照图 13－10 所示方法,改变点 P 属性为可拖动点$(0,b)$;

(4)作出直线 $y=\dfrac{1}{3}x+b$.

如图 13－14,用鼠标选择点$(0,b)$拖动,观察直线分矩形 $OABC$ 成两部分面积的变化,猜测符合题目要求的参数 b 的值,并给出证明.

13—4 直线何时平分矩形面积?

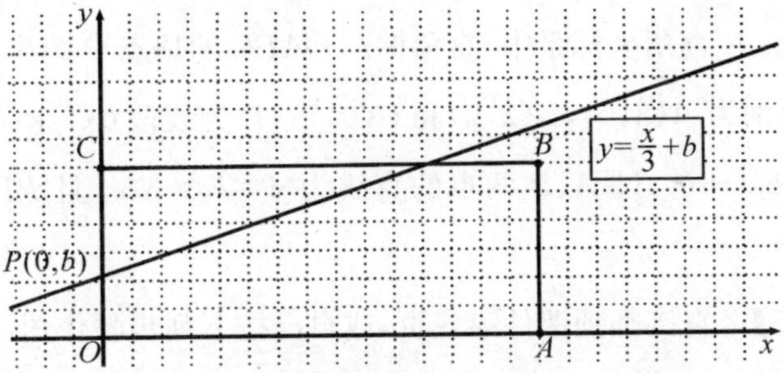

图 13—14 确定参数 b 使直线平分矩形面积

【分析】 连接对角线 OB,显然 OB 将矩形 $OABC$ 分成面积相等的两部分,考虑动直线在移动的过程中与 OB 相交在哪一点也恰好分矩形 $OABC$ 为面积相等的两部分. 如图 13—15,容易想到直线应当过 OB 的中点. 也可以作出直线与 AB 的交点 G,用 $POAG$ 的面积等于矩形面积的一半的条件确定 b.

13—4 直线何时平分矩形面积?

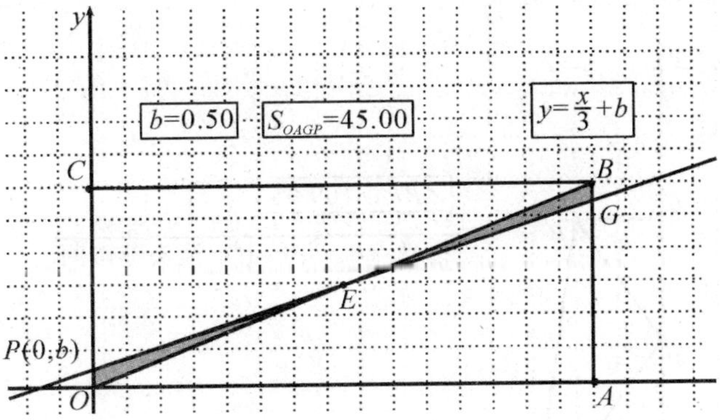

图 13—15 直线过 OB 的中点时平分矩形面积

【解答 1】 连接对角线 OB,设中点为 E,则 $E=\left(\frac{15}{2},3\right)$. 将 $x=\frac{15}{2}$,$y=3$ 代入直线方程 $y=\frac{1}{3}x+b$ 得 $b=\frac{1}{2}$. 事实上,当直线过点 E 时容易通过三角形全等证明直线分矩形的两部分面积都等于三角形 OBC 的面积.

【解答 2】 容易求出直线与 AB 的交点 G 的纵坐标为 $5+b$,于是由梯形面积

公式求出 $POAG$ 的面积为，$\frac{15(5+2b)}{2}$ 由条件 $\frac{15(5+2b)}{2}=45$ 求出 $b=\frac{1}{2}$.

【例 13—5】 在直角坐标系中，直角梯形 $OABC$ 的顶点 O 为坐标原点，另外三个顶点的坐标分别为 $A(3,0)$，$B(2,7)$ 和 $C(0,7)$，P 为线段 OC 上一点，过 P、B 两点的直线为 $y=k_1x+b_1$，过 A、P 两点的直线为 $y=k_2x+b_2$，且 $PB\perp PA$. 求 $k_1k_2(k_1+k_2)$ 的值.

【实验 13—5】 直接翻到课件第 5 页，或自己按下列步骤作图：

(1)用菜单命令“作图|点|整数点”作点 $A(3,0)$、$B(2,7)$ 和 $C(0,7)$；

(2)在 y 轴上取点 P，并连接 PA 和 PB；

(3)测量 $\angle APB$.

如图 13—16，用鼠标选择点 P 并拖动，观察 $\angle APB$ 的变化；当 $\angle APB$ 为直角时，思考可以利用图形的什么几何性质求出有关的参数；进一步计算 $k_1k_2(k_1+k_2)$ 的值.

13—5 探究 $AP\perp PB$ 的条件

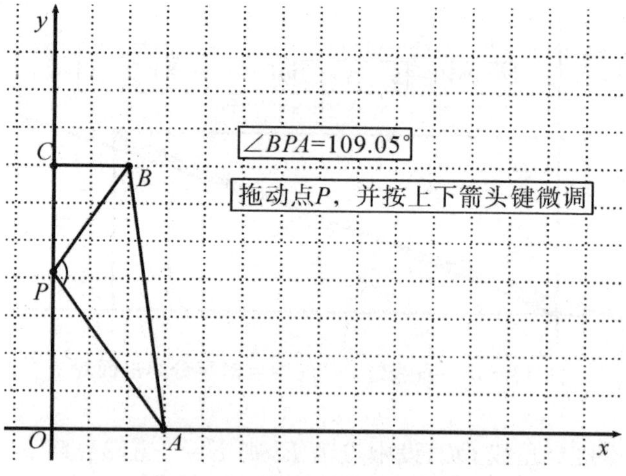

图 13—16 探究 $AP\perp PB$ 的条件

【分析】 如图 13－17，当 $\angle APB$ 为直角时，$\triangle AOP\backsim\triangle PCB$；注意有两种情形.

【解答 1】 设 P 的坐标为 $(0,b)$. 因为当 $\angle APB$ 为直角时有 $\triangle AOP\backsim\triangle PCB$，

所以$\frac{OA}{OP}=\frac{PC}{CB}$，$\frac{3}{b}=\frac{7-b}{2}$，化简得方程 $b^2-7b+6=0$，解之得 $b=1$ 或 $b=6$.

把 $x=2$，$y=7$ 代入方程 $y=k_1x+1$，得 $k_1=3$；

把 $x=3$，$y=0$ 代入方程 $y=k_2x+1$，得 $k_2=-\frac{1}{3}$.

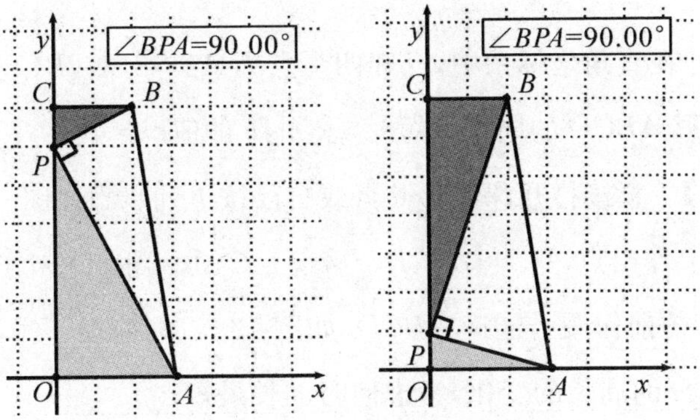

图 13—17　当∠APB 为直角时的两种情形

由此 $k_1k_2(k_1+k_2)=-1\times\frac{8}{3}=-\frac{8}{3}$.

把 $x=2$，$y=7$ 代入方程 $y=k_1x+6$，得 $k_1=\frac{1}{2}$；

把 $x=3$，$y=0$ 代入方程 $y=k_2x+6$，得 $k_2=-2$.

由此 $k_1k_2(k_1+k_2)=-1\times\left(-\frac{3}{2}\right)=\frac{3}{2}$.

结论：$k_1k_2(k_1+k_2)=\frac{3}{2}$ 或 $k_1k_2(k_1+k_2)=-\frac{8}{3}$.

【解答 2】 设 P 的坐标为 $(0,b)$.

将 $(0,b)$ 和 $(2,7)$ 分别代入 $y=k_1x+b_1$ 后相减得 $k_1=\frac{7-b}{2}$；

将 $(0,b)$ 和 $(3,0)$ 分别代入 $y=k_2x+b_2$ 后相减得 $k_2=-\frac{b}{3}$；

当∠APB 为直角时，由勾股定理得

$$[2^2+(7-b)^2]+3^2+(-b)^2=7^2+(-1)^2$$

化简得方程 $b^2-7b+6=0$，解之得 $b=1$ 或 $b=6$.

方程 $b^2-7b+6=0$ 变形得 $6=7b-b^2$，除以 $2b$ 得 $\frac{3}{b}=\frac{7-b}{2}$，即 $k_1k_2=-1$；

因此 $k_1k_2(k_1+k_2)=-(k_1+k_2)=\frac{b}{3}-\frac{7-b}{2}$，分别取 $b=1$ 和 $b=6$ 可得结论：

$$k_1k_2(k_1+k_2)=-\frac{8}{3}\text{或}\frac{3}{2}.$$

【例 13－6】 在直角坐标系中，已知四个点为 $A(-8,3)$，$B(-4,5)$，$C(0,n)$ 和 $D(m,0)$，当四边形 $ABCD$ 的周长最短时，求 $m:n$ 的值.

【实验 13－6】 直接打开课件第 6 页或自己按下列步骤作图.

在超级画板上作出点 $A(-8,3)$、$B(-4,5)$、$C(0,n)$ 和 $D(m,0)$，注意 C、D 是可以拖动的动点(仿前作图)，连接 $ABCD$，如图 13－18. 拖动 $C(0,n)$ 和 $D(m,0)$；观察四边形 $ABCD$ 的周长的变化，考虑何时周长最短.

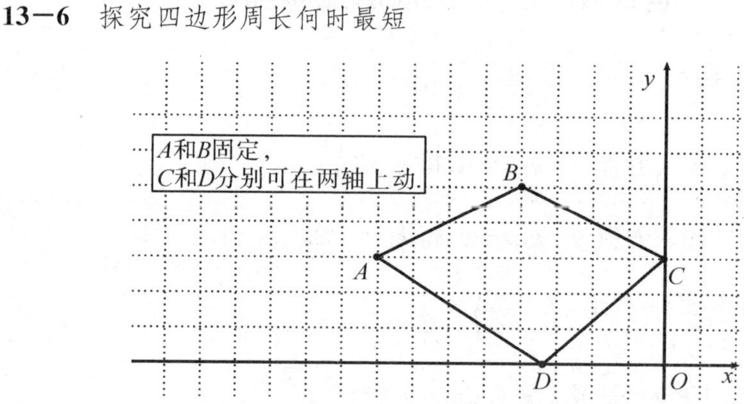

图 13－18 观察四边形 $ABCD$ 的周长何时最短

【分析】 四边形 $ABCD$ 的四边中 AB 的长是固定的，因此周长最短意味着 $BC+CD+DA$ 取最小值. 而 C、D 分别是 y 和 x 轴上的动点，因此考虑作出 A、B 两点关于 x 和 y 轴的对称点 E、F. 如图 13－19，问题转化为何时 $ED+DC+CF$ 最短.

【解答】 作出 A、B 两点关于 x 和 y 轴的对称点 E、F. 显然当 D、C 两点在直线 FE 上时 $ED+DC+CF$ 最短. 因为 $ED=DA$，$FC=CB$，所以这时四边形 $ABCD$ 的周长也最短. 利用相似三角形的性质容易求出 $\frac{m}{n}=-\frac{3}{2}$，如图 13－19 所示.

13－6　探究四边形周长何时最短

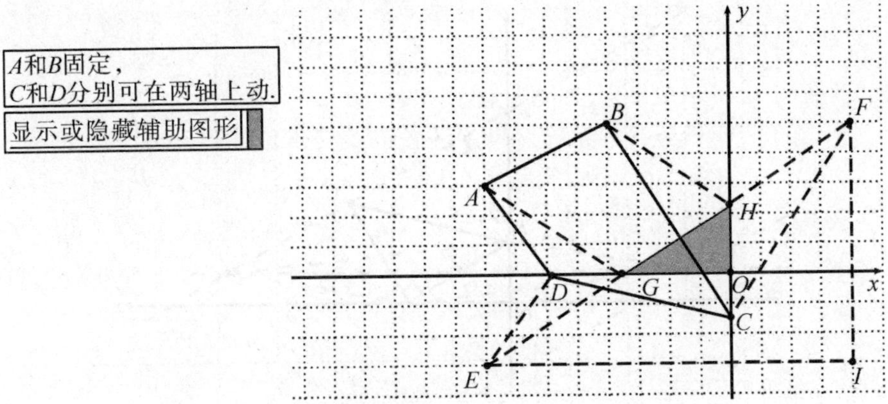

图 13－19　问题转化为何时 $ED+DC+CF$ 最短

【例 13－7】　函数 $y=-\frac{\sqrt{3}}{3}x+1$ 的图象与 x 轴、y 轴分别交于 A、B 两点，C 点在第一象限内，且 $\triangle ABC$ 为等腰直角三角形，$\angle ABC=90°$，有一点 $P\left(a,\frac{1}{2}\right)$ 使 $\triangle ABP$ 和 $\triangle ABC$ 面积相等，求 a 的值.

【实验 13－7】　直接翻到课件第 7 页，或自己按下列步骤作图：

(1)作一个以 AB 为底且面积与 $\triangle ABC$ 面积相等的三角形；

(2)找出所有以 AB 为底且面积与 $\triangle ABC$ 面积相等的三角形的顶点的轨迹；

(3)找出符合条件的 P 点.

【分析】　以 AB 为底且面积与 $\triangle ABC$ 面积相等的三角形的顶点的轨迹为与 AB 平行且与它的距离等于 BC 的两条直线，如图 13－20.

【解答 1】　设与 AB 距离等于 AC 且平行于 AB 的直线与直线 $y=\frac{1}{2}$ 相交于 P 和 P' 两点，则 $\triangle PAB$ 的面积 $=\triangle P'AB$ 的面积 $=\triangle ABC$ 的面积. 以下求这两条平行线的方程，由于它们与直线 $y=-\frac{\sqrt{3}}{3}x+1$ 平行，所以可设其方程为 $y=-\frac{\sqrt{3}}{3}x+b$. 设它们与 y 轴分别交于 M 和 N，自 B 向直线 MC 引垂足 E，容易求出 $OB=1$，

13—7 在水平直线上确定点 P 使 $\triangle ABP=\triangle ABC$

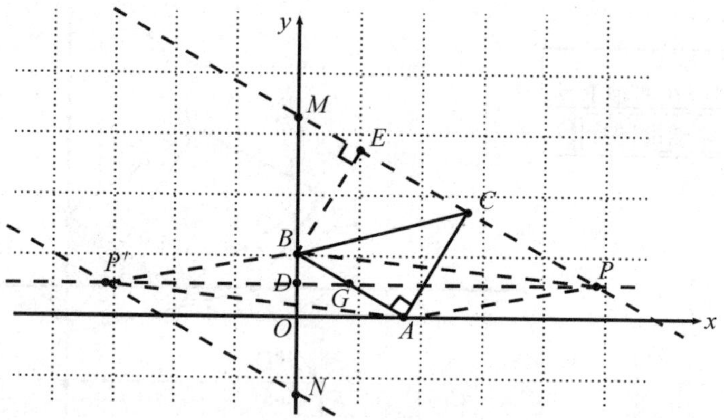

图 13—20 在直线 $y=\frac{1}{2}$ 上确定点 P 使 $\triangle ABP$ 和 $\triangle ABC$ 面积相等

$OA=\sqrt{3}$，于是 $BE=AB=AC=2$. 容易看出 $\angle MBE=30°$，所以 $BM=\frac{4\sqrt{3}}{3}$. 于是点 M 和 N 的坐标分别为 $\left(0,1+\frac{4\sqrt{3}}{3}\right)$ 和 $\left(0,1-\frac{4\sqrt{3}}{3}\right)$，从而确定两条平行线的方程分别为 $y=-\frac{\sqrt{3}}{3}x+1+\frac{4\sqrt{3}}{3}$ 和 $y=-\frac{\sqrt{3}}{3}x+1-\frac{4\sqrt{3}}{3}$. 把 $x=a$ 和 $y=\frac{1}{2}$ 代入方程得到 $a=\frac{\sqrt{3}}{2}+4$ 或 $a=\frac{\sqrt{3}}{2}-4$.

【解答 2】 如图 13－20，容易看出 $\triangle BPP'$ 的面积 $=\triangle ABC$ 的面积 $=2$，而 $\triangle BPP'$ 的高为 0.5，故 $PP'=8$；但 $DG=\frac{OA}{2}=\frac{\sqrt{3}}{2}$，所以得到 P 的横坐标 $a=\frac{\sqrt{3}}{2}+4$，而 P' 的横坐标为 $a=\frac{\sqrt{3}}{2}-4$.

【例 13—8】 已知一次函数 $y=mx+4$ 具有性质：y 随 x 的增大而减小，又直线 $y=mx+4$ 与直线 $x=1$、$x=4$ 分别相交于点 A、D，且点 A 在第一象限内，直线 $x=1$、$x=4$ 分别与 x 轴交于点 B、C.

(1)要使四边形 $ABCD$ 为凸四边形，试求 m 的范围；

(2)已知四边形 $ABCD$ 为凸四边形，直线 $y=mx+4$ 与 x 轴交于点 E，且 $\frac{ED}{EA}=$

$\frac{4}{7}$,求一次函数 $f(x)=mx+4$ 的解析式;

(3)在(2)的条件下,直线 $y=mx+4$ 与 y 轴交于点 F,求证:点 D 是△EOF 的外心.

【实验 13－8】 直接翻到课件第 8 页,或自己按下列步骤作图:

(1)用菜单命令"作图|点|整数点"作点 $A(1,4)$、$D(4,4)$、$B(1,0)$和 $C(4,0)$;

(2)参看操作说明 13－2 和前面题目,改变 $A(1,4)$的属性为 $A(1,m+4)$并设其拖动参数为 m,改变 $D(4,4)$的属性为 $D(4,4m+4)$;

(3)连接 A 和 D 作直线即 $y=mx+4$;连接 A 和 B 即直线 $x=1$;连接 C 和 D 即直线 $x=4$;

(4)测量 m,拖动点 A 或用上下箭头键微调其位置,观察四边形的形状和 m 的数值变化,思考符合条件(1)的参数 m 的范围;

(5)作出直线 AD 与 x、y 轴的交点 E、F;

(6)测量 ED 和 EA 的长度,再测量 $7*|ED|-4*|EA|$.

课件如图 13－21,拖动点 A 或用上下箭头键微调其位置,考察 $7*|ED|-4*|EA|$接近 0 时 m 的值;若不能调整为 0,可单击标有 $m=-0.5$ 的按钮仔细思考观察;再作(2)所要求的计算,并通过实验验证你的答案.

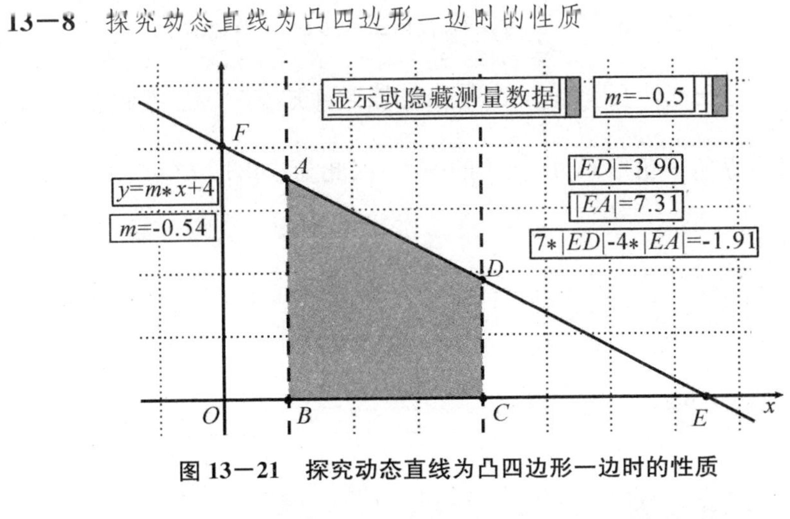

图 13－21 探究动态直线为凸四边形一边时的性质

【分析】 要使四边形 $ABCD$ 为凸四边形，只需要点 D 在 C 的上方. 由此可以确定 m 的范围.

【解答】 (1)由一次函数 $y=mx+4$ 具有性质：y 随 x 的增大而减小知 $m<0$，解方程组 $\begin{cases}y=mx+4,\\x=1,\end{cases}$ 和 $\begin{cases}y=mx+4,\\x=4,\end{cases}$ 得 $A(1,m+4)$，$D(4,4m+4)$. $4m+4>0$，$m>-1$. 所以要使四边形 $ABCD$ 为凸四边形，m 的范围是 $-1<m<0$.

(2)四边形 $ABCD$ 为凸四边形，且 $AB=m+4$，$CD=4m+4$. 由 $\dfrac{ED}{EA}=\dfrac{4}{7}$，可知 $\dfrac{CD}{AB}=\dfrac{4}{7}$，$\dfrac{4m+4}{m+4}=\dfrac{4}{7}$，$m=-\dfrac{1}{2}$，所以一次函数 $f(x)=mx+4$ 的解析式为 $f(x)=-\dfrac{1}{2}x+4$，如图 13－22.

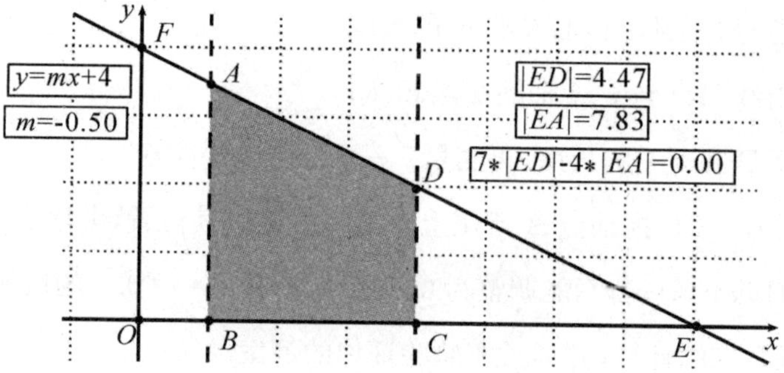

图 13－22　当 $\dfrac{ED}{EA}=\dfrac{4}{7}$ 时，D 为直角三角形 EOF 斜边的中点

(3)由 $y=-\dfrac{1}{2}x+4$ 可得 $E(8,0)$，而由已知条件知 $C(4,0)$. 因此点 $C(4,0)$ 为 EO 的中点，D 为直角三角形 EOF 斜边的中点，因此为三角形 EOF 的外心.

14　电脑帮你解题——二次函数

如果函数可用解析法表示，我们就能透过解析表达式挖掘出很多有关这个函数的信息，这对深入了解函数性质帮助极大. 例如，通过函数 $y=2x$ 的解析式，容易证明这个函数是增函数，它的图象是过原点且过第一、三象限的直线. 由此可以进一步研究一次函数的性质和图象.

比一次函数略微复杂一些的是二次函数，它是用自变量的二次式表示的，其一般形式为 $y=ax^2+bx+c(a\neq0)$. 没有了一次项和常数项的二次函数是 $y=ax^2$ $(a\neq0)$. 对它的解析式进行一些简单分析，可以立刻了解它的性质和图象的大致轮廓.

例如，当 $a>0$ 时，因为 $x^2\geqslant0$，可得出 $ax^2\geqslant0$，而且等号当且仅当 $x=0$ 时成立. 这说明对于任意的自变量 x 这个函数都取非负值，当且仅当 $x=0$ 函数取得最小值 0；因此它的图象在第一、二象限，且过原点(0,0). 而对于任意 $x_2>x_1>0$，考察对应的函数值的差 y_2-y_1，因为 $y_2-y_1=a(x_2^2-x_1^2)=a(x_2+x_1)(x_2-x_1)>0$，于是 $y_2>y_1$，因此函数 $y=ax^2(a\neq0)$ 在 $x>0$ 时是增函数，即当 x 增大时 y 也增大.

由于对任意的 $x>0$，$a(-x)^2=ax^2$，而点 $(-x,y)$ 与点 (x,y) 又关于 y 轴对称，所以这个函数图象关于 y 轴对称，于是由 y 轴右侧函数图象的形状可以得知左侧的形状，y 轴(即直线 $x=0$)是这个函数图象的对称轴. 在 y 轴右侧，可以通过比较 ax^2 和 ax 的大小想象 $y=ax^2$ 的图象与直线 $y=ax$ 的位置关系. 事实上，由 $ax^2-ax=ax(x-1)$ 可知：当 $0<x<1$ 时，$ax^2<ax$；当 $x>1$ 时，$ax^2>ax$. 于是我们可以得知，在 $0<x<1$ 时，$y=ax^2$ 的图象在直线 $y=ax$ 的下方；在 $x>1$ 时，$y=ax^2$ 的图象在直线 $y=ax$ 的上方. 由此 $y=ax^2$ 图象的大致轮廓已经浮现在眼前了！

你可以给定一个具体 $a>0$ 的数值，通过列表、描点、连线的办法画出函数 $y=ax^2$ 的图象以验证上面得到的结果. 当然也可以在计算机上做下面的实验，并得出更复杂一些的二次函数 $y=a(x-h)^2+k$ 的图象.

【实验 14－1】 画出函数 $y=ax^2$ 和 $y=a(x-h)^2+k$ 的图象.

(1)打开超级画板,按【操作说明 13－1】画出函数 $y=ax^2$ 的图象,注意输入的函数表达式为 a * x^2;

(2)按【操作说明 4－4】作出控制参数 a 的变量尺;

(3)用鼠标选择变量尺上控制参数 a 变化的滑钮拖动,观察函数 $y=ax^2$ 图象的变化;

(4)思考并描述函数的增减性;

(5)思考 $a<0$ 时函数 $y=ax^2$ 的图象和性质,$y=ax^2$ 的图象与 $y=-ax^2$ 图象的关系,并说明其中的理由;我们看到了函数 $y=ax^2$ 的图象,它是过原点(0,0)且以 y 轴即直线 $x=0$ 为对称轴的一条抛物线;当 $a>0$ 时开口朝上,当 $a<0$ 时开口朝下,我们把对称轴与图象的交点(0,0)叫做抛物线的顶点. 继续实验 14－1,在计算机上画出函数 $y=a(x-h)^2+k$ 的图象并考察它与$y=ax^2$的关系;

(6)按【操作说明 13－1】画出函数 $y=a(x-h)^2+k$ 的曲线,注意输入的函数表达式为 a * (x－h)^2＋k;

(7)按【操作说明 13－2】作出点 $A(h,k)$;

(8)过点 A 作平行于 y 轴或垂直于 x 轴的直线(可以用智能画笔先作出线段,再在其属性中修改为直线),

此直线方程为 $x=h$;

(9)按【操作说明 4－4】作出控制 a、h、k 的变量尺.

作图结果见课件第 1 页,如图 14－1. 用变量尺改变 h、k,观察图象和对称轴以及顶点的变化;思考函数 $y=a(x-h)^2+k$ 的图象并考察它与 $y=ax^2$ 的关系,说明其中的道理.

14—1　函数 $y=ax^2$ 和 $y=a(x-h)^2+k$ 的图象

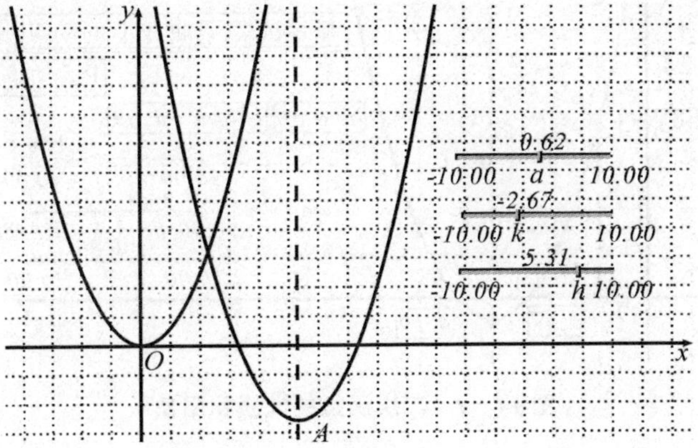

图 14—1　画出函数 $y=ax^2$ 和 $y=a(x-h)^2+k$ 的图象

把 $y=a(x-h)^2+k$ 展开得到二次函数的一般形式

$$y=a(x-h)^2+k=ax^2-2ahx+(ah^2+k),$$

设这个表达式中一次项的系数为 b，常数项为 c，比较系数不难得到 $-2ah=b$，$ah^2+k=c$，由此 $h=-\frac{b}{2a}$，$k=\frac{4ac-b^2}{4a}$.

反之，一般的二次函数 $y=ax^2+bx+c(a\neq 0)$ 通过配方可以化为

$$y=a\left(x+\frac{b}{2a}\right)^2+\frac{4ac-b^2}{4a}.$$

这说明其图象是对称轴为 $x=-\frac{b}{2a}$，顶点为 $\left(-\frac{b}{2a},\frac{4ac-b^2}{4a}\right)$ 的抛物线.

【实验 14—2】　二次函数 $y=ax^2+bx+c$ 的性质和图象.

(1)翻到课件第 2 页，“14－2 二次函数 $y=ax^2+bx+c$ 的性质和图象”，如图 14－2；

(2)用变量尺改变 a 观察抛物线的开口方向；

(3)单击“P 运动”按钮，根据图象分不同情况说明函数何时递增？何时递减？何时有最大(小)值？

(4)拖动有关的变量尺的滑钮改变二次函数的相应系数，思考何时图象的对称轴在 y 轴右侧？何时在 y 轴左侧？

14－2　二次函数 $y=ax^2+bx+c$ 的性质和图象

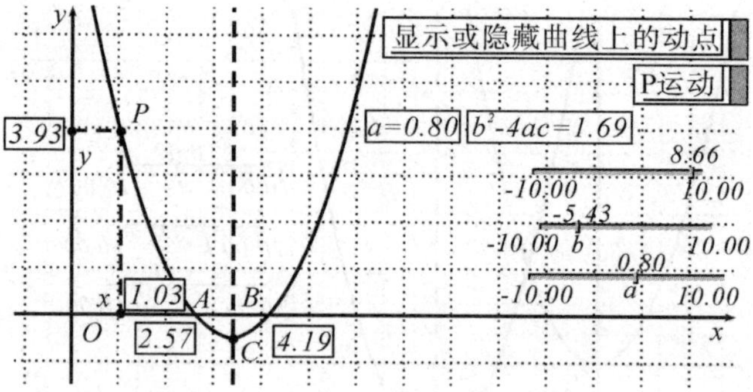

图 14－2　二次函数的性质和图象

(5)拖动有关的变量尺的滑钮改变二次函数的相应系数，思考何时图象与 x 轴有公共点？如果有，有几个公共点？

通过这个实验，你能解答有关二次函数的最大(小)值问题了吗？你能用函数的观点处理二次方程与二次不等式的相关问题了吗？

下面我们一起考虑一些问题.

【例 14－1】 证明：无论 a 取何值时，抛物线

$$y=x^2+(a+1)x+\frac{1}{2}a+\frac{1}{4}$$

恒过定点，而且这些抛物线的顶点都在一条确定的抛物线上.

【分析】

(1)看懂题目了吗？已知条件是什么？这里说的是几条抛物线的顶点在一条确定的抛物线上？

(2)给出几个具体的 a 的值画出图象(例如三个)，看看要证明的结论对不对？

(3)再画一条，看有什么现象？能否对观察到的现象进行说明？

(4)考虑在计算机上做实验，看当 a 改变时有什么现象？

【实验 14－3】 直接打开课件第 3 页，或按下列步骤自己作图：

(1)令＝0，$a=-1$，$a=1$，画几条抛物线观察(参看**【操作说明 13－1】**)；

(2)画出函数 $y=x^2+(a+1)x+\frac{1}{2}a+\frac{1}{4}$ 的图象；

(3)建立参数 a 的变量尺(参看【操作说明 4－4】).

如图 14－3,观察几条抛物线经过同一点的现象.

14－3 经过同一点的二次曲线族

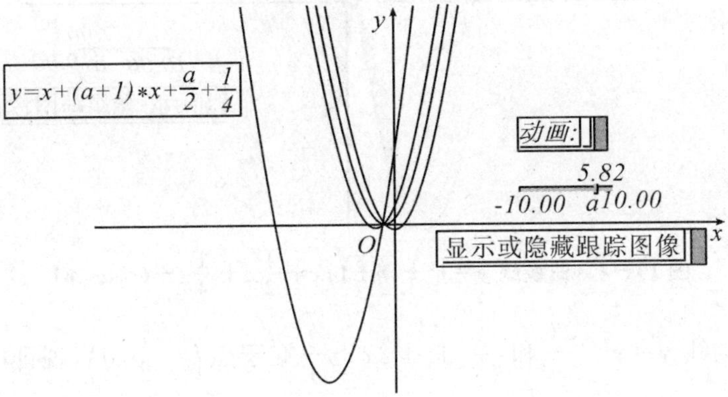

图 14－3 几条抛物线经过同一点

再作坐标点$\left(-\frac{a+1}{2},-\frac{a^2}{4}\right)$,看出来它恰是抛物线 $y=x^2+(a+1)x+\frac{1}{2}a+1$ 的顶点,选择函数 $y=x^2+(a+1)x+\frac{1}{2}a+\frac{1}{4}$ 的图象,在右键菜单中单击跟踪;用鼠标拖动变量尺上的滑钮,观察抛物线留下的轨迹;如果嫌拖动不均匀,可以作变量 a 的"动画"按钮;启动动画后看到现象如图 14－4;注意观察抛物线顶点的运动轨迹,思考如何证明观察到的现象.

14—3 经过同一点的二次曲线族

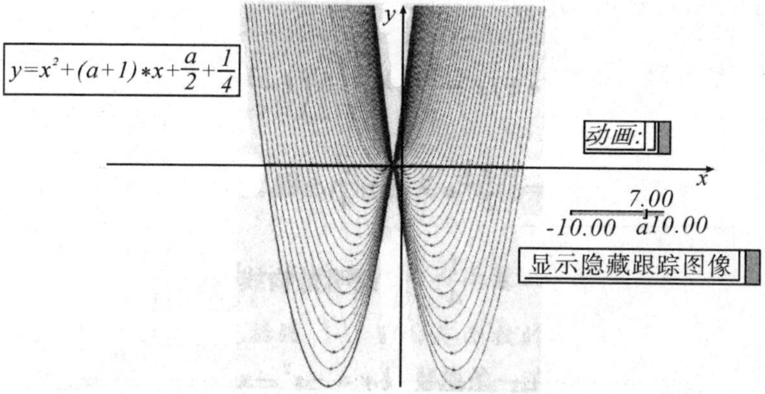

图 14—4 曲线族 $y=x^2+(n+1)x+\frac{1}{2}a+\frac{1}{4}$ (**−6**$<a<$**6**)

【解答】 抛物线 $y=x^2-\frac{1}{4}$ 和 $y=x^2+2x+\frac{3}{4}$ 交于点 $\left(-\frac{1}{2},0\right)$，现证明无论 a 取何值时，抛物线 $y=x^2+(a+1)x+\frac{1}{2}a+\frac{1}{4}$ 都过这一点. 事实上，当 $x=-\frac{1}{2}$ 时，$x^2+(a+1)x+\frac{1}{2}a+\frac{1}{4}=\frac{1}{4}-\frac{a+1}{2}+\frac{a}{2}+\frac{1}{4}=0$，所以，无论 a 取何值时，抛物线 $y=x^2+(a+1)x+\frac{1}{2}a+\frac{1}{4}$ 都过点 $\left(-\frac{1}{2},0\right)$.

另证：$y=x^2+(a+1)x+\frac{1}{2}a+\frac{1}{4}=\left(x+\frac{1}{2}\right)^2+a\left(x+\frac{1}{2}\right)$，可知 $x=-\frac{1}{2}$ 时，$y=0$.

以下证明第二部分.

因为 $y=x^2+(a+1)x+\frac{1}{2}a+\frac{1}{4}=\left(x+\frac{a+1}{2}\right)^2-\frac{a^2}{4}$，所以抛物线的顶点为 $x=-\frac{a+1}{2}$，$y=-\frac{a^2}{4}$，解出 $a=-2x-1$ 代入 $y=-\frac{a^2}{4}$，得 $y=-x^2-x-\frac{1}{4}$. 这说明抛物线 $y=x^2+(a+1)x+\frac{1}{2}a+\frac{1}{4}$ 的顶点都在一条抛物线 $y=-x^2-x-\frac{1}{4}$ 上.

在上述例题中要作 4 条函数曲线，其中一条的表达式含有参数，另外 3 条是将参数取特殊值而得到的. 通常在作图时要 4 次输入表达式，比较繁琐. 利用超级画板能够定义函数的功能，可以大大简化操作过程.

【操作说明 14—1】 定义函数并用于作图或求值.

在超级画板的程序区可以定义函数，利用定义函数的功能可以使函数的作图和求值操作大大简化. 对于含有参数的函数，更为方便.

以例题 14—1 中的函数 $y=x^2+(a+1)x+\frac{1}{2}a+\frac{1}{4}$ 为例，在程序区键入一行命令，光标置于行尾按 Ctrl+Enter 键，效果如图 14—5.

这里 $f(a,x)$ 是我们为要定义的函数规定的函数名和变量名，后面紧跟的花括弧{}里面是函数的表达式，注意表达式结束处要打一个分号";"，这些操作要在英文输入状态进行.

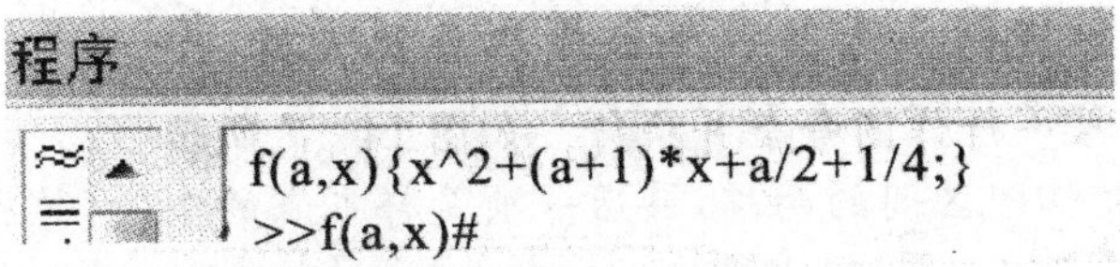

图 14—5　定义函数 $f(a,x)=x^2+(a+1)x+\frac{1}{2}a+\frac{1}{4}$

计算机对这条命令的返回是"$>>f(a,x)\#$"，意思是已经知道了你定义一个函数 $f(a,x)$. 于是，如果你要计算 $a=3$ 且 $x=5$ 时表达式 $5^2+(3+1)\cdot 5+\frac{1}{2}\cdot 3+\frac{1}{4}$ 的值，只要键入"$f(3,5);$"后光标置于行尾按 Ctrl+Enter 键，效果如图 14—6.

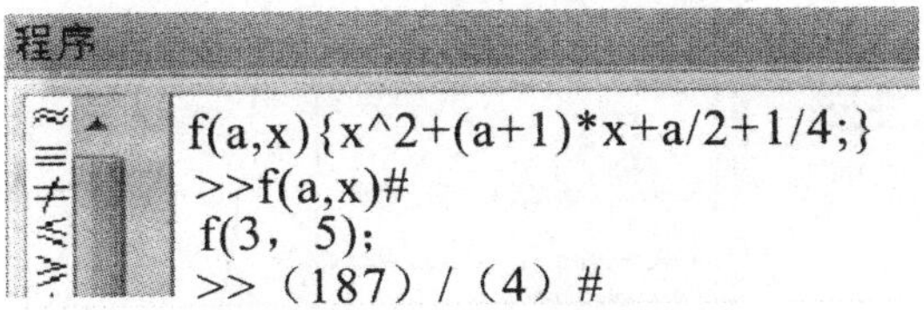

图 14—6　定义函数之后求函数值

如果要作 $a=1$ 时函数 $y=x^2+(a+1)x+\frac{1}{2}a+\frac{1}{4}$ 的图象，只要键入一行作图命令并执行，如图 14—7 所示.

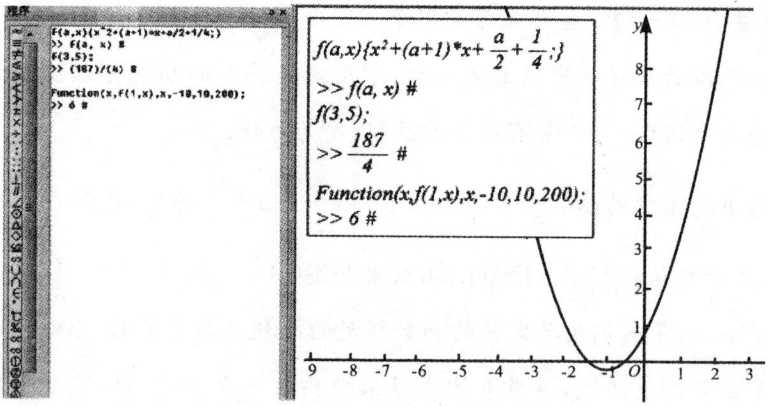

图 14—7　定义函数后作函数图象

注意函数作图命令“Function(x,$f(1,x)$,x,—10,10,200);”,第一个字母要大写,前两项是自变量和因变量的表达式,第 3 项是自变量名,第 4 和第 5 两项是自变量取值范围即作图区间的两端,最后一项是样本点的个数,执行命令后计算机的返回“6”是所作曲线的编号. Function 是英语“函数”之意,

程序区的命令可以多行一次执行. 例如,再作 $f(0,x)$、$f(-1,x)$和 $f(a,x)$三条曲线,只要把命令“Function(x,$f(1,x)$,x,—10,10,200);”复制 3 行,每行仅仅需要修改一个符号,把光标放在最后一行的末尾同时按 Ctrl 和 Enter 键即可,命令和执行效果如图 14—8.

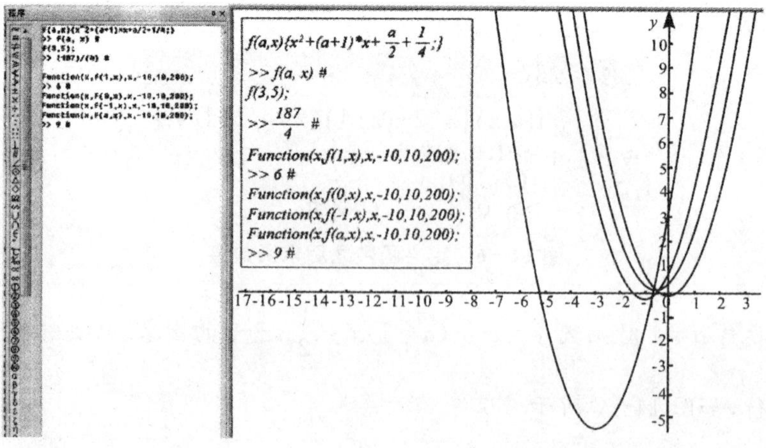

图 14—8　三行作函数图象命令一次执行

上述操作都可以在未注册的超级画板免费版本中实现.

【例 14—2】 (1)把抛物线 $y=2x^2$ 向右平移 p 个单位,或向下平移 q 个单位,都能使抛物线与直线 $y=x-4$ 恰好有一个交点,求 p、q 的值.

(2)把抛物线 $y=2x^2$ 向左平移 p 个单位,向上平移 q 个单位,得到的抛物线经过点(1,3)和(4,9),求 p、q 的值.

【分析】

1)已知条件是什么?能否换个方式表述已知条件?

2)由使抛物线与直线 $y=x-4$ 恰好有一个交点可以想到什么?

3)本题的未知数有几个?都是什么?为此需要得到什么就可以解出未知数?

4)画出图形有助于深入了解题意,在计算机上画出相应的图形更便于动态考察.

【实验 14—4】 直接翻到课件第 4 页,或按下列步骤自己作图:

1)按【操作说明 14—1】定义函数 $f(p,q,x)=2(x+p)^2+q$,它的图象是把原抛物线 $y=2x^2$ 向左平移 p 个、向上平移 q 个单位后得到的抛物线;

则 $f(0,0,x)=2x^2$ 的图象是原抛物线;

$f(-p,0,x)=2(x-p)^2$ 的图象是其向右平移 p 个单位得到的抛物线;$f(0,-q,x)=2x^2-q$ 的图象是其向下平移 q 个单位得到的抛物线;

2)按【操作说明 14—1】,作出 $f(0,0,x)$、$f(-p,0,x)$、$f(0,-q,x)$和 $f(p,q,x)$这 4 个函数的曲线,顺次着色为黑色、红色、蓝色和绿色;

3)按【操作说明 13—2】,作出可拖动的坐标点 $A(p,0)$和点 $B(0,q)$;

4)测量 p 和 q.

在课件中隐藏绿色曲线如图 14—9,拖动点 $A(p,0)$,观察红色抛物线与直线 $y=x-4$相切时 p 的数值;拖动点 $B(0,q)$观察蓝色抛物线与直线 $y=x-4$ 相切时 q 的数值. 实际上,你不可能拖动得像课件图中这样准确. 课件中是用动画按钮控制两个数值准确到位的.

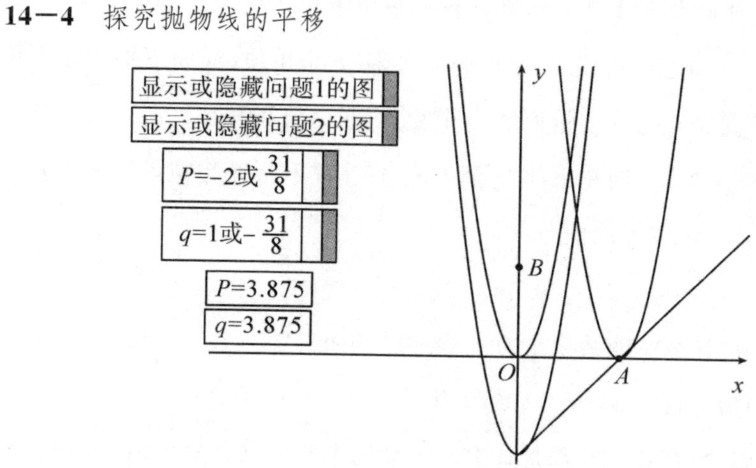

图 14—9 抛物线平移后与直线 $y=x-4$ 相切

继续探究下一个问题. 作点 $C(1,3)$ 和 $D(4,9)$，隐藏上一问题有关图形并显示绿色曲线，拖动点 A 和 B，考察抛物线 $y=2(x+p)^2+q$ 过点 C 和 D 时 p 和 q 的数值，如图 14—10. 课件中也是用动画按钮控制数值准确到位的，

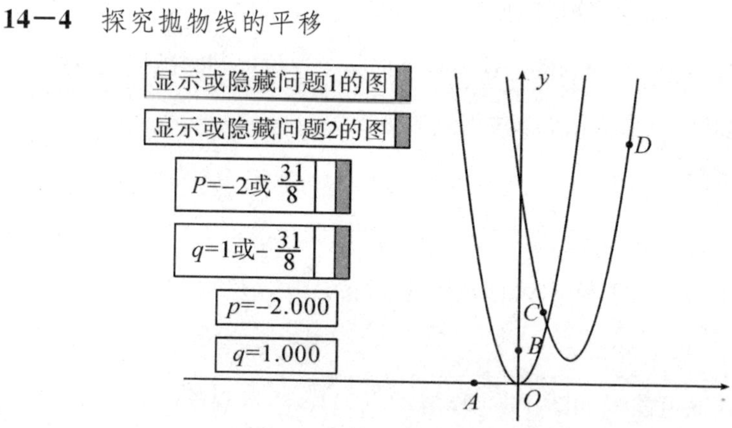

图 14—10 抛物线平移后恰好过指定两点

【解答】 (1)把抛物线 $y=2x^2$ 向右平移 p 个单位后得到的抛物线方程为 $y=2(x-p)^2$，所以要考虑下列方程组有唯一组解的条件：

$$\begin{cases} y=x-4, \\ y=2(x-p)^2. \end{cases}$$

消去 y 得 $2(x-p)^2=x-4$，即 $2x^2-(4p+1)x+2p^2+4=0$，有相等实根的条件是判别式 $\Delta=(4p+1)^2-4\times2\times(2p^2+4)=0$，解之得 $p=\frac{31}{8}$.

把抛物线 $y=2x^2$ 向下平移 q 个单位后得到的抛物线方程为 $y=2x^2-q$，所以要考虑方程组有唯一组解的条件：

$$\begin{cases}y=x-4,\\y=2x^2-q.\end{cases}$$

消去 y 得 $2x^2-q=x-4$，即 $2x^2-x+4-q=0$，由于此方程有两个相等的实数根，所以判别式 $\Delta=1-4\times2\times(4-q)=0$，解之得 $q=\frac{31}{8}$.

(2)把抛物线 $y=2x^2$ 向左平移 p 个单位，向上平移 q 个单位后得到的抛物线方程为 $y=2(x+p)^2+q$. 于是根据已知条件有

$$\begin{cases}3=2(1+p)^2+q,\\9=2(4+p)^2+q.\end{cases}\text{解之得}\begin{cases}p=-2\\q=1.\end{cases}$$

即把抛物线向右平移了两个单位，向上平移了一个单位时抛物线过点(1,3)和(4,9).

【例 14—3】 根据一个中考题目改编，如图 14—11.

在梯形 $ABCD$ 中，$AB\perp BC$，$\angle BCD=30^\circ$，$BC=6$，$AD\leqslant3$，E、F 同时从 B 点出发向点 C 运动，E 的速度是每秒 1 个单位，F 的速度是每秒 2 个单位. 以 EF 为一边作等边三角形，它与梯形的公共部分的面积随 E 的运动而变化，设此面积为 y，E 运动的时间为 x，求 y 与 x 的函数关系式.

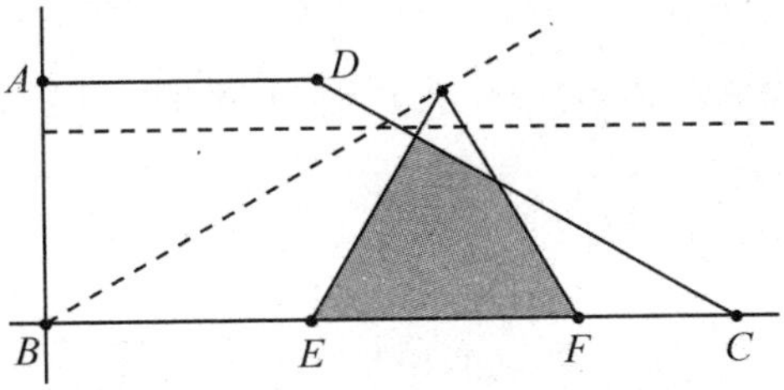

图 14—11　探索等边三角形与梯形公共部分面积变化的规律

【分析】

(1)看清楚题目,已知条件是什么?要求的是什么?能否背诵一下题目?

(2)怎么理解等边三角形与梯形公共部分的面积随 E 点的运动而变化?能否画图说明?

(3)能否对 E 点运动的时间 x 进行分类?每一类图形有什么特点?

(4)可能这时你已经能够想清楚问题的思路,如果是这样把解答过程写出来然后打开课件加以对照;

(5)否则直接打开课件进行模拟实验,这将有助于加深你对问题的理解.

【实验 14—5】 打开课件第 5 页,将点 A 拖到红色虚线上方. 拖动点 E,思考应该怎样分类解答此题;如果找不到思路,试验单击右方有关"辅助图形"的按钮找到适当的图形,提示如图 14—12. 曲线表示面积的变化.

14—5 探究三角形和梯形重叠部分面积的变化规律

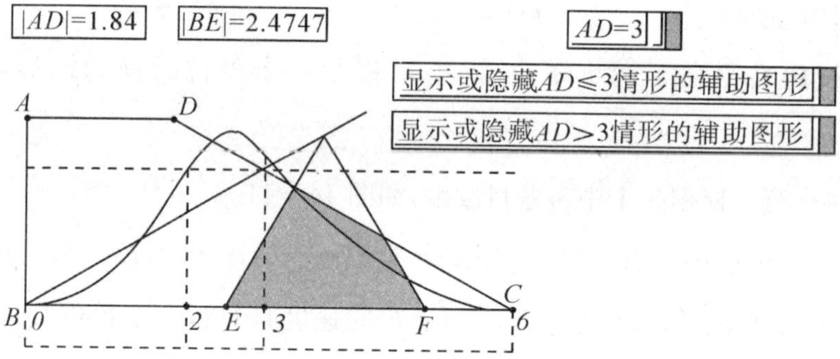

图 14—12 梯形上底不大于 3 条件下的分类

建议进一步观察思考 $AD>3$ 的情形. 将点 A 拖到红线下方,拖动点 E 做实验. 并可单击右方有关辅助图形的按钮找到适当的图形,提示如图 14—13. 这时出现了五边形的新情况.

14—5 探究三角形和梯形重叠部分面积的变化规律

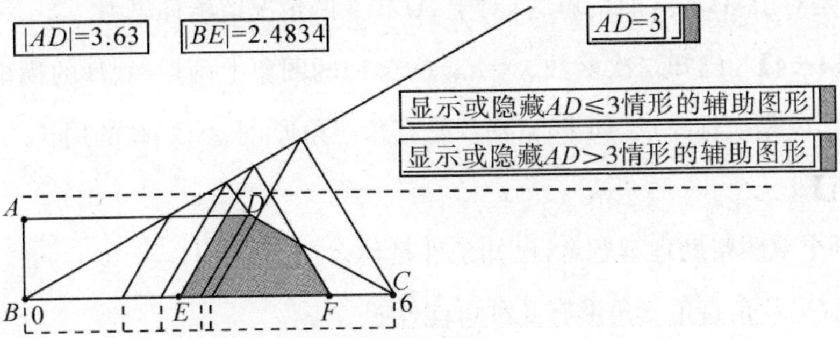

图 14—13 梯形上底大于 3 条件下的分类

【解答】 $AD\leqslant 3$ 时有三种情况：

第一种情况：$x\leqslant 2$，公共部分为等边三角形，如图 14—12.

这时 $BE=EF=x$，$y=\frac{\sqrt{3}}{4}x^2$；

第二种情况：$2<x<3$，公共部分为四边形，如图 14—11，可以看成一个直角三角形剪去一个等腰三角形. 这时 $CE=6-x$，$CF=6-2x$.

直角三角形的面积$=\frac{\sqrt{3}}{8}(6-x)^2$，等腰三角形的面积$=\sqrt{3}(3-x)^2$.

所以 $y=\sqrt{3}\left[\frac{(6-x)^2}{8}-(3-x)^2\right]$.

第三种情况：$3\leqslant x\leqslant 6$，公共部分为一个直角三角形，如图 14—14，这时 $CE=6-x$，

$$y=\frac{\sqrt{3}}{8}(6-x)^2.$$

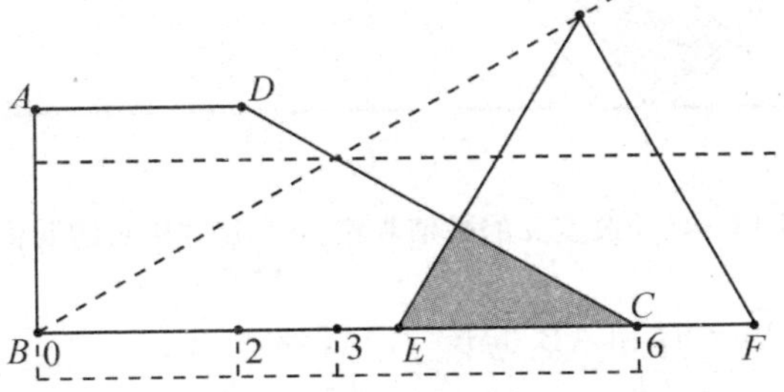

图 14—14 公共部分为一个直角三角形的情况

三种情形面积函数的曲线见图 14－12.

以上是对于 $AD \leqslant 3$ 时的解答，对于 $AD > 3$ 的情况留给你思考.

【例 14－4】 已知二次函数 $y=ax^2(a\geqslant 1)$ 的图象上两点 A、B 的横坐标分别是－1 和 2，O 是坐标原点. 如果$\triangle OAB$ 是直角三角形，求$\triangle OAB$ 的周长.

【分析】

(1)画个草图帮助理解题意，已知条件是什么？

(2)$\triangle OAB$ 是直角三角形有几种可能性？

(3)这个直角三角形的三边长度能用 a 表示吗？

【实验 14－6】 翻到课件第 6 页，或自己按下列步骤作图：

(1)作出抛物线 $y=ax^2(a\geqslant 1)$；

(2)作出点 $A(-1,a)$和点 $B(2,4a)$，并连接 OA、OB 和 AB；

(3)作出可用鼠标拖动的点$(a,0)$或控制 a 变化的动画按钮；

(4)测量并计算$\triangle OAB$ 的周长.

如图 14－15，改变 a 的数值，观察$\triangle OAB$ 的周长的变化.

14－6 探究抛物线内接直角三角形的周长

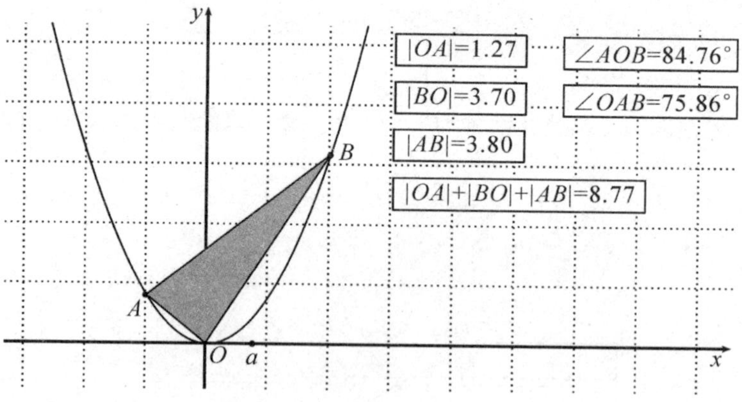

图 14－15 改变 a 的数值观察$\triangle OAB$ 的周长的变化

【解答】 计算 OA、OB 和 AB 的长. $|OA|=\sqrt{1+a^2}$，

$|OB|=\sqrt{4+16a^2}$，$|AB|=\sqrt{9+9a^2}$.

显然 OA 不可能为直角三角形的斜边，以下讨论两种情况：

(1)当$|OB|=\sqrt{4+16a^2}$为直角三角形的斜边时，

$$4+16a^2=1+a^2+9+9a^2, 6a^2=6, a=1.$$

这时周长为$\sqrt{2}+\sqrt{20}+\sqrt{17}=4\sqrt{2}+2\sqrt{5}$.

(2)当$|AB|=\sqrt{9+9a^2}$为直角三角形的斜边时，

$$9+9a^2=1+a^2+4+16a^2, 8a^2=4, a=\frac{\sqrt{2}}{2}\text{(不合题意)}.$$

所以$\triangle OAB$ 的周长为 $4\sqrt{2}+2\sqrt{5}$.

【例 14－5】 已知抛物线 $y=-\frac{x^2}{4}+\frac{5x}{2}$ 与 x 轴交于点 A，点 $B(2,n)$ 在此抛物线上，P 为 OA 上一动点.

(1)过点 P 引 x 轴的垂线与直线 OB 交于点 E，延长 PE 到点 D 使得 $ED=PE$，以 PD 为斜边向右作等腰直角三角形 PDC，求 OP 为何值时，点 C 在此抛物线上？

(2)当点 P 从 O 向 A 运动的同时，点 Q 从 A 向 O 运动，已知 P 的速度为每秒 1 个单位，Q 的速度为每秒 2 个单位，过点 Q 引 x 轴的垂线与直线 AB 交于点 F，延长 QF 到点 M 使得 $FM=QF$，以 QM 为斜边向左作等腰直角三角形 QMN，求 P 点出发几秒时这两个三角形有一条边在同一直线上？（根据 2010 年北京市中考题改编）

【分析】

1)题目较长，要看懂题目最好画个图以弄清已知条件是什么；

2)由直角等腰三角形 PDC 可以想到什么？点 C 在抛物线上又意味着什么？这样问题(1)的思路就有了；

3)对于问题(2)也需要画个图，动态地考虑会出现什么情况？

【实验 14－7】

1)打开课件界面，用鼠标选择点 P 拖动至点 C 落在抛物线上；

2)测量 OP 的值,如图 14—16;

3)选择"显示对象"按钮,屏幕将呈现出等腰三角形 QMN;

4)用鼠标选择点 P 拖动考察符合问题(2)所要求的所有情况,如图 14—17.

【解答】 (1)因为 B 在抛物线 $y=-\frac{x^2}{4}+\frac{5}{2}x$ 上,容易计算出点 B 为(2,4),于是直线 OB 的方程为 $y=2x$. 设 $OP=a$,则 $PE=2a$,$EC=2a$. 由此 C 的坐标为$(3a,2a)$.

14—7 抛物线和两个三角形

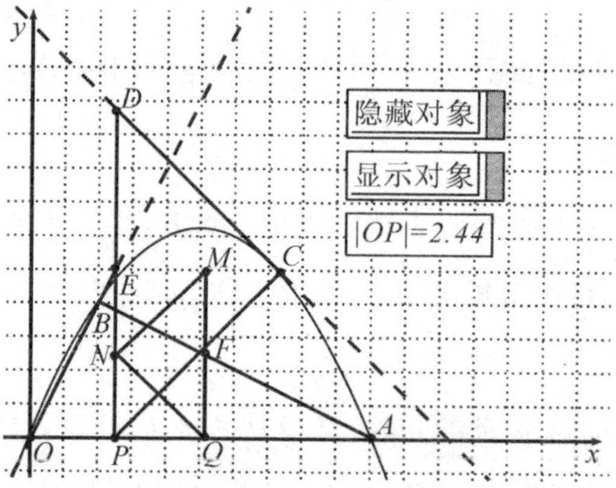

图 14—16 选择点 P 拖动至点 C 落在抛物线上

14—7 抛物线和两个三角形

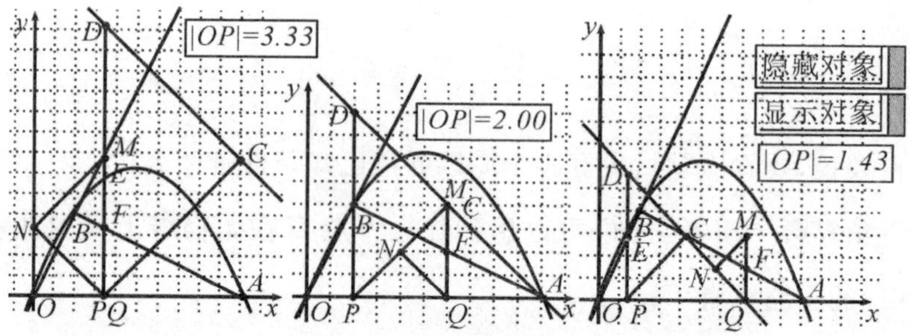

图 14—17 两个三角形有一条边共线的三种情况

把 C 的坐标$(3a,2a)$代入 $y=-\frac{x^2}{4}+\frac{5}{2}x$ 得

$2a=-\frac{1}{4}\times(3a)^2+\frac{5}{2}\times 3a$，即$\frac{9}{4}a^2-\frac{11}{2}a=0$，得 $a_1=\frac{22}{9}$，$a_2=0$（舍去）.

所以 $OP=\frac{22}{9}$，如图 14－16.

(2)第一种情况：P、Q 重合时，此时 OP、AQ 可分别表示为 t、$2t$ 个单位. 于是 $t+2t=10$，$t=\frac{10}{3}$，如图 14－17 左.

第二种情况：两个三角形有一条直角边部分重合.

容易求出直线 AB 的方程为 $y=-\frac{1}{2}(x-10)$，由 $OP=t$，$QA=2t$，不难求出 $QF=t$，$FM=t$，$NF=t$，于是可得 $PQ=2t$. 而 $OA=t+2t+2t=10$，所以 $t=2$，如图 14－17 中.

第三种情况：两个三角形有一条直角边在一条直线上.

因为 $OP=t$，$PE=2t$，$PD=4t$，$QA=2t$，于是 $OA=t+4t+2t=10$，所以 $t=\frac{10}{7}$，如图 14－17 右.

【例 14－6】 已知方程 $x^2+(2k-1)x-k+1=0$.

讨论：(1)k 取何值时，方程的一个根为正、一个根为负？

(2)k 取何值时，方程的两个根都是正数？

(3)k 取何值时，方程的一个根大于 1、一个根小于 1？

【分析】

1)能否用函数的观点解决有关方程的问题？

2)关于二次函数的图象可以想到什么？

3)二次方程根与系数的关系对解答此题有帮助吗？

【实验 14－8】 直接翻到课件第 8 页，或按下列步骤自己作图：

1)画出函数 $y=x^2+(2k-1)x-k+1$ 的图象；

2)作出可拖动坐标点$(k,0)$；

3)测量 k.

如图 14—18，拖动点$(k,0)$，观察图象与 x 轴的交点位置和 k 的关系.

【解答】 设方程有两实根 x_1,x_2，则 $\Delta=4k^2-3\geqslant 0$，即$|k|\geqslant\frac{\sqrt{3}}{2}$，这是 3 个问题中都要满足的必要条件.

(1)函数 $y=x^2+(2k-1)x-k+1$ 的图象的开口向上，与 y 轴交点的纵坐标为$-k+1$，因此$-k+1<0$ 即 $k>1$ 时(必要条件$|k|\geqslant\frac{\sqrt{3}}{2}$满足!)，抛物线与 x 轴的交点

14—8 探究二次函数零点的分布

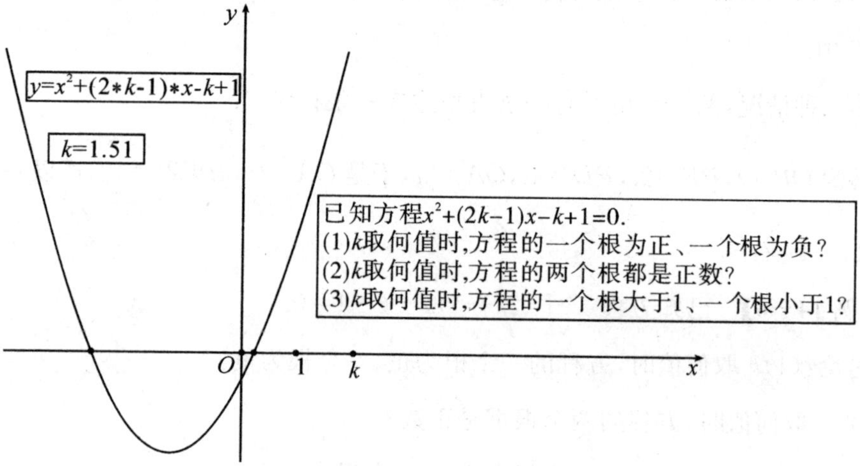

图 14—18 观察图象与 x 轴的交点位置和 k 的关系

位于原点的两侧. 所以方程的一根为正、一根为负.

另解：由题意 $x_1\cdot x_2<0$，于是 $x_1\cdot x_2=-k+1<0$，由此得到 $k>1$，反之 $k>1$ 时，方程的一根为正、一根为负.

(2)这两个交点应该在原点的右侧，为此对称轴在原点的右侧$\Leftrightarrow -\frac{2k-1}{2}>0$，且图象与 y 轴交点在原点的上方$\Leftrightarrow f(0)=-k+1>0$，此外还要有必要条件$|k|\geqslant\frac{\sqrt{3}}{2}$，故得 $k\leqslant-\frac{\sqrt{3}}{2}$.

(3)将抛物线向左平移一个单位得

$$y_1=(x+1)^2+(2k-1)(x+1)-k+1,$$

化简得 $y_1=x^2+(2k+1)x+k+1$，而方程 $x^2+(2k+1)x+k+1=0$ 一根为正、

一根为负的条件是 $k+1<0$，所以当 $k<-1$ 时（必要条件 $|k|\geqslant\frac{\sqrt{3}}{2}$ 满足!），方程 $x^2+(2k-1)x-k+1=0$ 的一根大于 1、一根小于 1.

另解：由题意 $(x_1-1)\cdot(x_2-1)<0$，$x_1\cdot x_2-(x_1+x_2)+1<0$，

由韦达定理得

$(-k+1)-(1-2k)+1<0$，解之得 $k<-1$.

反之，当 $k<-1$ 时，方程 $x^2+(2k-1)x-k+1=0$ 的一根大于 1、一根小于 1.

【例 14—7】 设方程 $|x^2+ax|=4$ 只有三个不等的实数根，求 a 的值和相应的三个根.

【分析】

(1)二次函数 $y=x^2+ax$ 的图象具有什么特点？

(2)把方程改为 $x^2+ax=4$，它能有三个不等的实数根吗？为什么？

(3)$y=|x^2+ax|$ 的图象与 $y=x^2+ax$ 的图象有怎样的关系？这个方程只有三

个不等的实数根在图象上怎样反映？

(4)可以就不同情况画几个图或者在计算机上做实验.

【实验 14—9】 直接翻到课件第 9 页，或按下列步骤自己作图：

(1)作出函数 $y=|x^2+ax|$ 的图象和直线 $y=4$；

(2)作出可拖动坐标点 $(a,0)$.

如图 14—19，用鼠标选择点 $(a,0)$ 拖动，观察 a 的变化对函数 $y=|x^2+ax|$ 的

图象和直线 $y=4$ 交点的影响.

14－9 探究直线与曲线有 **3** 个公共点的条件

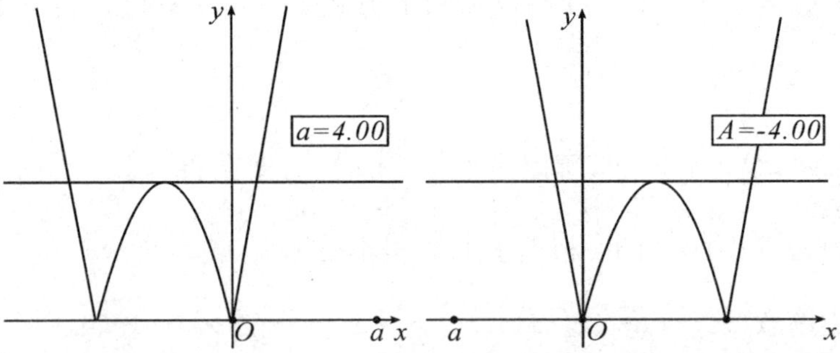

图 14－19 观察 a 的变化对函数图象和直线 $y=4$ 交点的影响

【解答】 函数 $y=|x^2+ax|$ 的图象可以看成由以下两部分组成：函数 $y_1=x^2+ax$（当 $x^2+ax\geqslant 0$）和 $y_2=-x^2-ax$（当 $x^2+ax<0$），而直线 $y=4$ 总与 $y_1=x^2+ax$ 的图象有两个交点，因此只要它与 $y_2=-x^2-ax$ 只有一个公共点，方程 $|x^2+ax|=4$ 就只有三个不等的实数根.

$y^2=-x^2-ax=-\left(x+\frac{a}{2}\right)^2+\frac{a^2}{4}$，所以当且仅当 $\frac{a^2}{4}=4$ 时，方程只有三个不等的实数根，解之得到 $a=\pm 4$.

当 $a=4$ 时，方程 $|x^2+4x|=4$ 的根为 $-2\pm 2\sqrt{2}$ 和 -2，如图 14－19 左；当 $a=-4$ 时，方程 $|x^2-4x|=4$ 的根为 $2\pm 2\sqrt{2}$ 和 2，如图 14－19 右.

【例 14－8】 已知二次方程 $x^2-x+1-m=0$ 的两根为 x_1 和 x_2，满足 $|x_1|+|x_2|\leqslant 5$，求实数 m 的取值范围.

【分析】

(1)抛物线 $y=x^2-x+1-m$ 有什么特点？

(2)m 对抛物线的位置有什么影响？

(3)m 对方程的根有什么影响？

(4)还记得绝对值的定义吗？如何理解 $|x_1|+|x_2|\leqslant 5$？这时你脑子里可能已经有这个题目的解题思路了. 如果一时还想不清楚，可以在计算机上做下面的实验.

【**操作说明 14—2**】 作二次方程的曲线(圆锥曲线).(你当然可以用上面的方法得到二次函数的图象,这里介绍的是另外一种画抛物线的方法,通过这种方法可以更方便地得到抛物线和直线的交点.)

超级画板提供了11种作圆锥曲线的菜单命令.其中“二次方程作图”不需任何选择,直接单击菜单项即可弹出对话框.键入方程如图14—20,单击确定即可作出曲线图.

图14—20 二次方程作图输入对话框

以下介绍一般的圆锥曲线的作图仅供你参考,你可以先不必追究圆锥曲线一词,按照操作说明进行操作就行了,其实,我们学过的二次函数的图象——抛物线不过是圆锥曲线中的一种,对于圆锥曲线中的椭圆和双曲线,你可以通过作图对它们有一个初步认识,也可以暂时先跳过这段内容.

使用超级画板的注册版本,用菜单命令“作图|圆锥曲线|……”可以在多种不同条件下作圆锥曲线,如图14—21.

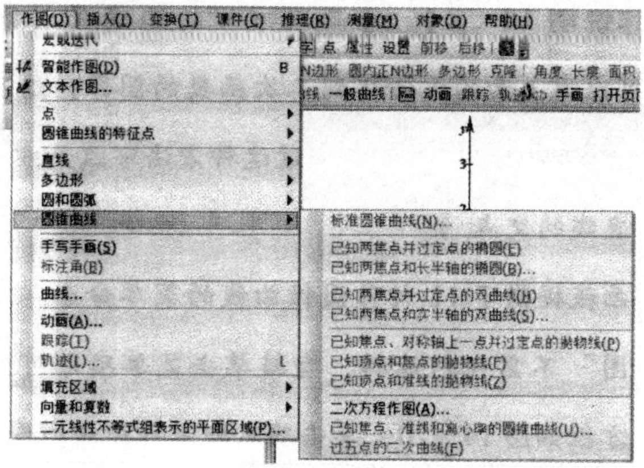

图14—21 超级画板作圆锥曲线的菜单命令

其他10种圆锥曲线作图都要先选择相应的几何对象.其中“标准圆锥曲线”要

先选择一个点作为椭圆、双曲线中心或抛物线顶点，单击菜单项后弹出曲线属性对话框如图 14—22，再在对话框中作出选择并输入参数后单击确定即可.

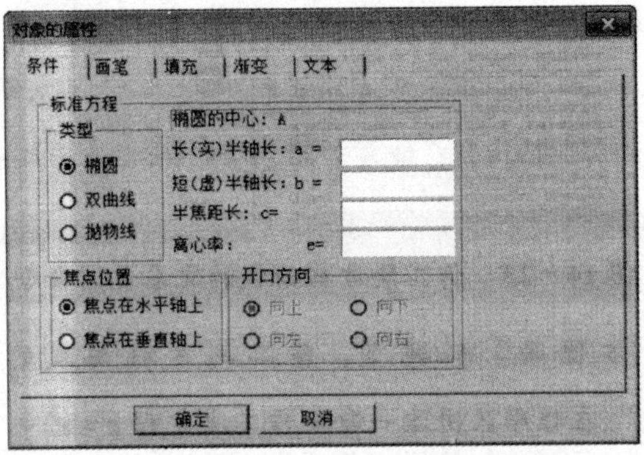

图 14—22　标准圆锥曲线属性设置对话框

菜单上第 10 种作图“已知焦点、准线和离心率的圆锥曲线”，要先选择一点一直线(线段)作为焦点和准线，单击菜单项后在弹出的对话框里填入离心率数值或表达式，单击确定即可.

剩下 8 种作图，只要根据情形先选择若干点或线，单击菜单项即可完成作图.不再详述.

若你使用的是未注册的免费版本，可以使用相应的文本作图命令. 例如“二次方程作图”，其文本命令为“ConicOfEquation(,);”在逗号前键入方程如图 14—23，单击“运行命令”即可.

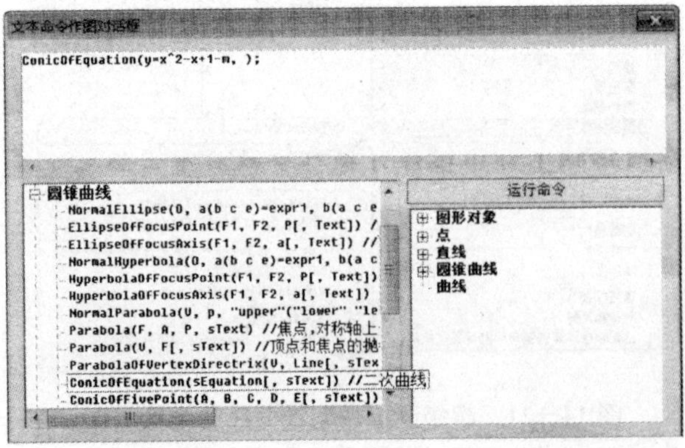

图 14—23　作二次方程曲线的文本作图命令

在"方便面"环境下,作二次方程曲线的命令为"$yzx()$;",在程序区用这一命令作二次方程 $y=x^2-x+1-m$ 的曲线情况如图 14—24,注意可以将等式两端各项移到一端,并省略等号和 0.

【实验 14—10】 直接翻到课件第 10 页,或按下列步骤自己作图:

(1)按【操作说明 14—2】作二次方程 $y=x^2-x+1-m$ 的曲线;

(2)按【操作说明 4—4】建立可控制 m 变化的变量尺;

(3)拖动变量尺上的滑钮调整 m,使曲线与 x 轴相交;

(4)用智能画笔作出曲线与 x 轴的交点 A 和 B;

(5)连接 OA、OB,测量 $|OA|$ 和 $|OB|$ 的长,并测量它们的和.

如图 14—25,改变 m,观察 $|OA|$ 和 $|OB|$ 的长以及它们的变化.

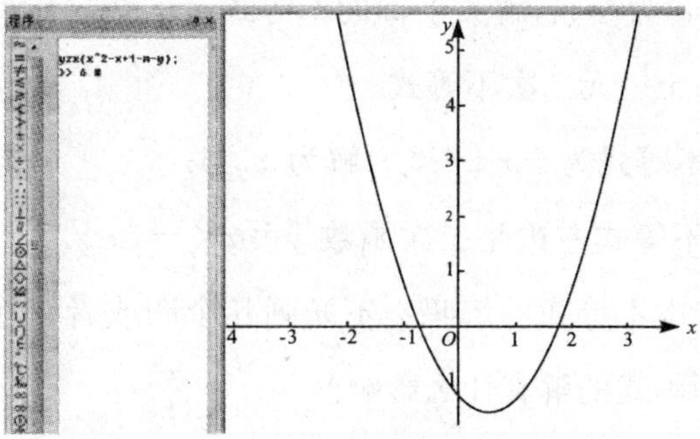

图 14—24　用方便面命令作二次方程曲线

14—10　探究二次方程两根绝对值之和

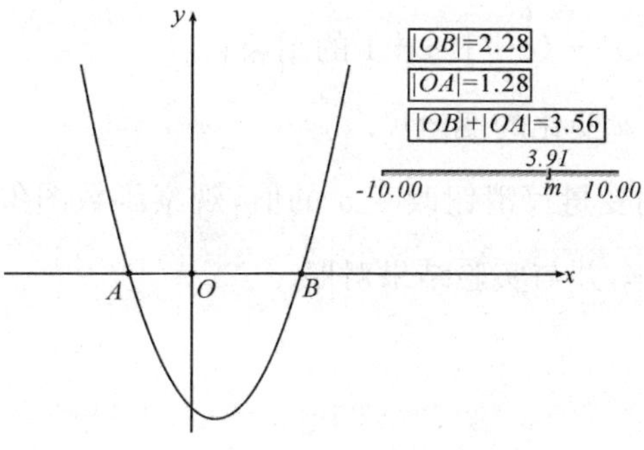

图 14—25　观察 $|OA|$ 和 $|OB|$ 之和的变化

【解答】 抛物线 $y=x^2-x+1-m$ 的对称轴为 $x=\frac{1}{2}$，因此如果方程 $x^2-x+1-m=0$ 有实数根的话，大根一定大于$\frac{1}{2}$.

又如果 $1-m\geqslant 0$ 时，即当 $m\leqslant 1$ 时方程的两实数根非负. 所以当$-\frac{3}{4}\leqslant m\leqslant 1$ 时 $|x_1|+|x_2|=x_1+x_2=1$ 显然满足条件.

当 $m>l$ 时方程有一个正根 x_1 和一个负根 x_2，$|x_1|+|x_2|=|x_1-x_2|$. $|x_1|+|x_2|\leqslant 5\Leftrightarrow(x_1-x_2)^2\leqslant 25$，即 $(x_1+x_2)^2-4x_1x_2\leqslant 25$，$1^2-4(1-m)\leqslant 25$，解之得 $m\leqslant 7$.

综上所述，当$-\frac{3}{4}\leqslant m\leqslant 7$ 时，方程 $x^2-x+1-m=0$ 的两根 x_1 和 x_2 满足 $|x_1|+|x_2|\leqslant 5$.

【例 14—9】 设 a 为参数，解关于 x 的不等式 $ax^2-(a+1)x+1<0$.

【分析】 这是一个一元二次不等式.

(1)当 $a=0$ 时，不等式为 $-x+1<0$，解为 $x>1$.

(2)当 $a\neq 0$ 时，不等式左边是二次函数 $y=ax^2-(a+1)x+1$，你能用数形结合的方法解释一元二次不等式的解吗？不妨画几个图或者在计算机上做实验，看看参数 a 的变化对不等式的解有什么影响？

(3)$y=ax^2-(a+1)x+1$ 的图象为过点(1,0)的抛物线，考察抛物线在 x 轴以下的部分.

【实验 14—11】 直接翻到课件第 11 页，或按下列步骤自己作图：

(1)作出函数 $y=ax^2-(a+1)x+1$ 的图象；

(2)作出控制参数 a 变化的变量尺.

如图 14—26，拖动变量尺滑钮改变 a 的值，观察函数图象与 x 轴相互位置；通过计算得出不等式的解，并与实验结果对照.

14－11　从函数观点看一元二次不等式

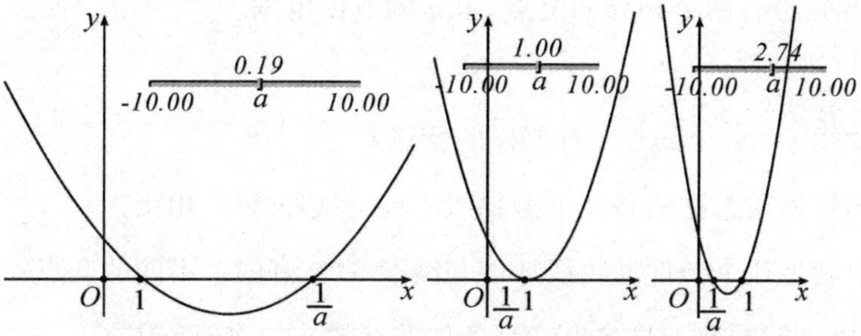

图 14－26　当 $a>0$ 时改变 a 的值观察函数图象红色部分

【解答】　(1)当 $a=0$ 时，不等式为 $-x+1<0$，$x>1$；

(2)当 $a>0$ 时，$ax^2-(a+1)x+1<0$ 可以化为 $\left(x-\frac{1}{a}\right)(x-1)<0$，当 $a=1$ 时，不等式无解，否则在两根之间，即 $0<a<1$ 时，$1<x<\frac{1}{a}$；$a>1$ 时，$\frac{1}{a}<x<1$，见图 14－26.

(3)当 $a<0$ 时，$ax^2-(a+1)x+1<0$ 可以化为 $\left(x-\frac{1}{a}\right)(x-1)>0$，不等式的解在两根之外，即 $x>1$ 或 $x<\frac{1}{a}$. 见图 14－27.

14－11　从函数观点看一元二次不等式

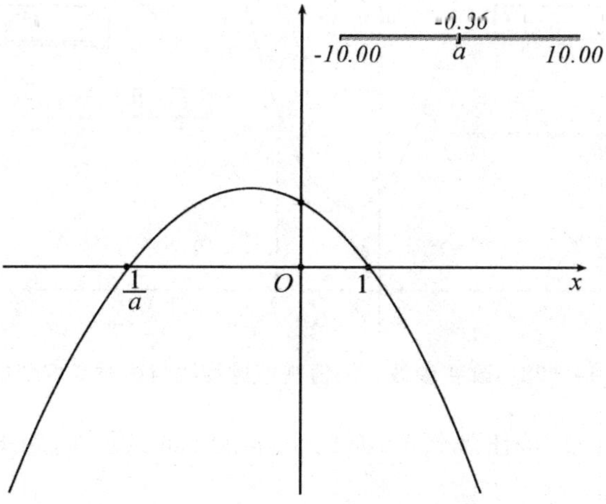

图 14－27　当 $a<0$ 时改变 a 的值观察函数图象红色部分

【例 14—10】 若抛物线 $y=x^2+ax+2$ 与连接两点 $M(0,1)$、$M(2,3)$ 的线段(包括 M、N 两点)有两个相异的交点，求 a 的取值范围.

【分析】

(1)抛物线 $y=x^2+ax+2$ 有怎样的特点？

(2)画图想象在怎样的条件下抛物线不能与线段 MN 相交？

(3)需要满足几个条件抛物线才能与线段 MN 有两个不同的交点？

想清楚以上问题就不难求出满足条件的参数 a 的取值范围了.

【实验 14—12】 直接翻到课件第 12 页，或按下列步骤自己作图：

(1)按【操作说明 14—2】作二次方程 $y=x^2+ax+2$ 的曲线；

(2)用菜单命令作出整数点 $M(0,1)$、$N(2,3)$ 并连接这两点；

(3)按【操作说明 4—4】插入控制 a 的变量尺，或作可拖动的点 $(a,0)$；

(4)利用智能画笔作出抛物线 $y=x^2+ax+2$ 与线段 MN 的交点.

如图 14—28，拖动变量尺的滑钮改变参数 a 的值，观察抛物线与线段 MN 的交点的个数.

14—12 探索抛物线与线段有两个交点的条件

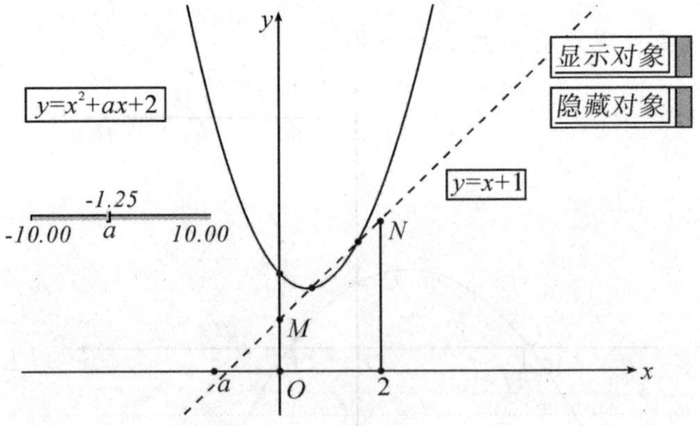

图 14—28 改变参数 a 的值观察抛物线与线段交点个数

再单击“显示对象”按钮观察，可有助于理解后面的解答，如图 14—29.

14—12 探索抛物线与线段有两个交点的条件

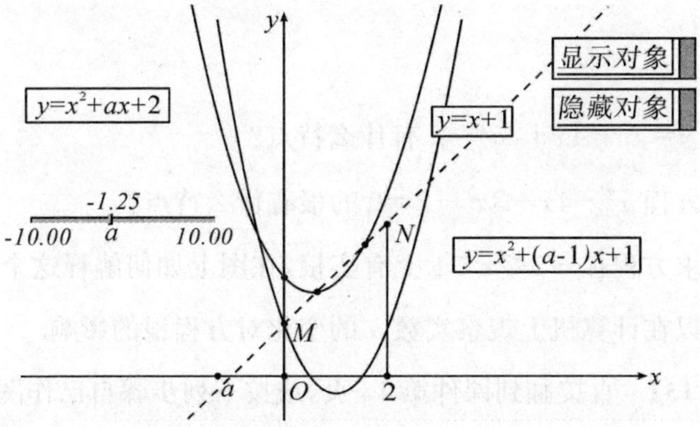

图 14—29 转化为另一个函数的零点分布问题

【解答 1】 设过 M、N 的直线方程为 $y=kx+b$，根据直线过点 $M(0,1)$ 得 $y=kx+1$，又从直线过点 $N(2,3)$ 得 $k=1$，所以过 M、N 的直线方程为 $y=x+1$.

首先考虑抛物线与直线相交的条件：

把 $y=x+1$ 代入 $y=x^2+ax+2$ 得 $x^2+(a-1)x+1=0$，由判别式 $(a-1)^2-4>0$ 得 $a<-1$ 或 $a>3$.

考虑到抛物线与线段 MN 相交，故舍去 $a>3$(想想为什么?)；又把 $x=2$，$y=3$ 代入 $y=x^2+ax+2$ 得到 $a=-\frac{3}{2}$. 所以满足条件的 a 的取值范围是 $-\frac{3}{2}\leqslant a<-1$.

【解答 2】 抛物线 $y=x^2+ax+2$ 与线段 MN 有两个交点的条件是：

(1)在区间 $[0,2]$ 两端点处有 $x^2+(a-1)x+1\geqslant 0$，由 $4+2(a-1)+2\geqslant 0$ 推出 $a\geqslant -\frac{3}{2}$；

(2)在 $(0,2)$ 内 $x^2+(a-1)x+1$ 的最小值为负，由此推出 $0<\frac{1-a}{2}<2$ 且 $\frac{(1-a)^2}{4}-\frac{(1-a)^2}{2}+1<0$；前者等价于 $-3\leqslant a\leqslant 1$，后者等价于 $(1-a)^2>4$，即 $a<-1$ 或 $a>3$.

综合这些条件解得 $-\frac{3}{2}\leqslant a<-1$.

【例 14－11】 方程 $x^2-4x+3a^2-2=0$ 在 $-1\leqslant x\leqslant 1$ 上有实根，求实数 a 的取值范围.

【分析】

(1)抛物线 $y=x^2-4x+3a^2-2$ 有什么特点？

(2)这说明方程 $x^2-4x+3a^2-2=0$ 的根有什么特点？

(3)题目要求方程在 $-1\leqslant x\leqslant 1$ 上有实根，在图上如何解释这个要求？你可以画几个图，也可以在计算机上观察实数 a 的变化对方程根的影响.

【实验 14－13】 直接翻到课件第 13 页，或按下列步骤自己作图：

(1)按【操作说明 14－2】作二次方程 $y=x^2-4x+3a^2-2$ 的曲线；

(2)作抛物线 $y=x^2-4x+3a^2-2$ 的对称轴；

(3)插入控制 a 的变量尺，或作可以拖动的点 $(a,0)$；

(4)用智能画笔作出抛物线 $y=x^2-4x+3a^2-2$ 与 x 轴的交点.

如图 14－30，拖动变量尺的滑钮改变参数 a 的值，或选择点 $(a,0)$ 用左右箭头键微调，观察抛物线与 x 轴的交点；再通过计算求满足题目条件的 a 的取值范围.

14－13 探究二次方程在指定区间有实根的条件

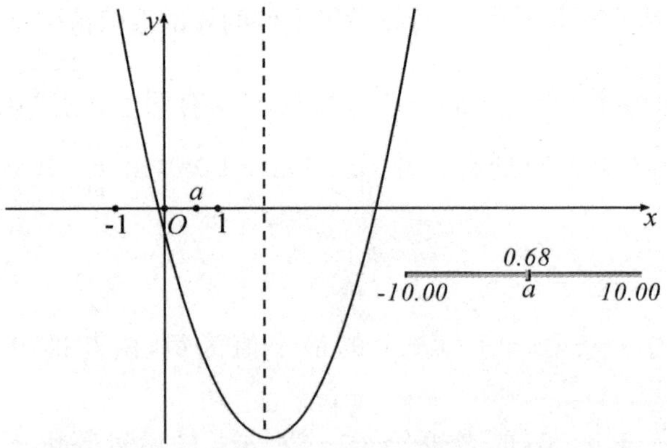

图 14－30 改变参数 a 的值观察抛物线与 x 轴的交点

【解答】 设 $f(x)=x^2-4x+3a^2-2$，题目要求方程 $x^2-4x+3a^2-2=0$ 在 $-1\leqslant x\leqslant 1$ 上有实根，可以转化为考察 $f(-1)\geqslant 0$ 且 $f(1)\leqslant 0$.

当 $x=-1$ 时，$f(-1)=3a^2+3>0$；

当 $x=1$ 时，$f(1)=3a^2-5\leqslant 0$；

解之得 $|a|\leqslant\frac{\sqrt{15}}{3}$.

所以当 $|a|\leqslant\frac{\sqrt{15}}{3}$ 时，方程 $x^2-4x+3a^2-2=0$ 在 $-1\leqslant x\leqslant 1$ 上有实根.

【例 14－12】 在坐标平面上，纵坐标与横坐标都是整数的点称为整点，试在二次函数 $y=\frac{1}{10}x^2-\frac{x}{10}+\frac{9}{5}$ 的图象上找出所有满足 $y\leqslant|x|$ 的整点 (x,y)，并说明理由.

【分析】

(1)你知道所有坐标满足 $y=x$ 的点在直角坐标系中组成怎样的图形吗？

(2)那么所有坐标满足 $y\leqslant x$ 的点构成了怎样的区域？

(3)进一步想想如何处理有关绝对值的问题，在平面上画出所有满足 $y\leqslant|x|$ 的区域.

(4)再画出二次函数 $y=\frac{1}{10}x^2-\frac{x}{10}+\frac{9}{5}$ 的图象，你就不难得到这个问题的解答了.

【实验 14－14】 直接翻到课件第 14 页，或按下列步骤自己作图：

(1)按【操作说明 6－1】使显示有刻度的坐标网格；

(2)作出二次函数 $y=\frac{1}{10}x^2-\frac{x}{10}+\frac{9}{5}$ 的图象；

(3)作出直线 $y=x$ 和 $y=-x$.

观察 $y=\frac{1}{10}x^2-\frac{x}{10}+\frac{9}{5}$ 的图象上满足条件 $y\leqslant|x|$ 的所有整点.

14－14 在抛物线上找寻整点

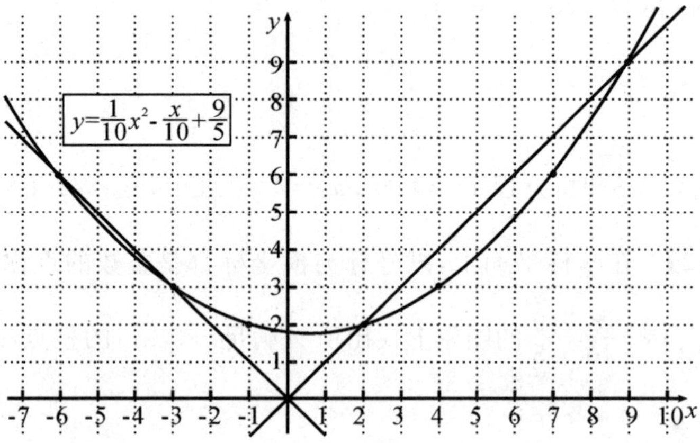

图 14－31　在抛物线上寻找满足一定条件的整点

【解答】 $\frac{1}{10}x^2-\frac{x}{10}+\frac{9}{5}\leqslant|x|$ 可以化为 $x^2-x+18\leqslant10|x|$.

当 $x\geqslant0$ 时,不等式化为

$x^2-11x+18\leqslant0$,解得 $2\leqslant x\leqslant9$.

把 2,3,4,5,6,7,8,9 分别代入 $y=\frac{1}{10}x^2-\frac{x}{10}+\frac{9}{5}$ 中得到满足"整点"条件的有以下几组:

$$\begin{cases}x=2,\\y=2,\end{cases}\begin{cases}x=4,\\y=3,\end{cases}\begin{cases}x=7,\\y=6,\end{cases}\begin{cases}x=9,\\y=9.\end{cases}$$

当 $x<0$ 时,不等式化为 $x^2+9x+18\leqslant0$,解得 $-6\leqslant x\leqslant-3$. 把 $-3,-4,-5,-6$ 分别代入 $y=\frac{1}{10}x^2-\frac{x}{10}+\frac{9}{5}$ 中得到满足"整点"条件的有以下几组:

$$\begin{cases}x=-3,\\y=3,\end{cases}\begin{cases}x=-6,\\y=6.\end{cases}$$

综上可得,满足条件的整点为

$$(2,2),(4,3),(7,6),(9,9),(-3,3)\text{和}(-6,6).$$

这在图上是一目了然的.

【例 14－13】 已知 $f(x)=x^2+ax-1$ 在区间[0,3]上有最小值－2,求 a 的值.

【分析】

(1)你知道 $f(x)=x^2+ax-1$ 的图象有什么特点吗? a 对它有什么影响?

(2)在区间[0,3]上 $f(x)=x^2+ax-1$ 的图象是一条抛物线吗? 怎样确切地描述它?

(3)画图想想如何求这个函数的最小值,或者在计算机上观察参数 a 的变化对函数最小值的影响.

【实验 14－15】 直接翻到课件第 15 页,或按下列步骤自己作图:

(1)按【操作说明 14－2】作出二次曲线 $y=x^2+ax-1$ 的图象;

(2)作曲线 $y=x^2+ax-1$ 的对称轴,即直线 $x=-\frac{a}{2}$;

(3)按【操作说明 4－4】插入控制 a 的变量尺,或作可拖动点$(a,0)$.

如图 14－32,拖动变量尺的滑钮或选择点$(a,0)$用左右箭头键改变参数 a 的值,观察函数在[0,3]上的最小值,猜测满足条件的 a 值.

14－15 探究二次函数具有指定最小值的条件

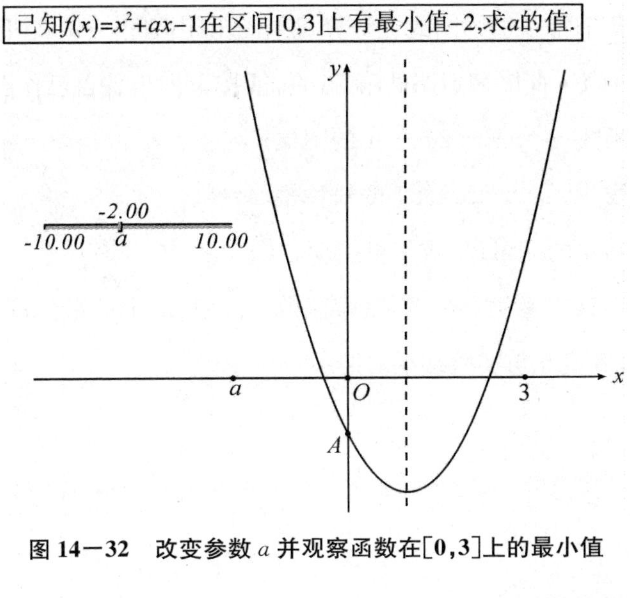

图 14－32 改变参数 a 并观察函数在[0,3]上的最小值

【解答】 抛物线的对称轴方程为 $x=-\frac{a}{2}$,则

(1)当 $-\frac{a}{2}\leqslant 0$(即 $a\geqslant 0$)时,对称轴在区间[0,3]的左侧,函数在[0,3]上的最小值为 -1,不合题意.

(2)当 $0\leqslant -\frac{a}{2}\leqslant 3$ 时,函数的最小值为 $\frac{-4-a^2}{4}=-2$,解之得 $a=-2$.

(3)当 $-\frac{a}{2}\geqslant 3$(即 $a\leqslant -6$)时,对称轴在区间[0,3]的右侧,函数在[0,3]上的最小值为 $f(3)=9+3a-1=8+3a$. 若 $8+3a=-2$,则 $a=-\frac{10}{3}$ 与 $a\leqslant -6$ 矛盾,故舍去.

综上所述,$a=-2$.

【例 14—14】 已知函数 $f(x)=ax^2-2ax+1(a\neq 0)$,求 $f(x)$ 在区间[-1,2]上的最值.

【分析】

(1)函数 $f(x)=ax^2-2ax+1(a\neq 0)$的图象有什么特点?

(2)参数 a 对在闭区间[-1,2]上函数的图象有什么影响?

(3)给出 a 几个特殊值画图或在计算机上画出闭区间[-1,2]上函数的图象.

【实验 14—16】 直接翻到课件第 16 页,或按下列步骤自己作图:

(1)作二次函数 $y=ax^2-2ax+1$ 的图象;

(2)作抛物线 $y=ax^2-2ax+1$ 的对称轴 $x=1$;

(3)插入控制 a 的变量尺,或作可拖动点$(a,0)$.

如图 14—33,改变参数 a 的值,观察函数在[-1,2]上的最值;通过计算求满足题目条件的函数最值并与实验结果对照.

14－16 求二次函数在指定区间上的最值

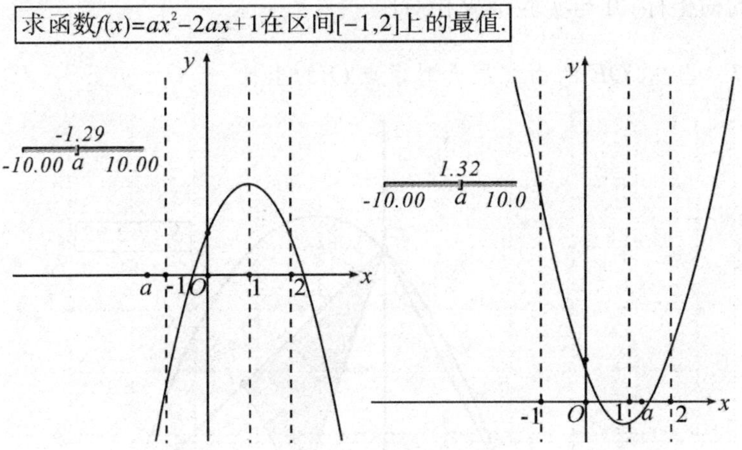

图 14－33 改变参数 a 的值并观察函数在[－1,2]上的最值

【解答】 当 $a>0$ 时，函数的最大值是 $f(-1)=3a+1$，最小值是 $f(1)=-a+1$；当 $a<0$ 时，函数的最大值是 $f(1)=-a+1$，最小值是 $f(-1)=3a+1$.

【例 14－15】 已知抛物线 $y=-\frac{1}{2}x^2+x+4$ 与 x 轴交于点 A 和点 B，与 y 轴交于 C. 设点 Q 是线段 AB 上的动点，过 Q 引 AC 的平行线交 BC 于点 E，连接 CQ. 当$\triangle CQE$ 的面积最大时，求点 Q 的坐标.

【分析】

(1)根据题目的条件在纸上画出图形，并设出未知数点 Q 的坐标；

(2)根据已知条件设法用点 Q 的坐标表示出$\triangle CQE$ 的面积；

(3)考虑表示这个面积的二次函数的性质.

【实验 14－17】 直接翻到课件第 17 页，或按下列步骤自己作图：

(1)作出二次函数 $y=-\frac{1}{2}x^2+x+4$ 的图象；

(2)作出点 $A(-2,0)$、点 $B(4,0)$和点 $C(0,4)$，连接 AC 和 BC；

(3)在 AB 上取点 Q，过 Q 引 AC 的平行线交 BC 于点 E，并连接 CQ；

(4)测量$\triangle CQE$ 的面积.

如图 14－34，拖动点 Q 观察△CQE 的面积的变化；计算使得△CQE 的面积最大时 Q 点的横坐标，并与实验结果相对照.

14－17 当△CQE 的面积最大时求点 Q 的坐标

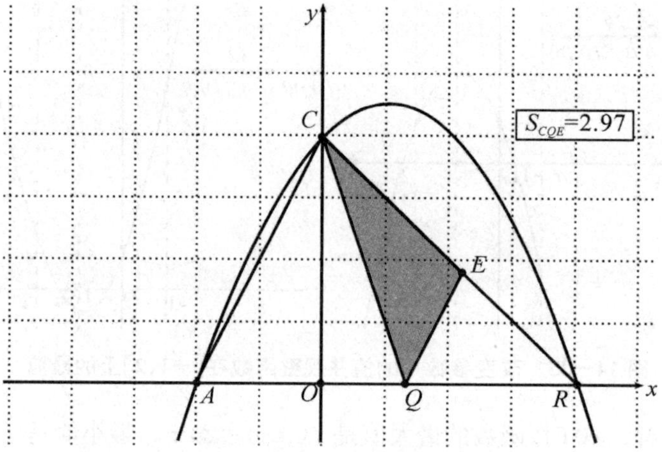

图 14－34 拖动点 Q 观察△CQE 的面积的变化

【解答 1】 △CQE 的面积＝△ABC 的面积－△CAQ 的面积－△BQE 的面积，其中△ABC 的面积$=\frac{1}{2}AB\times OC=12$，设 Q 为$(x,0)$，则△CAQ 的面积$=\frac{1}{2}\times 4\times(x+2)$. 因为△$BQE$∽△$BAC$，所以$\frac{\triangle BQE\text{ 的面积}}{\triangle BAC\text{ 的面积}}=\frac{BQ^2}{BA^2}$.

△BQE 的面积$=12\times\frac{BQ^2}{36}=\frac{(4-x)^2}{3}$；

设△CQE 的面积为 S，则 $S=12-(2x+4)-\frac{(4-x)^2}{3}=-\frac{1}{3}x^2+\frac{2x}{3}+\frac{8}{3}$.

当 $x=1$ 时，S 取最大值 3.

【解答 2】 设 $QB=kAB$，则 $BE=kBC=BC-EC$，故 $EC=(1-k)BC$，于是

$$\frac{S_{CQE}}{S_{ABC}}=\frac{S_{CQE}}{S_{CQB}}\cdot\frac{S_{CQB}}{S_{ABC}}=\frac{EC}{BC}\cdot\frac{QB}{AB}$$

$$=(1-k)k=\frac{1}{4}-\left(k-\frac{1}{2}\right)^2\leqslant\frac{1}{4}.$$

可见△CQE 的面积不超过△ABC 的$\frac{1}{4}$，且仅当 $k=\frac{1}{2}$时取到最大值 3. 此时 Q

是AB中点，其坐标为(1,0).

【解答3】 如图14—35，将EQ延长一倍到J，过J作BC的平行线与AC相交于K，JK与AB交于I，则平行四边形$CEJK$的面积为$\triangle CQE$的4倍，而$\triangle ABC$的面积比平行四边形$CEJK$多出红色的一角($\triangle KAI$). 下略.

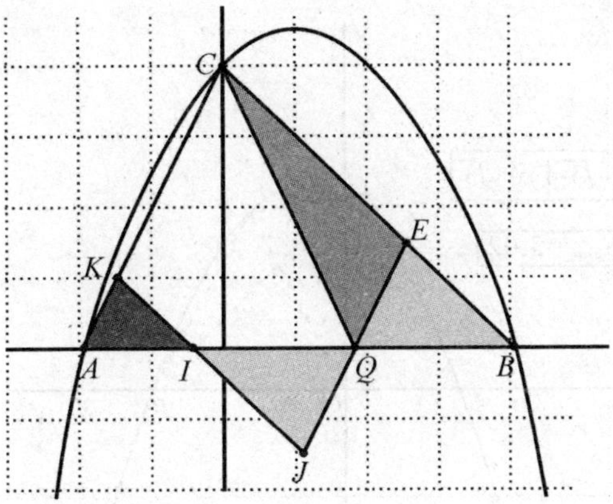

图14—35 $\triangle ABC$的面积比平行四边形$CEJK$多出红色的一角($\triangle KAI$)

【例14—16】 已知抛物线$y=-x^2+(\sqrt{3}-1)x+\sqrt{3}$与$x$轴交于点$A$和点$B$，与$y$轴交于$C$. 设点$P$是在第一象限内抛物线上的动点. 求使四边形$BPCA$的面积达到最大时点$P$的坐标及此时四边形的面积.

【分析】

(1)画出图形观察四边形$BPCA$的面积是否与点P的位置有关；

(2)能否把四边形$BPCA$拆分成一些图形以便于计算它的面积；

(3)设法用点P的坐标表示出四边形$BPCA$的面积.

【实验14—18】 直接翻到课件第18页，或按下列步骤自己作图：

(1)按【操作说明14—2】，画出抛物线

$$y=-x^2+(\sqrt{3}-1)x+\sqrt{3};$$

(2)用智能画笔作出抛物线与x轴的交点A和B，与y轴的交点C；

(3)在抛物线上取动点P并连接A、C、P、B成四边形；

(4)测量四边形$BPCA$的面积.

如图 14—36，用鼠标选择点 P 拖动，观察四边形的面积的变化，构建解题思路；计算使四边形的面积达到最大时点 P 的坐标及此时四边形的面积，并与计算机实验的结果对照.

14—18 探索四边形 $PCAB$ 面积最大时 P 的位置

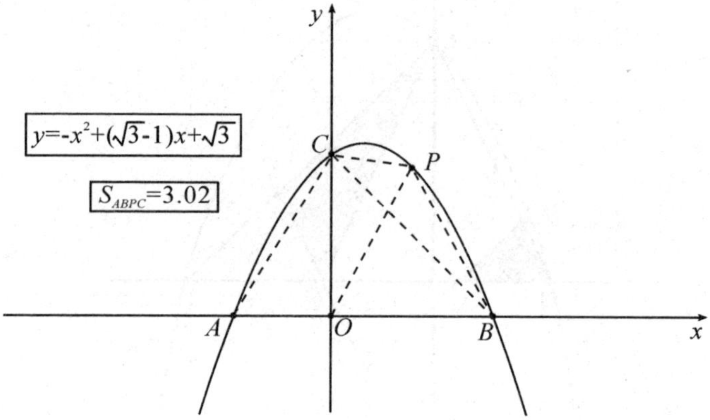

图 14—36 拖动点 P 观察四边形的面积的变化

【解答 1】 不难求出 $OC=\sqrt{3}$，设点 P 的横坐标为 x，则$\triangle OPC$ 的面积$=\frac{x}{2}\times\sqrt{3}$；令$-x^2+(\sqrt{3}-1)x+\sqrt{3}=0$，解得 $x_1=\sqrt{3}$，$x_2=-1$. 所以 $OB=\sqrt{3}$，$\triangle OPB$ 的面积为

$$\frac{\sqrt{3}}{2}\times[-x^2+(\sqrt{3}-1)x+\sqrt{3}].$$

所以四边形 $PCAB$ 的面积为

$$\frac{3}{2}+\frac{x}{2}\times\sqrt{3}+\frac{\sqrt{3}}{2}\times[-x^2+(\sqrt{3}-1)x+\sqrt{3}]$$

$$=\frac{\sqrt{3}}{2}[-x^2+\sqrt{3}x+\sqrt{3}+1].$$

因此当 $x=\frac{\sqrt{3}}{2}$时，四边形 $PCAB$ 的面积取最大值$\frac{3}{2}+\frac{7\sqrt{3}}{8}$.

这时 P 的坐标为$\left(\frac{\sqrt{3}}{2},\frac{3+2\sqrt{3}}{4}\right)$.

【解答 2】 连接 BC，问题转化为求 $\triangle PBC$ 的面积的最大值．因为这些三角形都以 BC 为底边，所以当三角形的高取最大值时（即抛物线上动点 P 与 BC 距离最大时），面积取最大值．

设过 P 点平行于 BC 的直线方程为 $y=-x+m$，代入 $y=-x^2+(\sqrt{3}-1)x+\sqrt{3}$ 中得 $x^2-\sqrt{3}x+m-\sqrt{3}=0$，令 $\Delta=0$，解得 $m=\frac{3}{4}+\sqrt{3}$，将 $y=-x+\frac{3}{4}+\sqrt{3}$ 代入 $y=-x^2+(\sqrt{3}-1)x+\sqrt{3}$ 中得到 $x=\frac{\sqrt{3}}{2}$，$y=\frac{3+2\sqrt{3}}{4}$．使四边形的面积达到最大时点 P 的坐标，再通过 $\triangle OPB$ 和 $\triangle OPC$ 的面积不难求出四边形的面积的最大值为 $\frac{3}{2}+\frac{7\sqrt{3}}{8}$．

【解答 3】 在课件中按“显示对象”按钮可见图 14－37 的情形：自 P 向 x 轴引垂线与 BC 交于 Q，则 $\triangle PBC$ 的面积为 PQ 与 OB 长度乘积之半．将 $-x^2+(\sqrt{3}-1)x+\sqrt{3}$ 与 $\sqrt{3}-x$ 相减得 PQ 的表达式为二次函数 $f(x)=-x^2+\sqrt{3}x$，由于 $f(0)=f(\sqrt{3})$，它在 $x=\frac{\sqrt{3}}{2}$ 处取到最大值 $f=\left(\frac{\sqrt{3}}{2}\right)=\frac{3}{4}$，于是 $\triangle PBC$ 的面积最大值为 $\frac{3\sqrt{3}}{8}$．

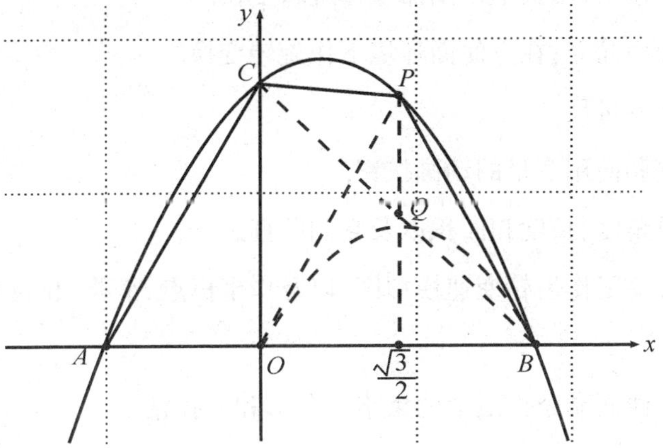

图 14－37　考虑 PQ 的最大值

由于 $\triangle ABC$ 面积为 $\frac{\sqrt{3}}{2}(1+\sqrt{3})=\frac{\sqrt{3}}{2}+\frac{3}{2}$，故四边形最大面积为 $\frac{3}{2}+\frac{7\sqrt{3}}{8}$．

附录1

操作说明索引

页码

附录 2

课件页面插图索引

页码